JN005967

日経アーキテクチュア
日経コンストラクション

建設DX

デジタルトランスフォーメーション

DIGITAL TRANSFORMATION IN CONSTRUCTION INDUSTRY

デジタルがもたらす
建設産業の
ニューノーマル

木村 駿

日経BP

はじめに　コロナ・ショックが迫る建設DX

一度に1000人が横断すると言われた渋谷スクランブル交差点に、東京を代表するオフィス街の丸の内。華やかなりし社会生活や経済活動の舞台は、2020年4月7日に政府が緊急事態宣言を発令した後、すっかり活気を失いました。

マスクで口元を覆い、他の歩行者との距離を注意深く保ちながら、がらんとした街を足早に行き交う人々。直径わずか0・1マイクロメートルほどしかないウイルスが、過密都市・東京をこれほどまでに激変させようとは、誰が想像できたでしょうか。これらの光景は、時代の転換点を象徴するシーンとして、我々の脳裏に深く刻み込まれました。

19年末、中国湖北省武漢市に端を発し、世界中に蔓延した新型コロナウイルス。目に見えないその存在は今、あらゆる産業に強烈なデジタルシフトをもたらしつつあります。

テレワークや在宅勤務への半ば強制的な移行に伴って、ビジネスチャットやウェブ会議などのデジタルツールが急速に普及し、多くの企業やビジネスパーソンは、事業の継続にデジタル技術が不可欠だとの認識を深めました。感染拡大の防止という当初の枠組みを超え、社会全体のマインドがデジタルへと大きく舵を切り、業務のさらなる効率化や働き方の抜本的な見直しが加速しています。

ＩＴの活用や多様な働き方の導入が製造業などに比べると進んでおらず、「アナログ産業」の代名詞として語られてきた建設産業も、もはやこれまでのままではいられません。

ビルや橋をつくる建設会社、それらを設計する建築設計事務所や建設コンサルタント会社などの主要プレーヤーはもちろんのこと、資機材メーカーや建材・設備メーカー、レンタル会社に至るまで、建設産業のエコシステムを形づくる全ての企業が否応なく、巨大なデジタルの波にさらされることになったのです。

建設業が抱える3つの「時限爆弾」

そもそも、建設業は「コロナ以前」から、デジタル技術を大胆に取り入れなければ解決し得ない3つの「時限爆弾」を抱えていました。

その1つが、24年4月1日以降、建設業にも適用される時間外労働（残業時間）の上限規制です。長時間労働の是正を目的としたこの規制は、19年4月から導入されました。残業時間の上限を「原則月45時間、年３６０時間」と定め、年間の上限を計７２０時間、単月の上限を１００時間未満などとし、違反企業には罰則を科す厳しい内容です。長時間労働が常態化している建設業には5年間の猶予が与えられましたが、それも24年3月末には終了してしまいます。

長時間労働の是正については、ゼネコンの団体である日本建設業連合会（日建連）が、建設現場の「週休２日（４週８閉所）」を21年度末までに達成する目標を掲げていますが、19年度の時点で週休2日を達成できているのは会員企業の現場の3割に満たない状況です。建設業の働き方改革の道のりは極めて険しいと言わざるを得ません。

もう1つが、間近に迫りつつある建設技能者（職人）の大量離職問題です。日建連が15年3月に発表した「再生と進化に向けて―建設業の長期ビジョン―」では、14年度に343万人いた技能者のうち109万人が、高齢化によって25年度までに離職するという衝撃的な試算を発表しています。

さらに24年ごろからは、技能者のみならず、ゼネコンの技術者も減っていきます。「バブル入社組」が一斉に定年退職を迎え始めるからです。会社に抱える技術者の数に応じて受注できる工事の量はほぼ決まってしまいますし、ものづくりの経験が豊富なベテラン技術者が大量に抜けると、技術力が一気に低下する恐れもありますから、非常に悩ましい問題なのです。

建設テックは土木から建築・都市へ拡大

人手の確保が一層難しくなるなか、長時間労働を減らしつつ、安全と品質を確保しながら工事をこなし、収益を上げていくにはどうすればいいか――。「2024年危機」とでも呼ぶべき難題を生産性の向上でカバーしようと、一部のゼネコンなどはこの数年、AI（人工知能）やIoT（モノのインターネット）、ロボティクスといった最新テクノロジーを取り入れながら、試行錯誤を重ねてきました。

建設業の労働生産性は、バブル崩壊から現在に至るまで低迷を続け、近年はわずかに上昇しつつあるものの、かつては同水準だった製造業に大きく差を付けられています。背景には、「単品受注生産」や「屋外生産」といった製造業にはない建設業の特徴が横たわっています。生産活動の効率化を図るうえで重いハンデとなるこうした特徴を、急速に進化するテクノロジーの力を借りて乗り越えようという、意欲的な取り組みを進めてきたのです。

筆者が18年10月に上梓した「建設テック革命 アナログな建設産業が最新テクノロジーで生まれ変わる」では、建設工事の国内最大の発注者である国土交通省が15年に打ち出した「アイ・コンストラクション（i-Construction）」と呼ぶ施策がきっかけとなって、公共・土木の分野が急速にデジタル化を進める様子をリポートしました。

それからわずか2年。建設テック（建設×最新テクノロジー）が巻き起こすムーブメントは、橋や道路をつくる土木だけでなく、ビルや住宅をつくる建築分野、さらには都市の開発や運営にまで、急速に広がりを見せています。さらには、生産性向上のみならず、本業である建設事業と並び立つような新たな事業を創出しようとする動きも目立ってきました。

デジタル技術によって危機を克服し、新たなビジネスを開拓しようとする動きは、コロナ禍を経験したことで加速こそすれ、停滞したり後退したりすることはないでしょう。

「ウィズコロナ」あるいは「アフターコロナ」の最重要キーワードとして浮上し、様々な産業で堰を切ったように進み始めたのが、本書のタイトルに用いたDX（デジタルトランスフォーメーション）です。DXには様々な定義がありますが、経済産業省は次のように整理しています。

「企業がビジネス環境の激しい変化に対応し、データとデジタル技術を活用して、顧客や社会のニーズを基に、製品やサービス、ビジネスモデルを変革するとともに、業務そのものや、組織、プロセス、企業文化・風土を変革し、競争上の優位性を確立すること」

この定義に沿って建設産業を改めて眺めてみると、DXとはまさに、人手不足や長時間労働といった構造的な問題を抱え、ビジネスモデルのコモディティー化（汎用化）に長らく苦しんできたこの産業のためにある言葉ではないかと思えてなりません。

眠れる巨大産業が覚醒する

本書の目的は、前作「建設テック革命」からわずか2年で土木の業界を席巻し、建築や都市の領域まで急速に広がった建設×テクノロジーの地平をあまねく描き出し、その可能性や価値を明らかにすることにあります。さらには、個別業務のデジタル化にとどまらず、デジタルをベースに建設生産プロセス自体を再構築する、あるいは建設業のビジネスモデル自体をつくり直す「建設DX」の萌芽とも呼べる動きを、綿密な取材に基づいて読者の皆さんに提示したいと考えています。

第1章では建設産業の主要プレーヤーである大手ゼネコンのオープンイノベーション戦略を、担当者への取材を基に徹底的に解剖しました。続く第2章では、工事の遠隔化や自動化の最前線をリポートしています。第3章では「建設DX」の基盤となるBIM（ビルディング・インフォメーション・モデリング）の活用事例や政策の動向を解説しました。

さらに第4章では、3Dプリンターを用いた新たな建設生産方式の可能性を、豊富な海外事例を基に論じています。構造物のモジュール化（規格化・標準化）をベースに建設会社のビジネスモデルを変革しようとする米カテラなどの挑戦は、第5章に盛り込みました。

第6章では、作業の自動化や高速化のキモとなるAIの開発状況を前作「建設テック革命」に続いてフォローしています。この2年で、適用の幅は大きく広がりました。第7章では、巨大な建設産業を舞台に飛躍を目指すスタートアップ企業の戦略に焦点を合わせました。

そして第8章では、デジタルデータを活用した新たな街づくりの手法として注目されているスマートシティーをテーマに、建設産業の活躍の場を探りました。米グーグル（Google）や中国のアリババ集団、トヨタ自動車などの巨大企業がしのぎを削るスマートシティーに、建設産業がいかに関わり、存在感を示していくかが問われています。

建設産業を支える経営者や技術者の皆さんは言うに及ばず、建設DXに商機を見いだした異業種のビジネスパーソンにも、本書を手に取って参考にしていただければ幸いです。

年間約60兆円もの建設投資を誇りながら、その実像があまり知られてこなかった「眠れる巨大産業」は、デジタルという新たな武器を得て、今まさに覚醒しようとしています。本書を通じて、その瞬間に立ち会う仲間を1人でも増やすことができれば、建設専門誌の記者として、これに勝る喜びはありません。

2020年10月　日経クロステック・日経アーキテクチュア　木村　駿

目次

第4章 創造性を解き放つ建設３Ｄプリンター 197

第7章 建設テック系スタートアップ戦記 335

第8章 全てはスマートシティーにつながる……369

※記事中の情報や肩書きは、原則として取材時点のものです。収録した記事の一覧は巻末に掲載しています

▶建設産業の主なプレーヤー

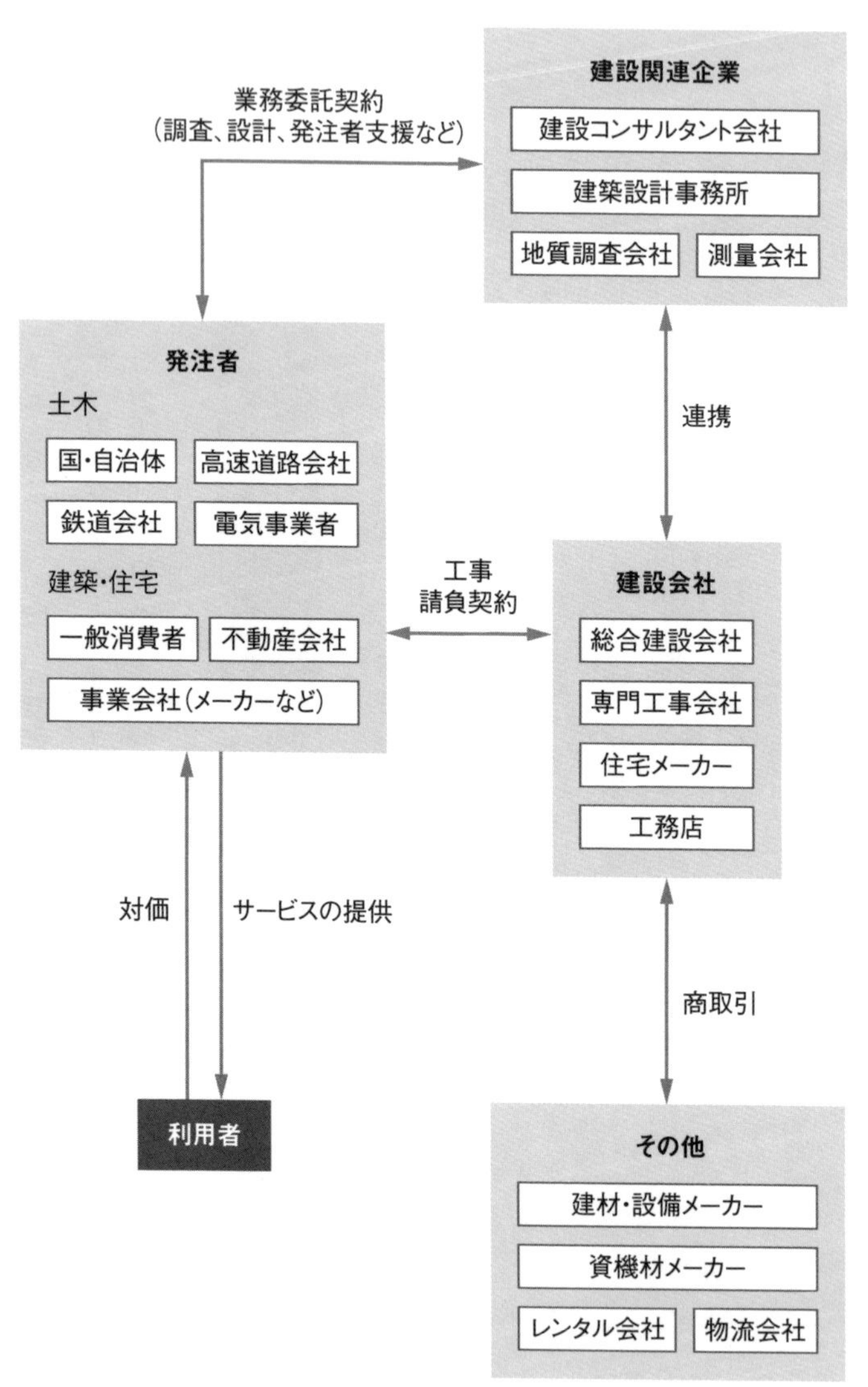

建設産業は、施工を生業とする建設会社を中心に様々なプレーヤーから成り立つ裾野の広い産業だ（資料：取材を基に日経アーキテクチュアが作成）

▶建設業許可業者の大半は零細企業や個人

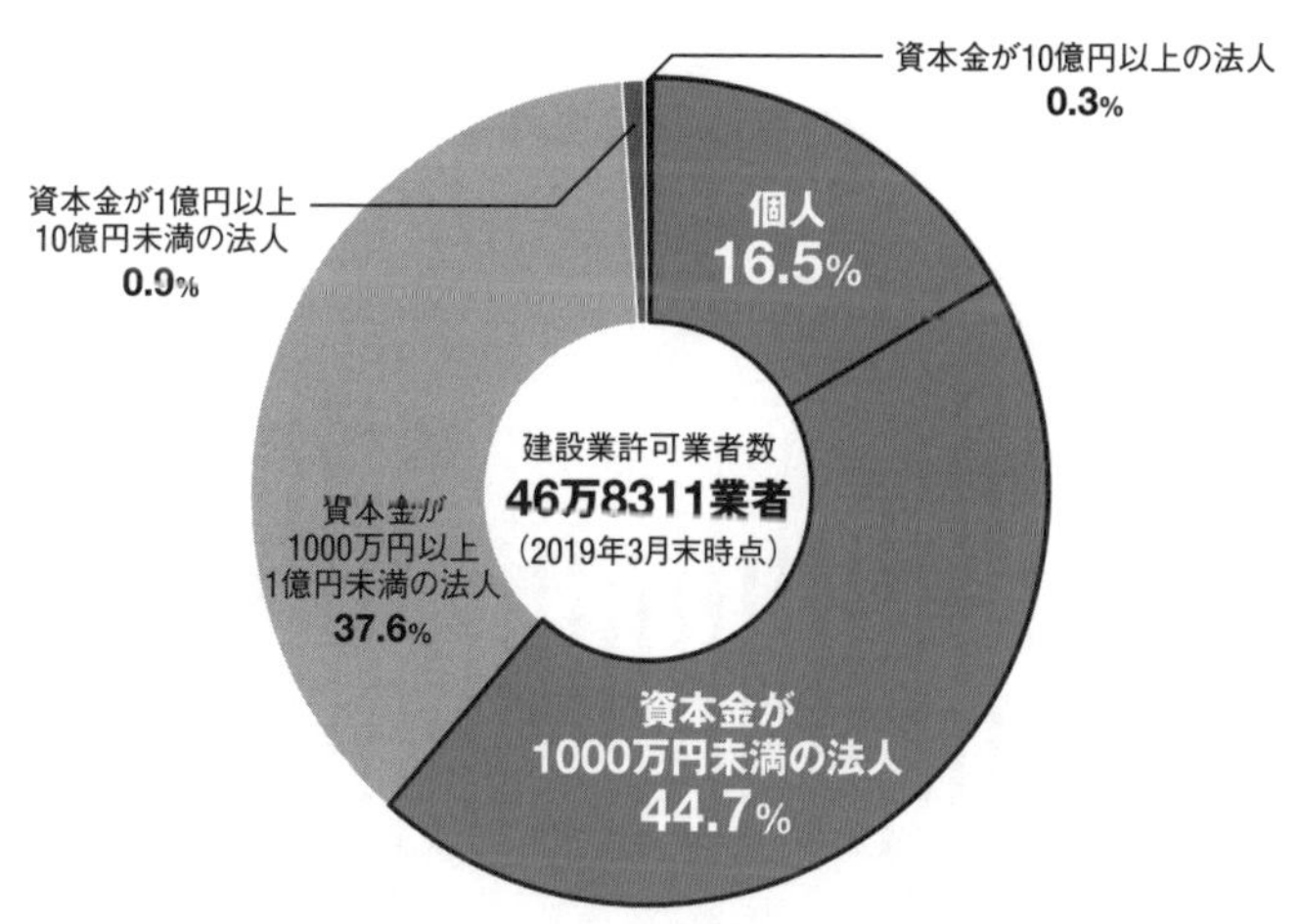

建設業許可を受けた46万8311業者の約6割が、個人か資本金1000万円未満の法人だ。資本金10億円以上の企業は1264社で全体の0.3%にすぎない(資料:国土交通省の資料を基に日経アーキテクチュアが作成)

▶建設業就業者数は約500万人で推移、ピーク時から約27%減

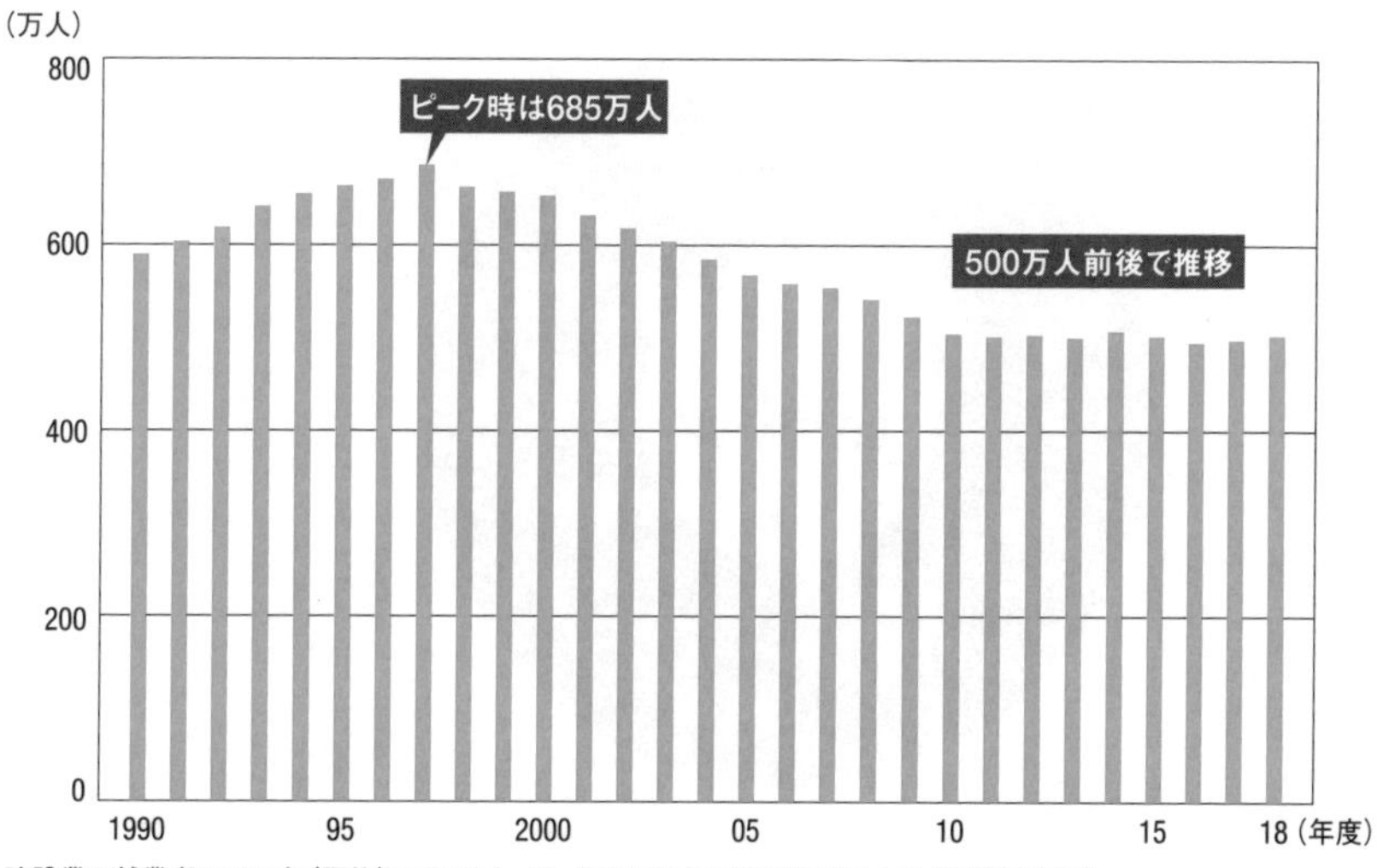

建設業の就業者は2018年(平均)で503万人。ピークの1997年には685万人もいた(資料:総務省)

建設産業を知るための基礎資料

2

▶建設投資（名目値）は近年、増加に転じている

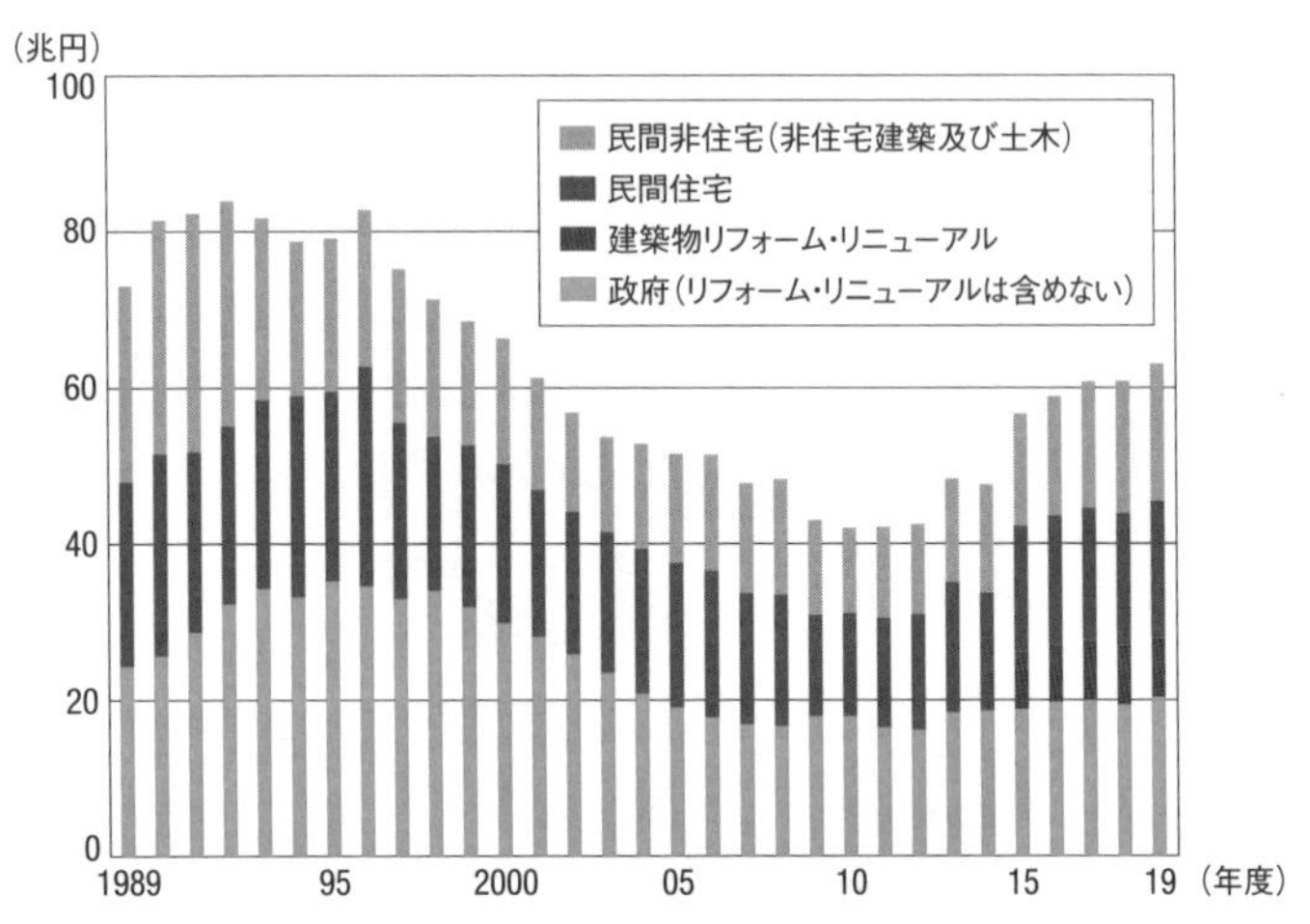

建設投資のピークは1992年で約84兆円。東日本大震災の復興事業や東京五輪の招致成功などで、近年は減少から増加に転じている。2017年と18年は見込み、19年は見通し（資料:国土交通省）

▶建設関連支出は世界のGDPの13%を占める

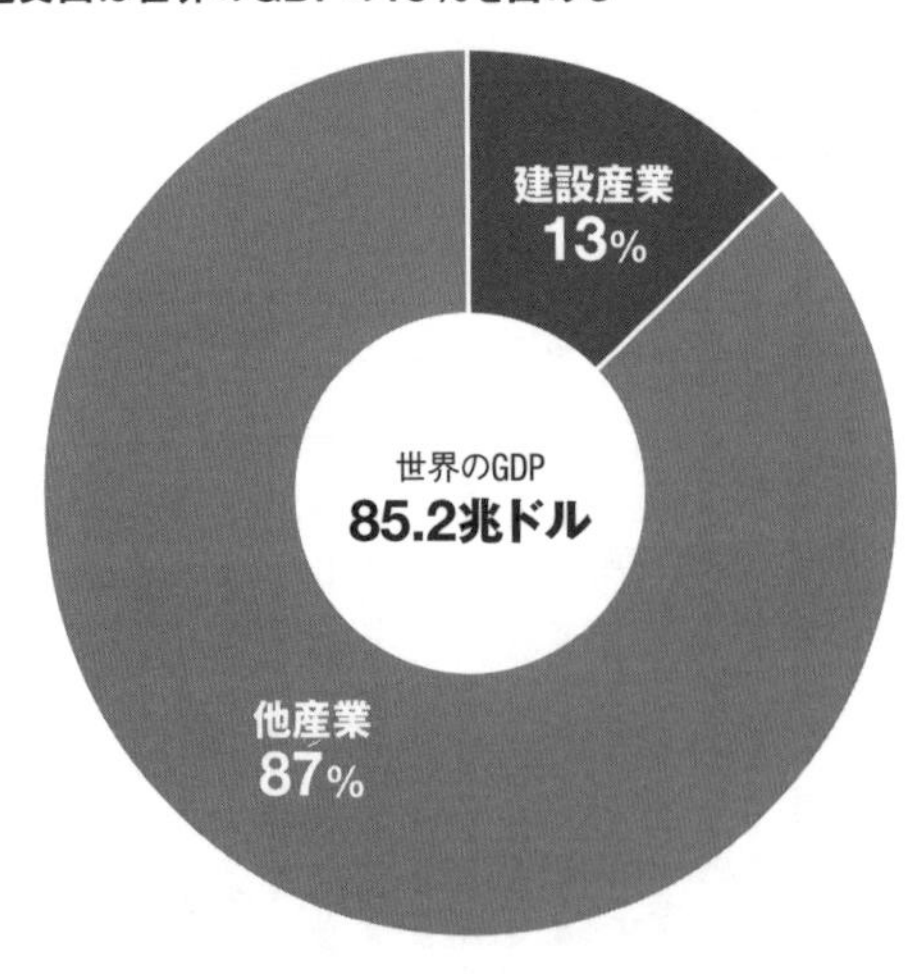

建設産業は世界最大級の産業エコシステムであり、世界のGDPの総額の13%を占めている（資料:McKinsey & Company）

▶建設業の付加価値労働生産性はこの20年変わらず

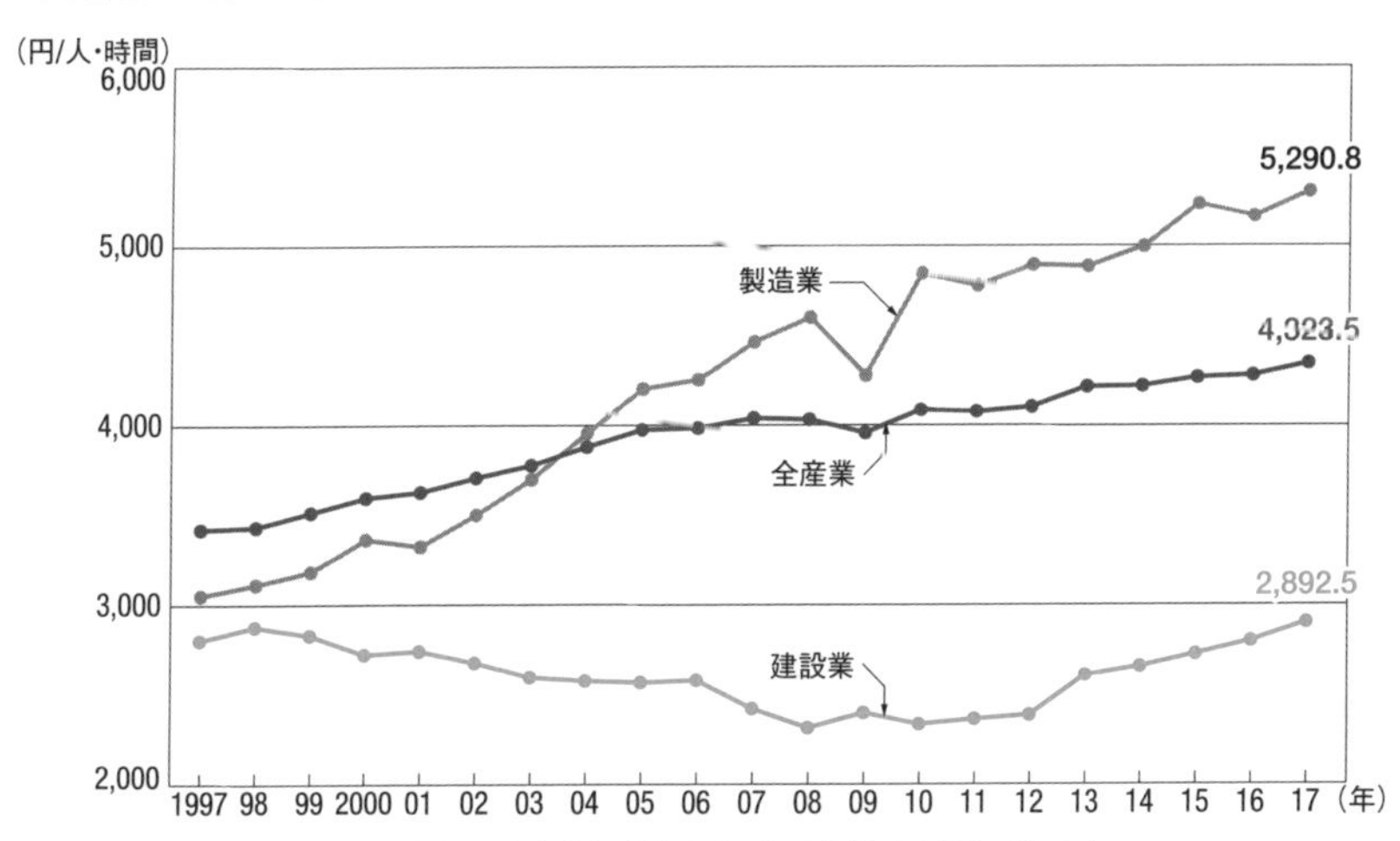

労働生産性は、実質粗付加価値額(2011年価格)を就業者数×年間総労働時間数で除したもの
(資料:内閣府、総務省、厚生労働省)

▶建設会社の研究開発費ランキング(2019年度決算、単体)

順位	会社名	研究開発費(百万円)	売上高(百万円)
1	**鹿島**	**15,777**	**1,305,057**
2	**大成建設**	**13,539**	**1,409,523**
3	**大林組**	**13,457**	**1,416,361**
4	**清水建設**	**12,974**	**1,417,604**
5	**竹中工務店**	**9,122**	**1,053,897**
6	積水ハウス	7,313	1,202,918
7	大和ハウス工業	7,127	1,975,150
8	前田建設工業	5,196	387,266
9	長谷工コーポレーション	3,034	614,076
10	安藤ハザマ	2,632	356,446

大手建設会社を中心に、好業績を背景として研究開発費を積み増す企業が増えた。特にデジタルへの投資が増えている
(資料:日経アーキテクチュアが2020年6〜7月に実施した調査を基に作成)

第1章

ゼネコン研究開発2.0

第1章のポイント

▼建設会社が研究開発にオープンイノベーションを取り入れ始めた
▼スタートアップ企業などとの協業の成果が表れつつある
▼主要企業の戦略を徹底分析し、課題や展望を浮き彫りにする

CHAPTER 1

1 ゼネコン×スタートアップ、建設テック争奪戦

２０１９年4月19日夕、東京都江東区にある大手建設会社、竹中工務店の東京本店に、スタートアップ企業の経営者などが続々と集結していた。「ＴＡＫＥＮＡＫＡアクセラレーター」の説明会に参加するためだ。同社の俵谷宗克副社長らはおそろいのＴシャツに身を包み、笑顔で参加者を出迎えた。

ＴＡＫＥＮＡＫＡアクセラレーターとは、同社と共に新たなビジネスに挑戦したいと考える企業を募る取り組み。大企業のオープンイノベーションを支援するゼロワンブースター（東京都千代田区）と共同で開催した。書類選考を経て19年9月にコンテストを実施し、選定した企業を竹中工務店がサポートしながら、20年2月の発表会までに提案を磨き上げる。内容によっては、同社の新規事業に発展することもあり得ると表明していた。

竹中工務店で技術本部長を務める村上陸太執行役員は、「説明会後の懇親会では、多くの参加者と会話が弾み、乾杯のグラスを置いた後は一度も口を付けられないほど盛況だった」と顔をほころばせる。

応募総数１４４件から選んだのは7件。パデルアジア、エクスペリサス、エアブライダル、ファクトリアム、リベラウェア、ジャパンヘルスケア、水辺総研が、20年2月25日の成果発表会に進

んだ。リベラウェアのように屋内点検用の小型ドローンを開発する企業から、肩こりなどの筋骨格系疾患の予防システムを開発しているジャパンヘルスケアのようなヘルスケア・スタートアップまで、幅広い企業を選んだ。

堅実な社風で知られる竹中工務店が、ゼネコンらしからぬ取り組みを始めたのは、社外の技術やアイデアを取り入れて技術革新や新規事業の立ち上げを目指す「オープンイノベーション」を加速させるのが目的だ。慣れないスタートアップとの協業に当たって、試行錯誤を重ねてきた。

竹中工務店の村上執行役員は、「スタートアップの方々と我々では仕事のやり方が全く違うので、意気投合しても次に何から始めていいか、分からなくなってしまうのが悩みだった。当初は『婚活パーティー』でいい相手を見つけてデートにこぎつけたのに、会話が

「TAKENAKAアクセラレーター」の説明会でスタートアップ企業と記念撮影（写真:日経アーキテクチュア）

弾まない』ような状況になっていた」と明かす。

村上執行役員は続ける。「ゼネコンからすると、我々の要望に応えてくれるのは協力会社（下請け会社）だというイメージが強い。『こういう仕事を、期限までにお願いします』と協力会社に割り振るのがゼネコンの仕事だからだ。しかし、そういう感覚でスタートアップと付き合うとうまくいかない。そのあたりの機微が、TAKENAKAアクセラレーターを始めたことで解消されつつある。我々を含め、社員のマインドが変わってきた」

大手は年間200億円前後を投じる

これまで建設会社の研究開発といえば、超高層ビルや長大橋、大断面トンネルのようなビッグプロジェクトの受注を念頭に、発注時期から逆算して、大学などと共同で要素技術や工法を磨き上げるのが常道だった。

つまり、発注者への技術提案で他社に対して優位に立つための「武器」を、自社内あるいは建築や土木の専門家と共同で生み出すことこそが、研究開発の主目的だった。

これを「ゼネコン研究開発1・0」と定義するならば、オープンイノベーションを軸とした現在の建設会社の取り組みは「ゼネコン研究開発2・0」と呼ぶことができそうだ。

ロボティクスやAI（人工知能）、IoT（モノのインターネット）のような先端技術を取り入れて工事の生産性を飛躍的に高めたり、将来の「飯のタネ」となり得る新規事業を立ち上げたりするには、これまでのような共同研究の相手では足りず、様々な分野の研究機関、スタートアップなどとの協業が欠かせない。この数年、異業種の大企業が力を入れてきたオープンイノベーションが、建設業界でもいよいよ本格化してきた。

各社はその裏付けとなる研究開発費を、以前と比べて大幅に積み増している。

大手5社（大林組、鹿島、清水建設、大成建設、竹中工務店）に、長谷工コーポレーション、五洋建設、戸田建設、前田建設工業、三井住友建設を加えたゼネコン10社が18年度に投じた研究開発費（連結）は計714億円。13年度の453億円から実に6割近くも急増した。

大林組や清水建設は現行の中期経営計画で、年間200億円前後を研究開発に振り向けるとしている。コロナ・ショックの影響で

▶研究開発費は売り上げの増加とともにこの数年で急上昇

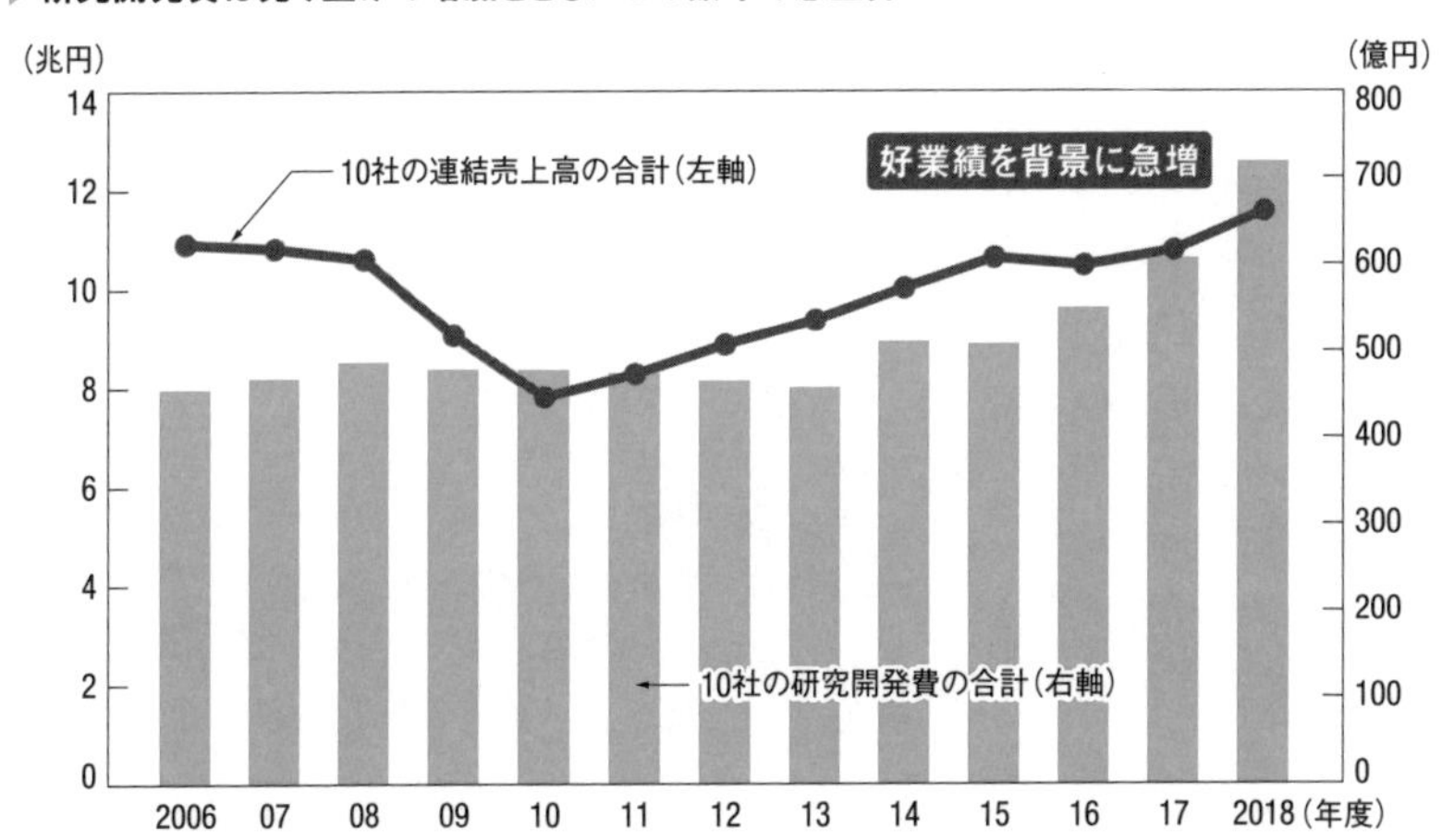

大林組、大成建設、鹿島、清水建設、竹中工務店、長谷工コーポレーション、五洋建設、前田建設工業、戸田建設、三井住友建設の売上高と研究開発費（いずれも連結）の合計額の推移
（資料：各社の有価証券報告書を基に日経アーキテクチュアが作成）

建設会社の20年度以降の業績が大幅に悪化すれば、好業績を背景に各社が積み増してきた研究開発投資がしぼみかねないという懸念はあるものの、バブル崩壊後、低調だったゼネコンの研究開発が、オープンイノベーションという新たな軸を得て、久々に活況を呈しているのだ。

構造設計AIをヒーローズと開発

オープンイノベーションはどのような成果を生みつつあるのか。ここで、竹中工務店の取り組みを詳しく見てみよう。

同社は17年に将棋ＡＩで有名なヒーローズ（HEROZ、東京都港区）に出資し、建築物の構造設計業務を支援するＡＩの開発を共同で進めてきた。ＡＩによって、設計業務に少なからず含まれる単純作業を高速化し、生み出した時間を顧客との対話や人間にしかできない創造的な仕事、設計者のワークライフバランスの向上に充てるのが目的だ。

具体的には「リサーチＡＩ」「構造計画ＡＩ」「部材設計ＡＩ」と呼ぶ３つのＡＩを設計の段階に応じて使い分け、構造設計にまつわる単純作業の7割を削減する。開発リーダーは高さ３００メートルの超高層ビル「あべのハルカス」（大阪市阿倍野区）などの構造設計を担当してきた竹中工務店設計本部アドバンストデザイン部構造設計システムグループの九嶋壮一郎副部長。同社の構造設計のエースだ。「実務者目線で『使えるＡＩ』を目指す」（九嶋副部長）

最初にヒーローズと取り組んだのが、社内に蓄積してきた膨大な設計データの整理。竹中工務店独自の構造設計システム「ブレイン（BRAIN）」で設計した400プロジェクト、柱や梁など25万部材の情報をデータベース化した。この中から、進行中の案件と似た事例を簡単に引き出せるようにしたのが「リサーチＡＩ」だ。

建築物の構造設計の初期段階では、過去の類似事例を参考にしながら検討を進める。しかし、全国各地の事業所からそうした情報を集めるのに多大な時間がかかるうえ、経験の浅い若手設計者は、どういった事例を参照すべきか迷いがち。面積や階数、スパン（柱の間隔）など、建物の構造を特徴付けるパラメーターは10～20個もあり、比較が難しいのだ。

そこでリサーチＡＩでは、10次元以上のパラメーターを2次元に縮約（圧縮）し、総合的に類似度が高いプロジェクトを示せるようにする。機械学習の一種で、データの集まりを類似度に応じて分類する「クラスタリング」を用いた。

同社技術研究所先端技術研究部数理科学グループの木下拓也研究主任は、「ベテラン設計者が持つ『嗅覚』のようなものをＡＩで補い、誰でも簡単に有益な情報にたどり着けるようにする」と意気込む。

計算せずに「仮定断面」を出す

基本計画・設計の段階になると、意匠設計者が顧客と相談して決めた建物のボリュームや空間の配置に応じて、構造設計者は鉄筋コンクリート（ＲＣ）造にするか鉄骨（Ｓ）造にするか、ど

▶竹中工務店とヒーローズ（HEROZ）が開発する「リサーチAI」

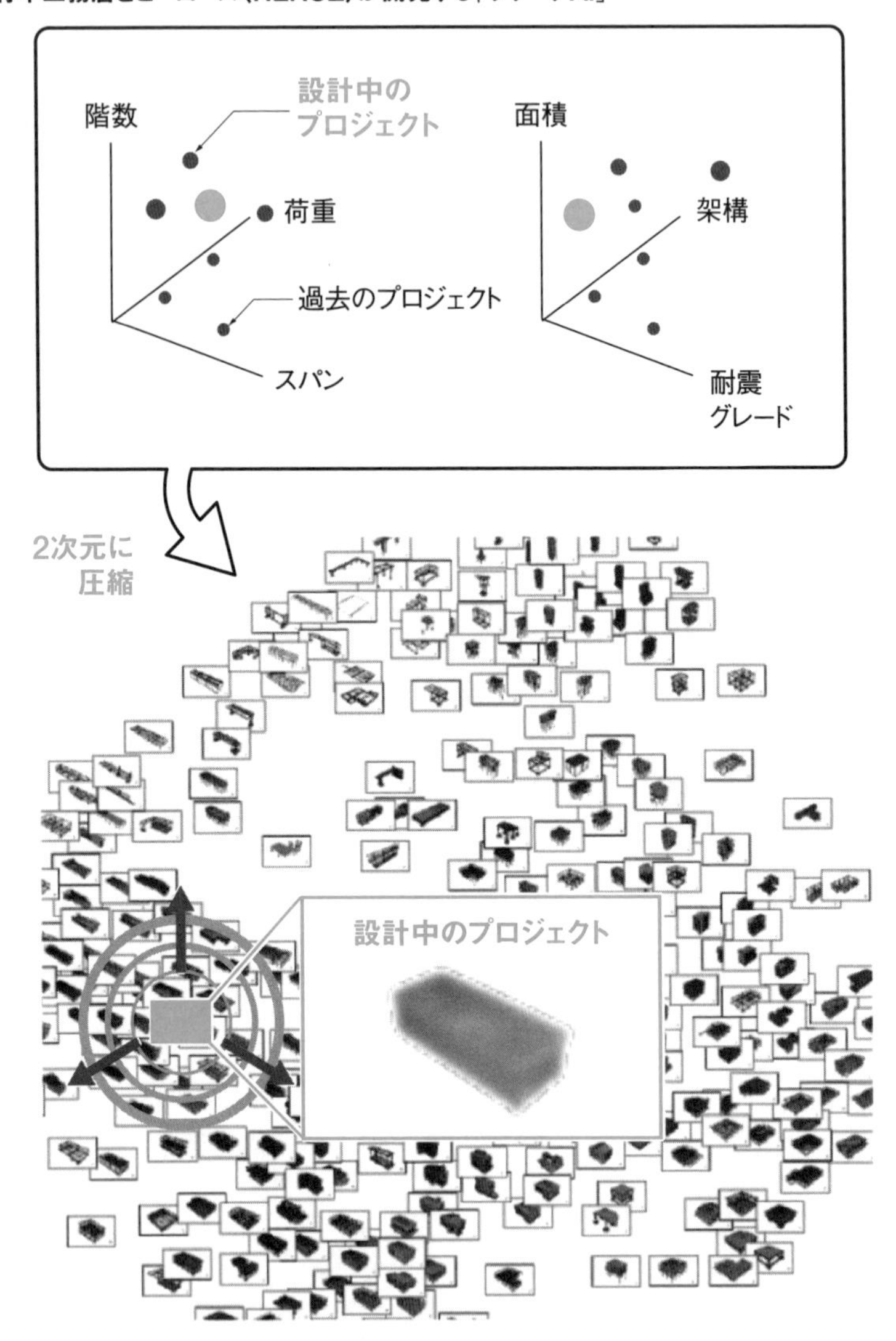

構造設計に関係するパラメーター（面積、階数、スパン、架構、耐震グレードなど）には様々な種類があるので、設計中のプロジェクトがどのプロジェクトと似ているか、判断が難しい。そこで、多次元の情報を2次元に圧縮。設計中のプロジェクトと総合的に類似度が高いプロジェクトほど、近くに表示する（資料：竹中工務店の資料を基に日経アーキテクチュアが作成）

のような架構形式を採用するか検討し、柱・梁の「仮定断面」を算出する。

仮定断面とはその名の通り、仮定の断面サイズを指す。柱や梁のサイズは空間の広さや階高に影響するので、建築デザインを進めるうえで欠かせない情報だ。しかし、建物の詳細が決まっていない段階で、部材の断面を適切に仮定するのはことのほか難しい。仮定断面の算出は、構造設計者の経験やノウハウが求められる場面だといえる。

そこで登場するのが「構造計画ＡＩ」。構造計算をせずに仮定断面を自動で推定するＡＩだ。複数案を簡単に比較検討できるので、短時間で構造設計の質を高められる。推定の精度を、詳細設計で最終的に決定した部材断面のプラスマイナス20％以内に収めるのが目標だ。

開発には、機械学習の一種であるディープラーニング（深層学習）を用いる。ディープラーニングでは、脳の神経回路を模した「ニューラルネットワーク」をコンピューター上に幾層も構築して大量のデータを入力すると、コンピューターがその特徴を自ら学び、未知のデータを認識・分類できるようになる。

効率的に学習させるため、ＡＩには「教師データ」と呼ぶ情報を与える。構造計画ＡＩの学習に用いたのは、データベースに登録した25万部材の設計情報だ。建物の規模やスパン、位置などに応じた柱・梁の断面サイズを大量に学んだＡＩは、「10階建ての角の柱の断面はこのぐらい」と瞬時に見当をつけられるようになる。

ヒーローズの井口圭一最高技術責任者は、「過去の事例には、特殊な構造をした建物もある。うまく分けて学習させないと、ＡＩの回答がそれに引っ張られてしまう。開発チームで事例を精査しながら学習させている」と話す。

3つ目の「部材設計AI」は、建物の実施設計（詳細設計）の際に、部材の「グルーピング」を支援するツールだ。

柱が全て同じ断面ならば施工性は高まるが、無駄な部分にも材料を使うことになるので経済性は悪くなりがち。逆に、材料の数量を減らそうとして断面サイズを柱ごとに全て変えると、施工性が悪くなってしまう。そこで構造設計者は、施工性と経済性が両立するよう、部材の種類をグルーピング（整理）しなければならない。部材設計AIは、施工性と経済性を両立する案を絞り込んで提示し、構造設計者の意思決定をサポートする。

竹中工務店の九嶋副部長は言う。「AIを、人を支援し、協働する存在と位置付け、新たな構造設計の在り方を示したい。20年度を目標に開発を進めていく」

竹中工務店とヒーローズの取り組みは、構造設計という、建設業界の外からは分かりにくい中核業務のDX（デジタルトランスフォーメーション）に、スーパーゼネコンと気鋭のAI企業が真正面から向き合っている点で極めて画期的だ。

シリコンバレーに続々進出

ゼネコンとスタートアップ企業などとの協業は、急速に広がりつつある。建築専門誌「日経アーキテクチュア」による19年6月の調査では、回答した建設会社58社の5割弱がオープンイノベー

▶仮定断面を推定する「構造計画AI」

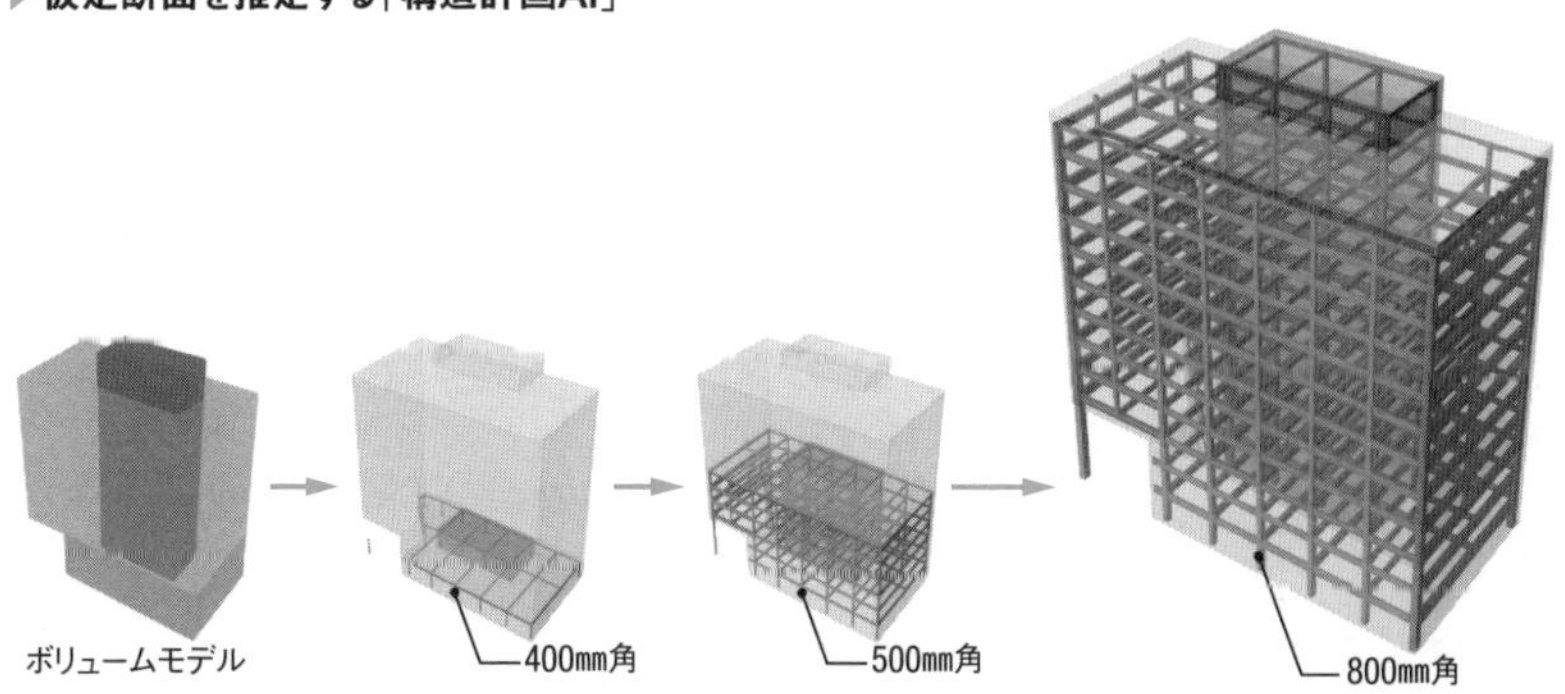

建物のボリュームモデルを基に構造フレームを自動生成し、建物の規模やスパン（柱の間隔）などに応じてAIが仮定断面を推定する。図はイメージ。下層から上層に向かって推定が進むにつれ、下層の柱の断面が自動的に大きくなっていく（資料：下も竹中工務店の資料を基に日経アーキテクチュアが作成）

▶実施設計をサポートする「部材設計AI」

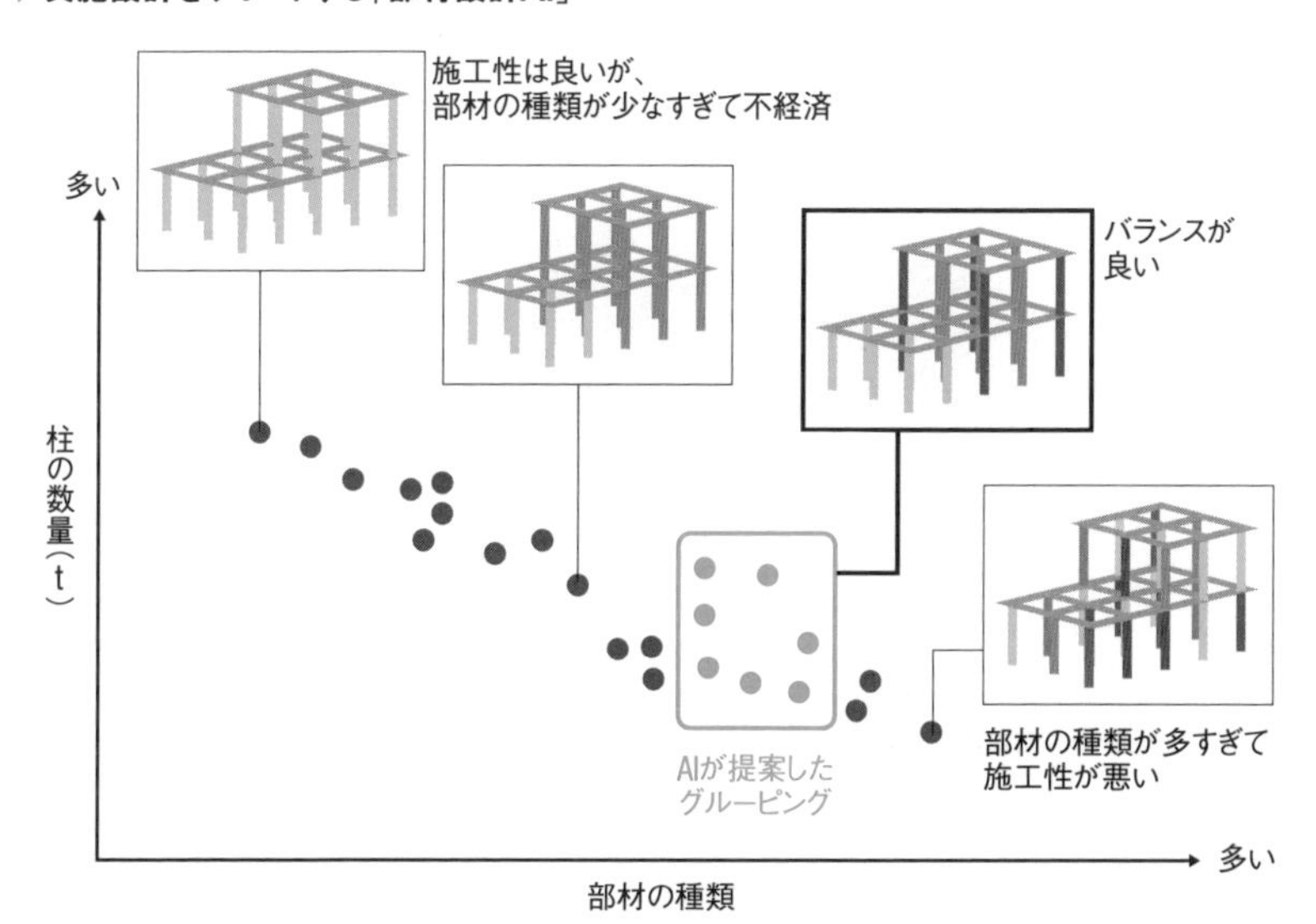

様々なパターンで構造計算を実施。構造安全性を満たした複数の結果（図中の点）の中から、コストや施工性を勘案し、部材の種類が程よい数に収まるように「グルーピング」できている案をAIが提示してくれる

ションに「既に取り組んでいる」あるいは「取り組む予定がある」と回答した。「今後、取り組みたい」との回答も2割超あった（調査対象は、経営事項審査の「建築一式工事」の完成工事高が100億円以上の建設会社）。

スーパーゼネコンの清水建設は20年7月16日、国内外のベンチャー企業などを対象に、100億円の出資枠を設定すると発表した。西松建設は19年11月、「街づくり・インフラ分野」と「環境・エネルギー分野」を対象として、スタートアップに5年間で総額30億円を投資すると発表。安藤ハザマは19年、竹中工務店と同様にアクセラレータープログラムを実施している。

19年2月に開所した技術研究所「ICI総合センター」をオープンイノベーションの拠点と位置付ける準大手ゼネコンの前田建設工業は、以前からスタートアップなどとの協業

▶オープンイノベーションに関心を寄せる建設会社は多い

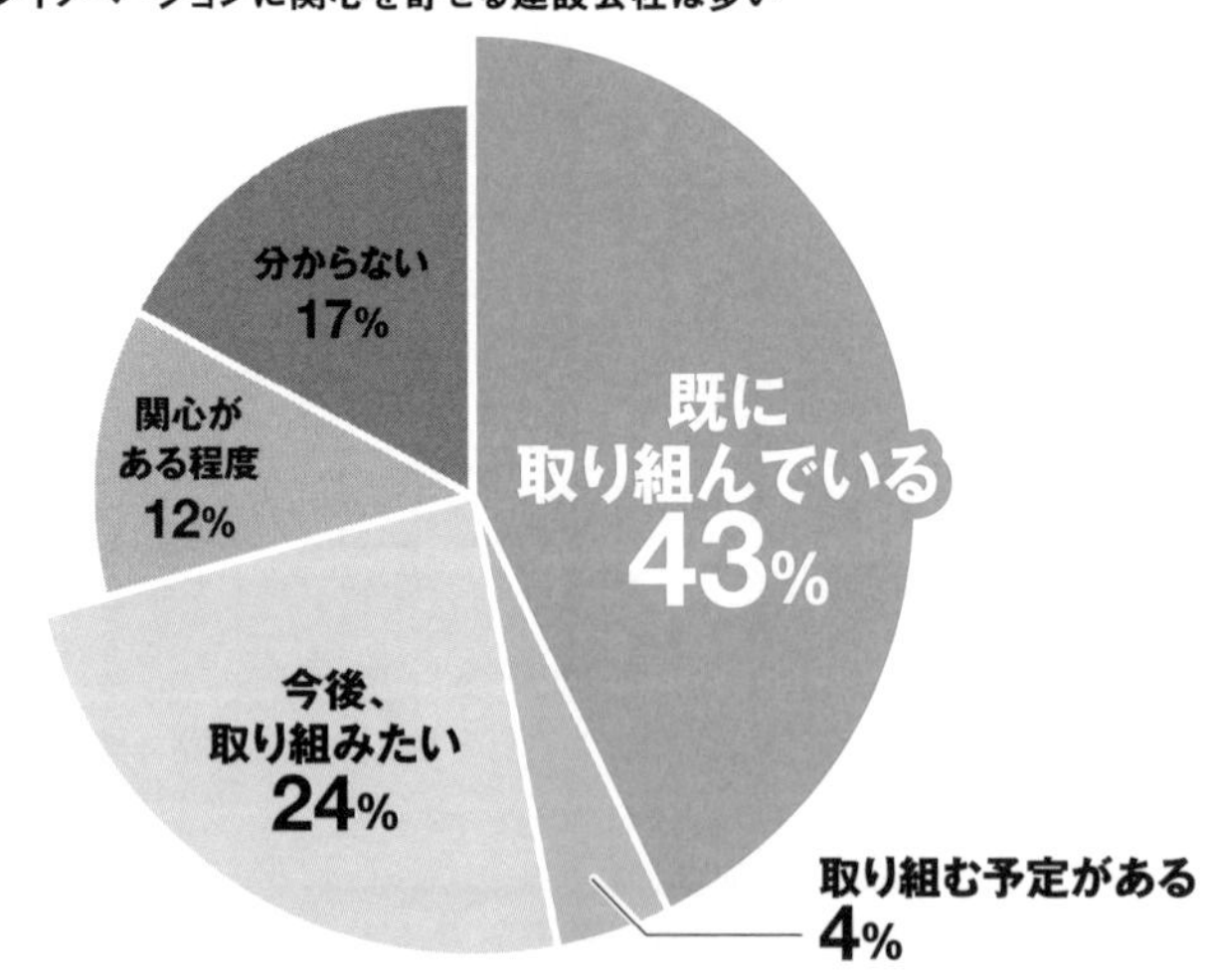

日経アーキテクチュアの調査に回答した建設会社58社の43%が、2019年6月時点でオープンイノベーションに取り組んでいる（資料：日経アーキテクチュア）

に熱心な建設会社の1つだ。同社は社会問題の解決を目指すベンチャーなどに出資する「MAEDA SII（Social Impact Investment）」と呼ぶ仕組みを、15年度から運用している。これまでに約10社に出資した。

個別企業への出資額は非公表だが、15年度から3年間で計約8億円を拠出済み。同社でICI総合センター長を務める三島徹也執行役員は、「スピードを重視し、センターで出資の意思決定ができるようにしている」と話す。出資先は多様だ。例えば西陣織の技術を生かして導電性の銀メッキ繊維を開発するミツフジ（京都府精華町）とは、シャツ型ウエアラブルセンサー「hamon（ハモン）」による建設現場の熱中症対策サービスを展開している。

ゼネコンとスタートアップなどとの協業の舞台は、国内にとどまらない。先端技術を持つ企業を他社や他業界に先んじて発掘するため、清水建設や竹中工務店、鹿島、大林組は米シリコンバレーに社員を駐在させている。

シリコンバレーで有益な情報を得るには、現地のコミュニティーに入り込む必要がある。そこで各社は、ベンチャー投資を生業とするベンチャーキャピタル（VC）などのサポートを得ながら、情報収集や人脈の構築を進めている。

例えば清水建設は16年、東京とシリコンバレーの双方に拠点を置くDNXベンチャーズのファンドに最大1000万ドル（約11億円）の投資を決めた。清水建設次世代リサーチセンター所長の平田芳己執行役員は、「収益を上げるのではなく、情報収集などが目的だ」と話す。

鹿島も18年、ウィル（WiL）が運営するファンドに2500万ドル（約26億円）を投じ、支援を得ながら工事の自動化などに役立つ技術を探している。「社名は明かせないが、良い企業が見つかり始めている」（鹿島技術研究所長の福田孝晴常務執行役員）

このほか清水建設、鹿島、竹中工務店の3社は、シリコンバレーで企業のオープンイノベーションを支援する米プラグ・アンド・プレイ（Plug and Play）のサポートも得ている。同社を通じてイベントを開催するなど、日本の建設会社のニーズを発信し、米国のスタートアップに関心を持ってもらう活動にも積極的だ。

プラグ・アンド・プレイで不動産・建設部門のディレクターを務めるマイルズ・タビビアン氏は、「ソフトバンクのファンドが18年に米国の新興建設会社カテラ（Katerra）に8億6500万ドルもの出資を決め、建設分野に関心が集まった。建設業のバックグラウンドがないスタートアップも参入してきている」と語る（カテラについては263ページを参照）。

建設テック専門のVCが登場

建設分野にICT（情報通信技術）などのテクノロジーを掛け合わせたサービスや潮流を「建設テック（Construction-Tech）」と呼ぶ。シリコンバレーでは、建設テックを手掛けるスタートアップへの投資を専門とするベンチャーキャピタルまで現れた。ブリック・アンド・モルタル・ベンチャーズ（Brick & Mortar Ventures、以下B&M）だ。創業者のダレン・ベクテル氏は、世界的な建設会社ベクテルの現最高経営責任者の弟に当たる。

Ｂ＆Ｍは18年1月に初めてファンドを立ち上げて以降、建設テックを手掛ける数々のスタートアップに投資してきた。ベクテル氏個人としても、18年11月に米オートデスクに8億7500万ドル（約920億円）で買収された米プラングリッド（PlanGrid）など、建設テックの先駆的企業に出資し、成長を後押ししてきた。

Ｂ＆Ｍのカーティス・ロジャース氏は、「投資家の間で、建設テックへの関心が急激に高まっている」と話す（ロジャース氏へのインタビューは366ページ）。同社は19年8月13日、建設テック投資に特化した同社のファンドが9720万ドル（約103億円）を調達したと発表した。創業間もない企業を中心に、1社当たり100万～400万ドルを投じていくという。

Ｂ＆Ｍのファンドには、大林組も投資している。北米に現地法人を持つ大林組は、シリコンバレーでの活動で他の建設会社に一歩リードしていると自他ともに認める存在だ。

18年11月には、米アパレル系スタートアップのサイズミックホールディングス（Seismic Holdings）に出資し、人工筋肉を衣服と一体化した「パワード・クロージング」と呼ぶアシストスーツを現場向けに開発している。世界最大規模の非営利独立研究機関である米ＳＲＩインターナショナルとは、配筋検査システムを開発中だ。

大林組でオープンイノベーション戦略を指揮するグループ経営戦略室の堀井環・経営基盤イノベーション推進部長は、「機械化による生産性の向上などは喫緊の課題。うかうかしていると、配車アプリの米ウーバー・テクノロジーズが海外でタクシー業界を席巻したように、異分野から建設業に参入して産業構造を変えるような例が出てこないとは限らない」と、オープンイノベーションにひた走る理由を説明する。

有望なスタートアップや技術を自社に取り込む動きは始まったばかり。国内外を舞台に、競争はますます激しさを増しそうだ。

▶大手建設会社はシリコンバレーでの情報収集を強化

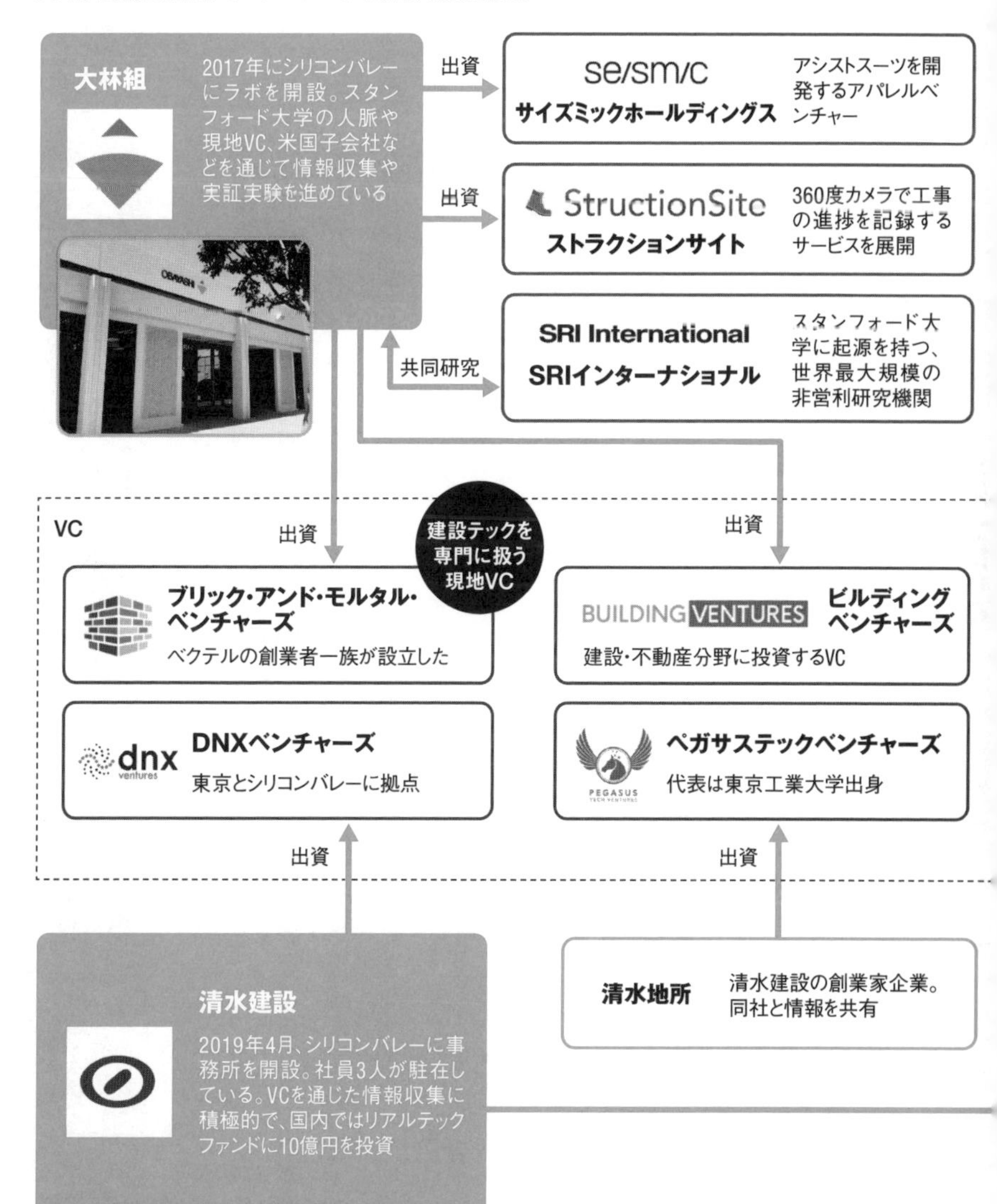

シリコンバレーに進出している大手建設会社の出資先などを示した(2019年9月時点)。ベンチャーキャピタル(VC)への出資は、VCが組成したファンドへの投資を意味している(資料:取材を基に日経アーキテクチュアが作成)

2 建設会社のオープンイノベーション戦略

ここまで見てきたように、大手建設会社はこぞって研究開発に注力し、オープンイノベーションによって建設産業の将来を切り開こうとしている。共通テーマは、本業である建設事業の生産性向上と、新規事業の創出。デジタルへの投資がカギになる。ここでは、建設産業に君臨するスーパーゼネコン5社に加え、オープンイノベーションにとりわけ力を入れる準大手ゼネコン、前田建設工業の戦略を、各社のキーマンへの取材を基に深掘りしよう。

大林組 シリコンバレーで「建設テック一番乗り」

DATA
売上高：2兆730億円　当期純利益：1130億円　研究開発費：137億円
（いずれも2020年3月期連結決算、1億円未満は切り捨て）

2019年度、研究開発に約137億円（連結）を投じた大林組。建設機械の開発なども含めると、最近は1年間に200億円程度を投じている。21年度までの「中期経営計画2017」の発表に伴って以前よりも増やし始めた。

この中期経営計画では、研究開発や成長分野などに5年間で4000億円を投じると表明している。内訳は、建設技術の研究開発に1000億円、工事機械・事業用施設に500億円、不動産賃貸事業に1000億円、再生可能エネルギー事業などに1000億円、M&A（合併・買収）などに500億円だ。

「4本柱」である建築事業、土木事業、開発事業、テクノ事業（再生可能エネルギーなどの新領域）をさらに拡大させることと、グローバル化への対応が、同社の経営課題だ。大林組のグループ会社は120社まで増え、北米やアジアを中心に世界中で事業を展開するようになった。国内はもちろん、海外でも通用する技術が欠かせなくなっている。

では、どのような枠組みで研究開発を進めているのか。同社で技術本部長を務める梶田直揮常務執行役員によると、19年度から全体を4つのテーマに分けたうえで、年間300件ほどの開発を走らせているという。テーマの1つ目が「最重要テーマ」。喫緊の課題である生産性向上などに集中投資している。「BIM（ビルディング・インフォメーション・モデリング）やロボティクス、インフラの補修や更新に関する技術開発などが該当する」（梶田常務）

2つ目のテーマは、ありとあらゆる顧客のニーズに対応する「部門別テーマ」。3つ目の「基盤テーマ」は、最新の解析技術のように、ゼネコンがものづくりをしていくうえで欠かせない技術の開発だ。最後に「未来創造テーマ」。宇宙エレベーターや次世代モビリティー、水素エネルギーなど、近未来テクノロジーの研究開発がこれに当たる。19年4月1日には、技術本部に「未来技術創造部」と呼ぶ部署を設置した。扱うテーマはまさに宇宙エレベーターや次世代モビリティーなど。20～30年後を見据えた動きだ。

大林組グループ経営戦略室の堀井環・経営基盤イノベーション推進部長は、「研究開発費の2～3割を『最重要テーマ』に、6割ほどを『部門別テーマ』と『基盤テーマ』に、残りを『未来創造テーマ』に振り分けるイメージだ」と説明する。なかでも「最重要テーマ」と「未来創造テーマ」については、オープンイノベーションを重視している。

同社の技術研究所に所属する研究者は160人ほどだ。さらに建築、土木、テクノの各事業部に所属する社員が自由にチームを組んで開発を進める。社内で完結するものもあれば、外部の技術を取り入れるものもある。

北米に子会社を持つ強みを生かす

大林組が米シリコンバレーでのオープンイノベーションに力を入れ始めたのは17年ごろのことだ。北米にウェブコー（Webcor）やクレマー（Kraemer North America）といった子会社を持つ強みを生かし、米スタンフォード大学の人脈や、建設分野を専門とする現地のベンチャーキャピタルなどを通じて情報を収集し、地歩を固めてきた。

現地に設けた「シリコンバレー・ベンチャーズ&ラボラトリ」には19年時点で2人の社員が駐在している。1人は技術研究所のメンバー、もう1人は北米での経験が長い事務の担当者だ。あとは研究開発の担当者が必要に応じて出張する体制を取っている。

これまでにいくつかの成果が生まれている。例えば、世界最大規模の非営利独立研究機関である米ＳＲＩインターナショナルと関係を強化し、配筋検査システムの開発を進めてきた。ＳＲＩは、米アップルの音声アシスタント「シリ（Siri）」のベースになるＡＩを開発したことなどで知られている。

18年11月には前述の通り、米アパレル系スタートアップ企業のサイズミックホールディングス（Seismic Holdings）に出資し、人工筋肉を衣服と一体化した「パワード・クロージング」と呼ぶアシストスーツを開発している。「開発自体はサイズミックが担当している。我々は要件定義というか、建設業に特有の動きをサポートするのに何が必要かという観点で知見を提供している。開発した製品はとりあえず、自社の現場に取り入れていくつもりだ」（堀井氏）

大林組のシリコンバレー・ベンチャーズ&ラボラトリに設けた配筋検査の実験設備（写真:日経コンストラクション）

このほか、米ストラクションサイト（StructionSite）というスタートアップにも出資した。同社は、360度カメラを持って歩き回るだけで建設現場の様子を記録するクラウドサービスを提供している。定期的に現場の記録を取っておくと、例えば壁の中に断熱材が入っているか気になれば、ボードの施工後であっても手軽にチェックできる。BIMとの連携も容易で、写真整理にも役に立つ。

大林組のオープンイノベーションの旗振り役である堀井経営基盤イノベーション推進部長は、「配筋システムにしても、先方と話していると『このステップはそもそも要らないんじゃないか』『別の検査にも使えるのでは』といった意見が次々に出てくる。発想を広げられることが、シリコンバレーで活動するメリットの1つだ。品川の本社を離れることの効果もある。日本にいると、どうしても普段の業務に引っ張られてしまう」と語る。

シリコンバレーでは協業相手を探すために、ベンチャー、スタートアップ企業を集めて「大林チャレンジ」と呼ぶコンテストを1年に1回、開催している。第1回は17年。13チームがプレゼンテーションをした。「当時は建設テックに関するイベントを見かけなかった。我々が第1号だと自負している」（堀井氏）

シリコンバレーでは、コミュニティーの壁を超えるのが最初の課題だった。スタンフォード大学やマサチューセッツ工科大学の人脈、共同研究をしているSRIのネットワークを活用している。このほか、前述の通り、建設業界に特化したベンチャーキャピタルのブリック・アンド・モルタル・ベンチャーズのファンドにも投資している。

鹿島　ゼネコンも「建てた後」が勝負

DATA
売上高：2兆107億円　当期純利益：1032億円　研究開発費：164億円
（いずれも2020年3月期連結決算、1億円未満は切り捨て）

18～20年度の中期経営計画で、R＆D（研究開発）に合計500億円を投資すると表明した鹿島。研究開発の最重点テーマは、職人不足を背景とした建設現場の生産性向上だ。

建築分野では18年に「鹿島スマート生産ビジョン」を公表し、「作業の半分はロボットと、管理の半分は遠隔で、全てのプロセスをデジタルに」という目標を25年までに実現する方針を示した（88ページ参照）。

土木分野では「クワッドアクセル（A^4CSEL）」と銘打って、まずはダムをターゲットに施工の全自動化を目指している。大手建機メーカーのコマツと共同研究をしながら、重機の自動化を推し進めているのだ。大分県の大分川ダム、続いて福岡県の小石原川ダムの建設現場で実証を重ね、秋田県の成瀬ダムの建設現場に大々的に適用することになった。

成瀬ダムはCSG（Cemented Sand and Gravel の略、セメントで固めた砂れき）ダム。23台の重機を自動化して施工する。自動化した重機はダンプトラックとブルドーザー、振動ローラー。基本はこの3種類の重機を1セットに作業を進めることになる。現場全体が最適になるように重機を組み合わせながら、同時に施工しなければならない。その施工計画もキモになる。

鹿島技術研究所長の福田孝晴常務執行役員は「将来は土木の現場を工場のようにしたい。まずはダムから始めたが、ダム工事の自動化が達成できれば、当然ながら次は別の工種、例えばトンネル工事などにも広げていくつもりだ」と意気込む。

生産性向上のほかに重視しているのが、顧客や社会にとって価値のあるサービスを提供していくこと。ゼネコンの主戦場である「建物をつくる場面」だけでなく、建物を使ってどのようなサービスを提供するかが課題だ。

建物をつくった後も顧客とパートナーとして並走しながら、得られたデータを使って様々な価値を提供していく。こうした新たなビジネスモデルを構築しようとしているのだ。「そうすると、自社だけでは間に合わなくなる。だから当社では、外部のパートナーやグループ会社との連携を重視している」（福田常務）

異分野の企業とのオープンイノベーション

小石原川ダム本体建設工事の現場で、鹿島の「クワッドアクセル」による盛り立て作業を管制室から見守る様子（写真：大村拓也）

で開発したサービスには、NECネッツエスアイと共同で取り組んだ「ネマモーレ（NEMAMORE）」という病院向けサービスがある。患者の生体データと院内の音や熱、光などのデータをセンサーで取得し、それらを基に空調や照明などを自動制御して、患者にとって快適な睡眠環境をつくる技術だ。このようにIoTを活用したスマートビルに関する技術を発展させ、建物の利用者に最適な環境を提供できるようにしていく考えだ。

今後は病院だけでなく、ホテルなど様々な環境に適用できるようになりそうだ。近年、オフィスビルを中心に「ウエルネス」をキーワードとした研究が盛んになっている。身体の健康だけでなく心の健康まで含めて利用者に最適な環境を提供していくことは、新型コロナウイルス感染症のパンデミック（世界的大流行）を経験した社会において、大きな価値を持つと考えられる。

シリコンバレーとシンガポールに拠点

建設業の生産性向上であれ、スマートビルの構築であれ、これまで建設会社があまり関わりを持たなかったような企業とも協業する必要がある。そのためには、社内に最新のテクノロジーを理解できる人材が欠かせない。そこで鹿島は18年、技術研究所に「AI×ICTラボ」と呼ぶ新しい組織を設けた。AI、最新のICT（情報通信技術）に通じた人材を集め、社内外で情報交換をしながら研究を推進している。

内部で人材育成を図りつつ、同時に外部の組織、例えば理化学研究所などに技術研究所の所員を送り込み、コラボレーションを進めながら育てる試みも始めている。

このほか、先端的なテクノロジーを国内外で探索するため、米シリコンバレーに拠点を設けている。常駐しているのは2人。土木部門が探索の中心だ。

シリコンバレーのコミュニティーに入り込むため、ベンチャーキャピタルのファンドに投資し、彼らのネットワークを活用しながら現地に根を張っていくことにした。選んだのは、ベンチャーキャピタリストの伊佐山元氏が率いるウィルのファンド。2500万ドル（約26億円）を投資した。このほか、米プラグ・アンド・プレイとも契約している。

鹿島はシリコンバレーのみならず、シンガポールでもオープンイノベーションに取り組んでいる。同社は1988年、シンガポールに現地法人のカジマ・オーバーシーズ・アジア（当時）を設立して以来、周辺国も含めて多くの工事を手掛けてきた。「今後、さらに付加価値の高い仕事を獲得していくには、研究開発もシンガポールで進める必要があると考え、13年9月に技術研究所のシンガポールオフィス（KaTRIS）を開設した。当初は2人体制だったが、現在は研究者が十数人まで増えた。

シンガポールは国土が小さいため、金融や貿易、先端技術による立国に力を入れている。特にデジタル技術に関しては世界から人材を集めている。建設分野では、BIMに関する取り組みが進んでいる。BIMを設計から維持管理まで一貫して活用するIDD（インテグレーテッド・デジタル・デリバリー）を推進していることで知られる。

そんなシンガポールでのオープンイノベーションは、シリコンバレーとは異なり、現地の有力大学とのコラボレーションが特に重要だ。アジアの有力大学であるシンガポール国立大学のデザイン環境学部とは、18年に共同研究のMOU（覚書）を結んだ。このほか、シンガポール国立大学と並ぶ有力大学の南洋理工大学とも共同研究を進めているという。

大学とのオープンイノベーションに加えて重要なのが、政府機関。シンガポール政府は研究開発に熱心だからだ。このように、シンガポールでのオープンイノベーションは大学や政府との取り組みがメインとなるが、最近はシンガポール政府がベンチャー企業の育成に力を入れていることもあり、大学発ベンチャーなどとの協業についても検討していくつもりだ。

清水建設　ベンチャー投資枠100億円を確保

DATA　売上高：1兆6982億円　当期純利益：989億円　研究開発費：132億円
（いずれも2020年3月期連結決算、1億円未満は切り捨て）

清水建設は20年7月16日、国内外のベンチャー企業やベンチャーキャピタルのファンドを対象に、100億円の出資枠を設定した。同社は15年以降、ミドリムシで有名なバイオベンチャーのユーグレナ（東京都港区）などが運営する「リアルテックファンド」に10億円を、米シリコンバレーのDNXベンチャーズのファンドに1000万ドル（約11億円）を投資して、協業相手となるベンチャー企業を探してきた。人手不足に代表される建設業の課題解決を図り、さらには新たなビジネスの種を見つけるのが目的だ。

100億円の投資枠を設定することで、今後は自社の事業とシナジーのあるスタートアップなどに自ら投資するコーポレートベンチャーキャピタル（CVC）に活動の幅を広げる。出資対象は、AIやロボティクス、ドローン、BIM／CIM（コンストラクション・インフォメーション・モデリング）などの技術を保有するアーリーステージ（創業間もない段階）の企業に加えて、それらを投資対象とするファンドなどだ。第1弾として、無線通信技術を開発するピコセラ（PicoCELA、東京都中央区）に数億円の出資を決めた。同社との協業を通じて建設現場のICT基盤を強化し、デジタル化を加速する。

こうした決断に踏み切った背景には、次のような問題意識がある。

「我々の注力分野は様々だが、第一が建設事業だ。これまで投資してきた案件をよく分析してみると、我々が本当に資金を投じたい企業に対して十分な投資ができていない。ベンチャーキャピタルを通じた投資、つまりリミテッドパートナー（LP）としての投資だと限界がある」（ベンチャー投資を担当してきた清水建設次世代リサーチセンター所長の平田芳己執行役員）

とはいえ平田執行役員は、ベンチャーキャピタルを通じて得られた知見は大きいと語る。

「例えば情報のチャンネル。彼らは我々にないネットワークを持っており、個別に情報をもらうことは多々ある。企業のバリュエーション（価値評価）の手法を学べるのも利点だ。我々はLP投資家だから、投資先の決定には関与できないが、技術や会社の評価に当たっては、当社のエンジニアが協力させてもらうこともある」（平田執行役員）。こうして蓄えたノウハウを基に、次の段階へと踏み出したというわけだ。

100億円もの出資枠の設定に伴い、出資先の選定や出資後のモニタリングを行うベンチャービジネス部と、出資の可否を決定するベンチャー投資委員会を、同社のフロンティア開発室に新設した。ベンチャービジネス部には、これまでベンチャー投資を担当してきた次世代リサーチセンターのベンチャービジネスグループから計7人が異動した。

清水建設は今後、ベンチャービジネス部と米シリコンバレーに設けた「シミズシリコンバレーイノベーションセンター」を通じて、国内外のベンチャー企業に出資する方針だ。500億円を投じて東京都江東区潮見に建設する大規模イノベーションセンターが、オープンイノベーションの舞台となる。

「新技術の需要は新型コロナウイルスの感染拡大を契機に、さらに高まっていく」と同社フロンティア開発室ベンチャービジネス部の田地陽一部長は予測する。人手不足の解決や生産性向上のために進めている工事の自動化・遠隔化は、作業員同士の距離を確保し、ソーシャルディスタンスを確保することにも役立ちそうだ。

「建設テック」の知名度はまだまだ

清水建設は米シリコンバレーでどのような活動をしているのか。現在、建築部門と土木部門、そして営業から合計3人が駐在し、スタートアップ企業の情報を収集している。同社はシリコンバレーをイノベーション人材の育成拠点にもするつもりだ。

もちろん、ニーズに見合ったテクノロジーを持つスタートアップを見つけるのは、そう簡単ではない。清水建設の平田執行役員は、「日本の建設会社と海外の建設会社はかなり業態が異なる。日本の建設会社は、ただ建物やインフラをつくるだけでなく、調査や設計から完成後のメンテナンスまで手掛けるし、そのための研究開発にも力を入れている。この点を米国のベンチャーキャピタルやスタートアップに理解してもらうのには苦労している。新素材からスマートシティーまで幅広く関心を持っていることを伝えないと、なかなかこちらが望む技術や企業を紹介してもらえない」と話す。

清水建設は企業のオープンイノベーションを支援する米プラグ・アンド・プレイとも契約しており、同社の協力を仰ぎながら建設テックを広めようとしている。同じくプラ

米プラグ・アンド・プレイのオフィス。日本企業が数多く進出している(写真:日経コンストラクション)

グ・アンド・プレイと契約している竹中工務店や鹿島とも共同でイベントを開催した。

平田執行役員は「試行錯誤して分かったのは、優れた要素技術は多くあれど、そのまま使えるものはあまりないということ。アシストスーツのように着ればすぐ使える、というものも中にはあるが、別の技術と組み合わせたり、日本の建設現場に適したかたちに改良したりといったひと手間が必要だ」と語る。

従って、スタートアップと本格的に協業を進めるには、ただ出資すればいいのではなく、その前に1つ、工程が必要になる。それがＰｏＣ（概念実証）だ。まずは技術やサービスを試してみて課題を浮き彫りにし、本格的な協業に進むかどうかを判断するのだ。

同社は19年7月時点で20件超のＰｏＣを実施し、10件が現在進行形で動いているという。対象はコンピュテーショナルデザイン（コンピューターを駆使した設計手法）のほか、ＢＩＭや測量技術、ドローンなど多岐にわたる。

「ＰｏＣは建設現場でやるのが一番だ。実験室とはスケール感が全然違う。例えばトンネルの中は温度や湿度が外とは異なり、ハードな環境。そういう厳しい環境下で機材がきちんと動くのか、カメラ画像をＡＩが認識できるのか。現地でやってみないと分からないことは非常に多い」（平田執行役員）

問題は、ＰｏＣに要する費用がばかにならないことだ。内容にもよるが、1件当たり数百万円から数千万円単位を要する。現場に頼んで出してもらったり、あるいは建築の生産技術本部や土木技術本部の予算から工面したり。「そこから先の研究開発となるとさらに費用がかかるから、

その部分を出資で賄おうか、といった話になる」（平田執行役員）

「経験則」に頼らず材料を開発

オープンイノベーションの相手は、スタートアップだけではない。うまくすれば1万年の寿命を持つコンクリートをつくれるかもしれない――。清水建設は北海道大学とタッグを組んで、「ロジックス構造材」と呼ぶ新材料の開発を進めている。そのアプローチは、「勘や経験」に頼る従来のコンクリート研究と一線を画す。コンピューターシミュレーションを活用し、新材料を「論理的に」生み出そうというのだ。ロジックスは、論理（Logic）と次世代（Next generation）を意味する英単語に由来する。

これまで新たなコンクリートの開発では、混和剤（コンクリートの性質を改善するための薬剤）の種類や混和材（混和剤と同様、コンクリートの性質を改善するための材料）の量などを専門家が経験則に基づいて選び、実験を重ねて正解を探る必要があった。

ロジックス構造材は逆だ。まず、分子やセメントペースト、コンクリート、構造体といった様々なスケールで生じている化学・物理現象を解明し、コンピューター上にモデル化。時間とともに変化する鉄筋コンクリートの性質を、統合的にシミュレーションできるようにする。

清水建設技術研究所建設基盤技術センターの辻埜真人主任研究員は、次のように説明する。「セメント粒子と水がどのように吸着するか。どのように空隙構造を形成するか。その結果、圧縮強

▶コンクリートの謎をシミュレーションで解き明かす

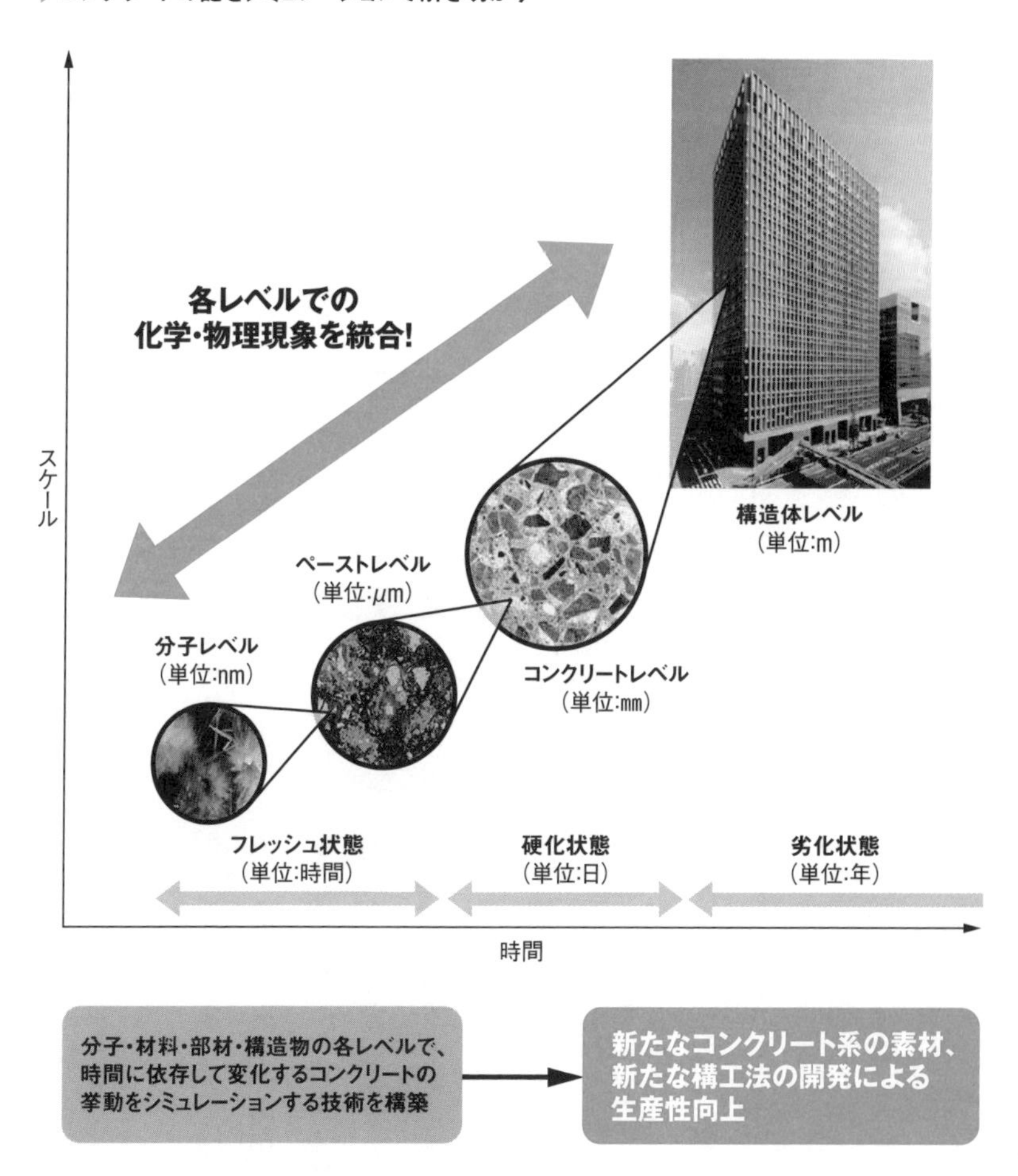

異なるスケールの現象を統合して扱えるマルチスケールモデルで、新たなコンクリート系材料の開発を目指す
(資料:清水建設の資料を基に日経アーキテクチュアが作成)

度がどの程度、発現するか。そして、そのコンクリートを用いた構造物が、どう挙動するのか。一連の現象をひとまとめにして扱えるようにする」。こうして構築したシミュレーション技術を活用し、新たな性能を持つ材料を効率的に見いだすのだという。

例えば、超大型構造物や宇宙空間・深海の構造物、放射性物質の保管施設など、過酷な条件で使用するコンクリートの開発が進む可能性がある。同社建設基盤技術センターの西田朗センター所長は、「経験則が役に立たず、実験も難しい分野でまずは成果を出したい」と意気込む。

生産性向上に役立つ新材料も生み出せるかもしれない。養生期間や強度発現までの期間が短いコンクリートが誕生すれば、工期短縮につながる。引張強度を高めて鉄筋を省略できるようになれば、手間のかかる鉄筋工事や配筋検査を省ける。

研究チームの顔ぶれは多様だ。建築材料・構造だけでなく、ナノ構造の解析を担当する量子理論工学の専門家からシミュレーション工学の専門家まで6つのチームが連携して動いている。同社は研究の第1フェーズと位置付けた18～20年度の3年間に3億円を投じ、シミュレーション技術を完成させる。21年度以降、ロジックス構造材や新構工法の開発に取り組む予定だ。同社の辻埜主任研究員は、「既に面白い知見や、新しい現象が発見できつつある」と手応えを口にする。

材料開発のDXを実践

自動車や医薬品など、材料開発の最前線ではこの数年で、大きなムーブメントが生まれている。

ＡＩとビッグデータを活用する動きだ。

新しい材料を開発するには、求める性能に合うような材料の組成やつくり方を見つける必要がある。専門家は元素の特徴など材料に関する知見を使い、仮説と検証を繰り返して開発を進めていくのが通例だった。ただし、実際には試しきれない元素の組み合わせは多い。そこで、物質探索にＡＩを使って、これまでにない材料候補を短期間で予測する手法「マテリアルズインフォマティクス（ＭＩ）」が注目を集めているのだ。

このように、材料開発の場面でもＤＸ（デジタルトランスフォーメーション）が急速に進んでいる。清水建設の西田センター所長は、「他分野ではシミュレーション技術などを活用して論理的に材料を生み出すという我々のようなアプローチを、既に実践している。建設業はすごく遅れていると感じる。コンクリートは、建設会社が自ら開発・製造する数少ない材料の１つだ。我々はメーカーではないが、メーカーに近い視点で開発に取り組むことが重要だ」と語る。

竹中工務店　研究開発をアジャイル型に

DATA
売上高：1兆3520億円　当期純利益：689億円　研究開発費：93億円
（いずれも2019年12月期連結決算、1億円未満は切り捨て）

本章の冒頭で紹介した竹中工務店。建築と土木を事業の柱とする他のスーパーゼネコンと異なり、建築を専業とし、設計力に定評がある非上場企業だ。かつて出光興産やサントリーとともに

「非上場御三家」と呼ばれた名門も、建築生産のデジタル化と、新事業の創出を2大テーマに、オープンイノベーションに取り組んでいる。

竹中工務店が19年に投じた研究開発費は93億円。18年の84億円から約10億円を積み増すなど建設事業の好調を背景に、研究開発に力を入れてきた。研究開発の旗振り役である同社技術本部長の村上陸太執行役員は言う。「実証実験をやるにしても、建設現場が協力的。ロボットのような全く新しい技術にも、所長が興味を持って取り組んでくれる」

研究開発は、技術本部と技術研究所が二人三脚で進めている。技術本部が戦略や計画を立て、技術研究所が開発を実施する。その後、技術本部が成果を権利化して活用する。具体の開発プロジェクトを進める際は、ニーズを持っている設計本部や生産本部との混成チームで取り組む。

研究開発の進め方には、以前のような「ウオー

▶竹中工務店はAIベンチャーなどに出資

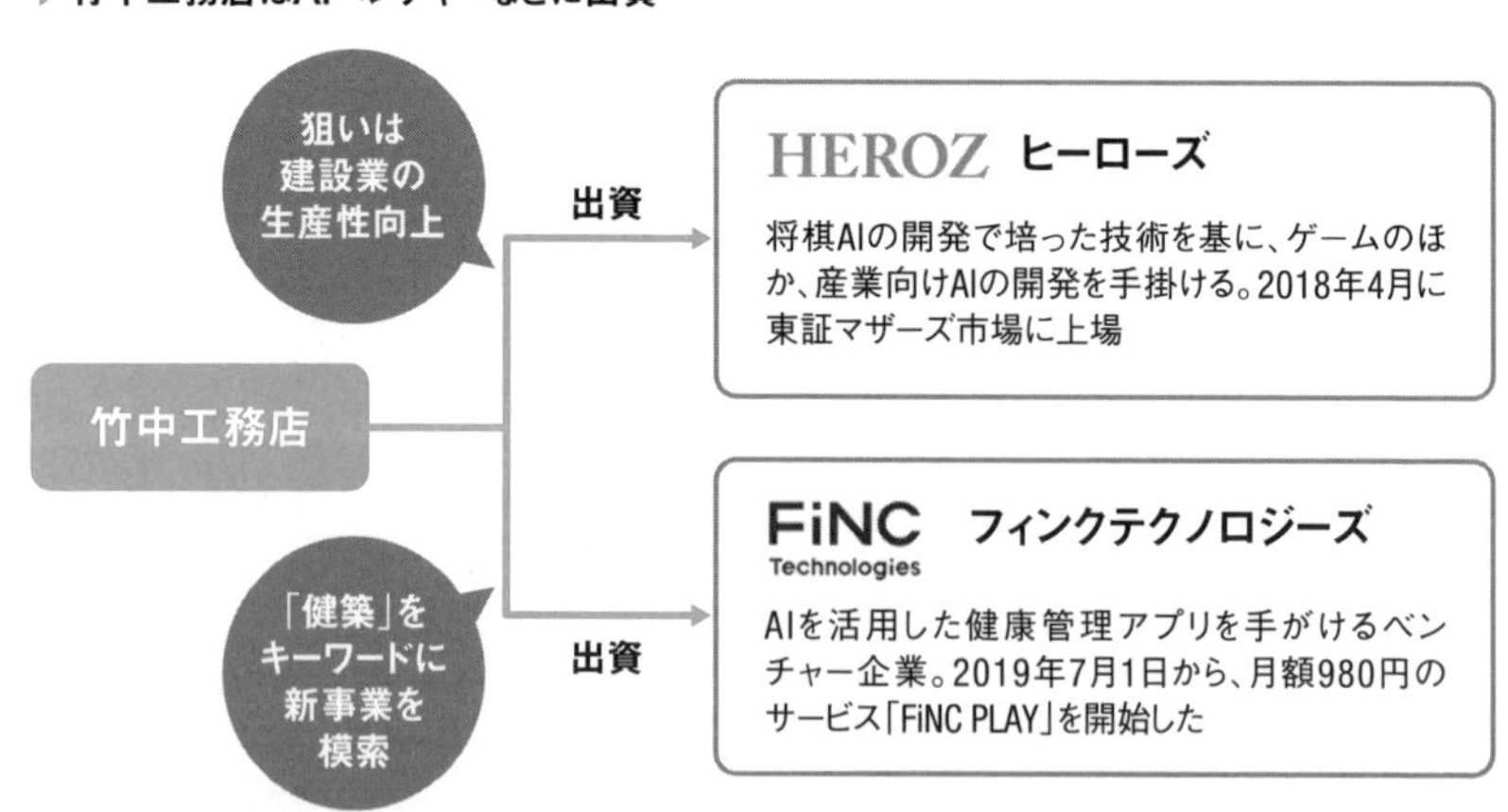

竹中工務店は建設業の生産性向上や新規事業の創出に向けて、ベンチャー企業に出資している
（資料:竹中工務店への取材や各社の発表資料を基に日経アーキテクチュアが作成）

ターフォール型」だけでなく、「アジャイル型」を取り入れているようだ。「以前のように3年計画を立てて開発を始めるのではなく、とりあえずつくってみることにしている。例えば、ゴミ掃除ロボットのようなものを試作して、建設現場で使ってもらう。使ってもらうと意見が出てくるので、それを踏まえて改良していく。その方が、開発スピードは格段に上がる」（村上執行役員）

新たな技術のＰｏＣ（概念実証）は、メルセデス・ベンツ日本と企画した未来のライフスタイルの体験施設「イーキューハウス（EQ House）」などで集中的に実施している（１６０ページ参照）。墨出しロボット（建設現場に柱の位置などを記入する作業を担うロボット）の検証や、ＭＲ（複合現実）による完了検査などに取り組んだ。

研究開発における重点テーマは繰り返し述べてきた通り、建設事業の課題解決と、新事業の創出だ。前者については、コンピュテーショナルデザインのような高度な設計手法などが挙げられる。後者については、次世代モビリティーが主要なターゲットの1つだ。「あるＳＦ映画に、未来のモビリティーがビルの中に入っていき、そのままエレベーターのように建物内を通って会議室に到着するというシーンがあったが、建物と一体化したモビリティーというのは十分にあり得る」（村上執行役員）

もう1つ、未来への投資として力を入れるのが「健康」だ。同社では「健築」と題して、健康をテーマとした空間づくりなどを進める。18年には健康管理アプリなどを展開するヘルステックベンチャーのフィンクテクノロジーズ（FiNC Technologies、東京都千代田区）に出資した。

ベンチャーへの出資やベンチャーキャピタルのファンドへの投資は技術本部の管轄だ。フィンク以外では、これまでに将棋ＡＩで有名なヒーローズにも出資している（24ページ参照）。

シリコンバレーではロボットなどにフォーカス

協業相手となるスタートアップ企業などを探すために、米シリコンバレーにも進出。企業のオープンイノベーションを支援する米プラグ・アンド・プレイのオフィスに社員２人が駐在し、めぼしい企業や技術の情報を集めている。定期的に「ディール・フロー・セッション」と呼ぶ時間を持ち、１社当たり30分ほどかけて技術の評価をする。そこには現地駐在員だけでなく、日本の事業部門からもウェブ会議を活用しながら社員を参加させる。

シリコンバレーで見つけた良い技術は、日本の建設現場に取り入れるようにしている。例えば、20年３月には、米ホロビルダー（HoloBuilder）との協業を発表した。ホロビルダーは、建設現場で撮影した３６０度写真を整理・共有して施工管理や建物の運用などに役立つサービスを展開している。竹中工務店はこのサービスを、日本の建設現場に合ったかたちに磨き上げるつもりだ。

村上執行役員は言う。「今でこそ勝手が分かってきたが、シリコンバレーを訪れた当初は何の足掛かりもなかった。まずは日本貿易振興機構（ジェトロ）の事務所に行き、次に邦銀赴き、『どこを訪ねるのがお薦めですか』などと聞いて回ったものだ」

プラグ・アンド・プレイ以外では、19年１月に、ロボット技術の革新や商業化を支援する米ＮＰＯのシリコンバレーロボティクス（Silicon Valley Robotics）と建設ロボットのフォーラムを立ち上げた。ドローンなどを扱うベンチャーに参加してもらい、関係を深めようとしている。「苦労しながらも取り組みを進めてきて、最近は『オープンイノベーションはゼネコンの得意技ではないか』とも感じている。ゼネコンの仕事はもともと、あるものと別のものを結びつけることだからだ」と村上執行役員は手応えを口にする。

大成建設　機械×夜間で生産性向上

DATA
売上高：1兆7513億円　当期純利益：1220億円　研究開発費：135億円
（いずれも2020年3月期連結決算、1億円未満は切り捨て）

18～20年度の中期経営計画では、3年間で600億円を技術開発に投じるとした大成建設。特に注力するのが生産性向上。なかでもロボット技術の開発を積極的に進めている。様々な建設ロボットを「T-iROBO」と名付けてシリーズ化しているのが特徴だ。

一例が、コンクリートの床仕上げロボット。床仕上げは、腰をかがめた状態で何時間も、場合によっては夜通し作業をしなければならないこともあり、非常に大変だ。同社ではこうした苦渋作業を次々に自動化している。同社技術センター長の長島一郎執行役員は言う。「鉄骨の溶接、現場の掃除、鉄筋の結束など、いくつかのロボットを開発したが、いかに建設現場で使いやすいものにして、普及させるかが大事だ。社内で活用の幅を広げ、さらにはレンタル会社を通じて、建設業界で広く使ってもらいたい。ラインアップも増やしていくつもりだ」

こうしたロボットは、主に建築分野での活躍が期待されている。では、土木分野はどうか。長島執行役員は「土木はどちらかというと大規模な工事で、繰り返しの作業が多い。従って、重機を自動化したり、遠隔操作したり、それらを連携させたりする方向で開発を進めている」と説明する。

土木工事ではもともと、いろんな場面で多くの機械を使う。造成工事では重機で地盤の掘削や敷きならし（土砂を平らにならすこと）、締め固め（盛り土に振動や衝撃を加えて空気を押し出し、密にすること）をするし、トンネル工事でもやはり機械を多用する。そうした部分を自動化して効率を高め、さらに安全性も高めることは理にかなっていると、同社は考えている。

重機の自律運転に着目

同社が取り組んでいるテーマの1つが重機の「自律運転」だ。キャタピラージャパン（横浜市）と共同で、油圧ショベルの自動化を進めている。

油圧ショベルで土砂をすくってダンプトラックに積み込み、運んで降ろす。降ろした土砂はブルドーザーで押し広げて振動ローラー（車体前方の鉄輪で地面を締め固める機械）で締め固める。あらかじめエリアを指定し、内容を指示するだけでこうした一連の作業をこなせるようにするのが目標だ。大成建設では振動ローラーの自動化は既に実現しているため、現在はCAN（Controller Area Network の略）による電子制御が可能な機体を用いて、油圧ショベルの自動化に力を入れている（詳細は127ページ参照）。

油圧ショベルは振動ローラーに比べると動きが複雑なので、開発が難しい。例えば、土砂をすくって降ろす際に、急に荷重が無くなるとリバウンドが起こるので、うまく制御してやる必要がある。重機の制御には、ＡＩなどを活用していくことになりそうだ。ダンプに土砂を載せるにしても、がさがさと雑に載せていくようでは使い物にならない。様子を見て、山盛りになってきたら平らにするといった、細かな技術開発が必要になってくる。

重機の自動化が進めば、それぞれの重機にオペレーターが乗らなくても済むようになる。つまり、１人で複数の重機を見ていれば事足りるようになる。あるいは、真っ暗で工事ができない夜間も作業できるようになる。多少、効率が悪くても機械が夜通し作業してくれれば、生産性が飛躍的に高まる可能性がある。長島執行役員は「25年には、複数の重機が連携して作業できるようにしたい」と意気込む。

中小企業との「お見合い」で技術開発

大成建設がオープンイノベーションを本格的にスタートしたのは17年ごろだ。技術センターの中に「オープンイノベーションチーム」を設置した。

具体的な成果を出していくために、オープンイノベーションチームが事務局となって進めているのが「ビジネスマッチング」。設計や建築、土木の各本部に、解決したい課題やニーズを出してもらって、それに応えてくれそうな「とがった技術」を持つ中小企業、ベンチャー企業などとマッチングをして、技術開発に結び付けていく。企業の情報については、中小企業基盤整備機構などが保有しているデータを活用している。

ビジネスマッチングを通じて実用化した技術の1つが、アナログ半導体メーカーのエスアイアイ・セミコンダクタ（現エイブリック）と開発した「漏水検知センサー」だ。2種類の金属を組み込んだセンサーに水滴が触れると、微弱な電力が生じる。これを蓄電・昇圧し、無線で電波を発信して漏水の発生時間や位置を知らせる仕組みで、面倒な配線や電源が要らない。住宅や倉庫などに、低コストで設置できる。

水滴で発電する仕組みを大成建設がつくり、微弱な電力で信号を送る技術と組み合わ

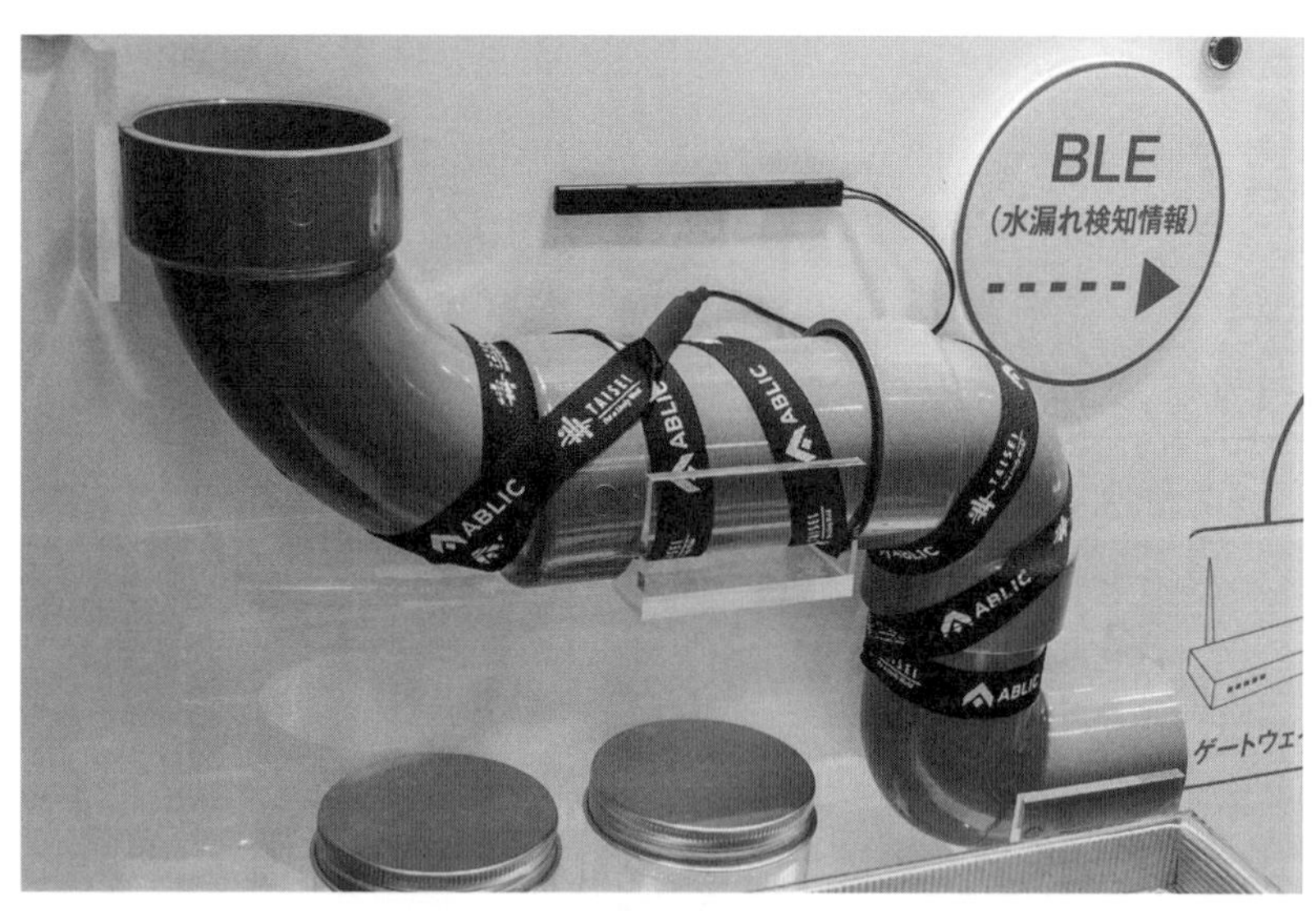

エイブリックが製品化した「バッテリレス漏水センサ」を配管に設置したイメージ（写真：エイブリック）

せてシステム化した。エイブリックが19年に製品化している。大成建設のグループ会社が、手軽に漏水を検知できる技術を求めており、ビジネスマッチングで「お見合い」が成功した事例だ。このほか土木分野では、トンネルの落石検知システムを開発した。カメラで撮影した切り羽（掘削中のトンネルの先端）の画像から、落石を検知して警報を出す仕組みだ。

ビジネスマッチング以外では、オープンイノベーションに興味を持っている企業と、「都市と健康」といったテーマを設けてブレーンストーミングをしながら具体的な技術開発につなげていく「共創活動」も続けている。

前田建設工業

主任研究員を「プロデューサー」と呼ぶ

DATA　売上高：4878億円　当期純利益：143億円　研究開発費：55億円
（いずれも2020年3月期連結決算、1億円未満は切り捨て）

社会実装を急ぐために、自前主義はあきらめる――。準大手ゼネコンの前田建設工業は、ベンチャー企業などとのオープンイノベーションをいち早く打ち出した建設会社だ。110億円を投じて茨城県取手市に建設し、19年2月に開所した技術研究所「ＩＣＩ総合センター　ＩＣＩラボ」を、その拠点と位置付ける。

年間の研究開発費は18年度が39億円、19年度が55億円。スーパーゼネコンには遠く及ばないが、年々その額を増やしている。研究開発の主要テーマは大きく分けて3つある。

1つ目は、多くのゼネコンにとって最重要テーマである生産性向上。建設現場の自動化などを進め、職人が少なくなっても品質を確保しながら工事ができるようにする狙いがある。

2つ目は、同社の経営方針である「脱請負」の中心に据えたコンセッション（国などがインフラを所有したまま、民間企業に運営権を売却する事業方式）に必要となる研究開発。そして3つ目が、木造建築物やZEB（ゼロ・エネルギー・ビル）事業などに関する技術の開発だ。

研究開発を進めるに当たって、社内ではその優先度に応じてカテゴリーを決めているという。「カテゴリー1」は、会社として戦略的に取り組む最重要テーマ。前述の3つのテーマがこれに当たる。次いで重要な「カテゴリー2」は、事業部からの要請に基づく研究開発だ。例えば、同社は東京外かく環状道路（外環道）都内区間の地中拡幅部の工事で、優先交渉権者に選定されている。この工事に関する技術の開発は、極めて優先度が高いテーマとして位置付けている。

年間50社ほどに絞り込む

前田建設工業ではセンターの開所前から、ベンチャー企業などとの協業に力を入れてきた。現在は1年間に3000社ほどの情報を集めている。ただし、こうした情報は玉石混交。「これは眉唾だ、これは本物だ」などと選別していくと、だいたい300～500社ぐらいに減るという。

同社ICI総合センター長の三島徹也執行役員は、「この時の目利きは本当に大切だ。他社に頼るわけにはいかないから、目利きができる人間を育てながら情報収集を進めている」と明かす。

さて、「宝石だ」とみなした会社が仮に300社あるとして、同社の課題にピンポイントで使える、あるいは近い将来使えそうな技術を持つ企業は、さらに10分の1ほどに減る。こんな具合に、年間50社ほどに絞り込んで共同で研究開発をしたり、事業化の準備をしたりしているのだという。

情報収集のルートは主に3つ。自らの足で稼ぐか、ベンチャーキャピタルや銀行などから情報提供を受ける。あるいは「公募」だ。アイデアコンテストなどを開催して、有望な企業を探している。センターの開所式に合わせて開催した「ICIイノベーションアワード」はその代表例だ。このコンテストでは、ベンチャーなどからビジネスプランを募集。応募した48者の中から、独創性や社会に与えるインパクトなどを基準に5者を選定し、プレゼンテーションを踏まえて最優秀賞を決定

前田建設工業が2019年に開催したビジネスコンテスト「ICIイノベーションアワード」の授賞式。中央でマイクを握るのが、審査委員長を務めた前田操治社長（写真：日経アーキテクチュア）

した。

5者とはそれぞれ共同事業などに取り組むほか、資金面での支援を要望した4者に対して出資を検討すると表明した。31ページで述べたように、前田建設工業には社会問題の解決を目指すベンチャーなどに出資する仕組みがある。ICI総合センターが立ち上がってからは、この仕組みをセンターに移管し、よりスピーディーに出資先を決められるようにした。

同社はこのようなイベントを1年に1、2回は開催していく予定だ。20年5月には、新型コロナウイルス対策をテーマにオンライン上でコンテストを開催した。

技術研究所以外にも新しい技術を実証できるフィールドを用意した。同社の連結子会社である愛知道路コンセッション（愛知県半田市）が運営している有料道路を「愛知アクセラレートフィールド」と名付けて活用できるようにしている。インフラのモニタリング技術や、車の乗り心地の改善に向けて舗装面の性状を把握する技術、逆走防止のような道路運営に関する技術などを公募し、実構造物を舞台に実証する取り組みで、既に十数件の事例がある。

恐竜も切り出せる木材の自動加工技術

オープンイノベーションの成果は様々だが、一例として、木造建築物の新たな生産システムが挙げられる。BIMのデータを基に、ロボットアームでCLT（直交集成板）などの木材を自動加工する技術で、千葉大学と共同で開発した。既に事業化の直前まで来ている（19年7月時点）。

上はロボット加工機でCLT（直交集成板）から恐竜の骨格標本の形状を切り出す様子。左は完成した骨格標本の複製を前に取材に応じる前田建設工業の三島徹也執行役員
（写真：上は前田建設工業、左は日経アーキテクチュア）

開発したシステムをプレカットメーカー（木材加工メーカー）に販売したり、プレカットメーカーと組んで新しいビジネスモデルを構築したりするつもりだ。

今後は、ベンチャーや外部の研究機関などとのオープンイノベーションを担う人材の育成が課題だ。これまでゼネコンの技術研究所では、高い専門性を持つ人材を輩出することが重要だった。しかしこれからは、どのような社会課題を解決するか目標を定め、それに必要な技術を集めてきて、それらを組み合わせて完成品に仕立てる「プロデューサー」のような人材を増やしていかなければならない。

こうした考えの下、前田建設工業では「研究員」という呼称をやめた。従来の主任研究員クラスの人材を「プロデューサー」、一般の研究員についてはプロジェクトの触媒になるという意味を込めて「カタリスト（触媒）」と呼んでいる。

ＩＣＩ総合センターには技術職が70人ほどいる。このうちプロデューサーやカタリストという肩書の人材は50人程度だ。このほかに、「スペシャリスト」と呼んでいる研究員が約10人いる。スペシャリストは極めて高い専門性を持つ研究員を指し、対象分野は従来のようなコンクリートや土だけでなく、ＡＩなどに広げる方針だ。

新規事業が既存事業と競合し、あつれきを生んでいるようなことはないのか。三島執行役員は「当社ではまだ、そういったことは起こっていないが、人的リソースが限られているので、社内で人の取り合いが起こっている点は悩ましい」と苦笑する。

「ＩＣＩ総合センターではプロデューサーになれる人材を増やそうとしているが、そのような素養を持つ人を社内で探すとなると、やはり建設現場で働く社員の中からめぼしい人を引き抜いてくることになる。ただ、そういう人は総じて優秀で、現場側も大切にしている。他の事業部門も獲得したいと狙っている。だから、引き抜こうとするとすごいあつれきが…。我々も狙っているが、負けてしまいがちだ」（三島執行役員）

CHAPTER 1

3 ゼネコン共同戦線、業界再編を呼ぶか

鹿島と竹中工務店、ライバル関係にあるスーパーゼネコン同士が、建設ロボットやIoT技術の開発で異例の協業——。受注競争を演じてきた両社が2020年1月30日に開いた会見が、業界内で話題を呼んだ。

鹿島と竹中工務店は、両社が開発した建設ロボットを相互利用しながら改良を施すほか、建設現場における資材搬送の自動化や、建設機械の遠隔操作などに共同で取り組むという。会見で両社は「他社の参加もウエルカムだ」と呼びかけた。

これまで解説してきたように、鹿島や竹中工務店のような業界を代表する建設会社は、近年の好業績を背景として研究開発費を大幅に積み増してきた。将来の市場の冷え込みや人手不足に備えて、本業である建設事業の生産性を高めつつ、新たな事業の柱を育てる狙いがある。特に、鹿島と竹中工務店がタッグを組んで注力する建設ロボットの開発、IoT技術への投資は、各社にとって極めて重要な位置付けとなっている。

かつてないほどに活気を帯びるゼネコンの研究開発だが、いくつか根本的な問題も抱えている。その1つが投資額の規模。建築・土木の両方を手掛け、建設産業に君臨している大林組や鹿島、清水建設、大成建設の上場大手4社ですら、年間の研究開発費はせいぜい200億円程度に

すぎないのだ。

他業界の大企業と比べると、この額は大きく見劣りする。自動車業界を見ると、トヨタ自動車が20年3月期に投じた研究開発費は約1兆1000億円。トヨタと比べるのはさすがに酷だが、連結売上高が約3兆3000億円のスバルでも約1200億円だ。これは、建設業界の上位に位置する10社の研究開発費の合計を軽く上回る。こうした懐具合を考えると、各社が似たようなロボットを別々に開発するのは極めて効率が悪い。

また、元請け会社であるゼネコンが、同じような機能の、しかし操作方法などが異なるロボットを別々に開発してしまうと、実際にそれらを使って工事をする下請け会社（協力会社）にとっては迷惑でしかない。使える現場が限られてしまうと、スケールメリットが働かないためロボットの価格が下がらず、結果として普及も進まない。

筆者が建設ロボットについて取材していても、「いずれ業界で一緒に取り組むことになるのでは」といった声が以前から非常に多かった。まさにそうした理由から、鹿島と竹中工務店の2社が先陣を切ったというわけだ。

協業に関する基本合意書の契約期限は、24年3月まで。鹿島建築管理本部副本部長の伊藤仁常務執行役員は、次のように説明する。

「24年4月は、建設業界にとって1つのエポックとなる。残業時間の上限規制が建設業にも適用されるためだ。15％ほど作業時間が減るなかで品質を維持するためには、生産性向上が欠かせない。この時期をめどに可能な限り開発を進め、成果を出したい」

資材搬送の自動化などが開発テーマ

両社はまず、「場内搬送管理システム」などの開発に取り組む。これは、現場内の資機材の搬送を自動化するシステムだ。AGV（無人搬送車）をはじめ、各社のロボットに対応できるように柔軟性を重視してプラットフォームの開発を進める。

搬送ロボットそのものに加えて、複数のロボットを一元管理できるクラウド型のシステムの開発にも着手した。場内搬送管理システムと連携させて使う。BIMのデータを現場の地図情報として活用し、ロボットの遠隔制御などを実現する考えだ。

これらのテーマは、両社が個別に開発していた技術のうち、重複する領域に着目して選んだ。特に、建設業界全体で共通化できるも

左は鹿島建築管理本部副本部長の伊藤仁常務執行役員。右は竹中工務店技術本部長の村上陸太執行役員（写真:日経アーキテクチュア）

のを優先する。

推進体制も整えた。合同で「建設ＲＸプロジェクト」を立ち上げ、テーマごとの分科会を設置して技術開発を進める。ＲＸとは「Robotics Transformation（ロボティクストランスフォーメーション）」の略だ。会見時点では２つの分科会を設置しており、両社は今後、連携するテーマをさらに増やしていく考えだ。

竹中工務店技術本部長の村上陸太執行役員は、「今回の協業をきっかけに、同業他社はもちろん、ロボットやＩｏＴ、５Ｇ（第５世代移動通信システム）などの分野に精通したベンチャー企業や海外企業など、興味を持ってもらえる企業と一緒になって取り組んでいきたい」と呼びかけた。土木分野での協業については、「そうしたテーマが持ち上がれば、グループの竹中土木を通じて取り組むことも考える」（村上執行役員）とする。

タワークレーンを遠隔操作

研究開発での協業を発表してから４カ月半、早くも成果の１つが示された。

鹿島と竹中工務店は20年6月16日、建設機械レンタル大手のアクティオやカナモトと共同で、タワークレーンを遠隔操作するシステム「タワリモ（TawaRemo）」を開発したと発表した。大阪に用意した専用のコックピットから、名古屋に設置した大型のタワークレーンを操作し、建材の移動や積み込み、積み下ろしといった作業ができるシステムだ。

タワリモは、タワークレーンの運転席とほぼ同じ環境を地上に再現したもの。オペレーターが座る椅子や複数のモニター、通信システムなどから成る。

タワークレーンの運転席回りに設置した複数のカメラで撮影した映像は、通信基地局を経由して地上のコックピットに送信され、モニターに表示される。建材などの荷重の動作信号や異常信号もモニターに映し出される。

さらに、タワークレーンに付けたジャイロ（角速度）センサーで実際の振動や揺れを計測。コックピットで、タワークレーンの運転席の状態を体感できるようにしている。

通信回線は、NTTドコモが提供する4Gの「アクセスプレミアム」（閉域ネットワーク）を利用する。システムのセキュリティーを確保し、安心して遠隔操作ができるように設計した。今後は5G回線の導入を検討して

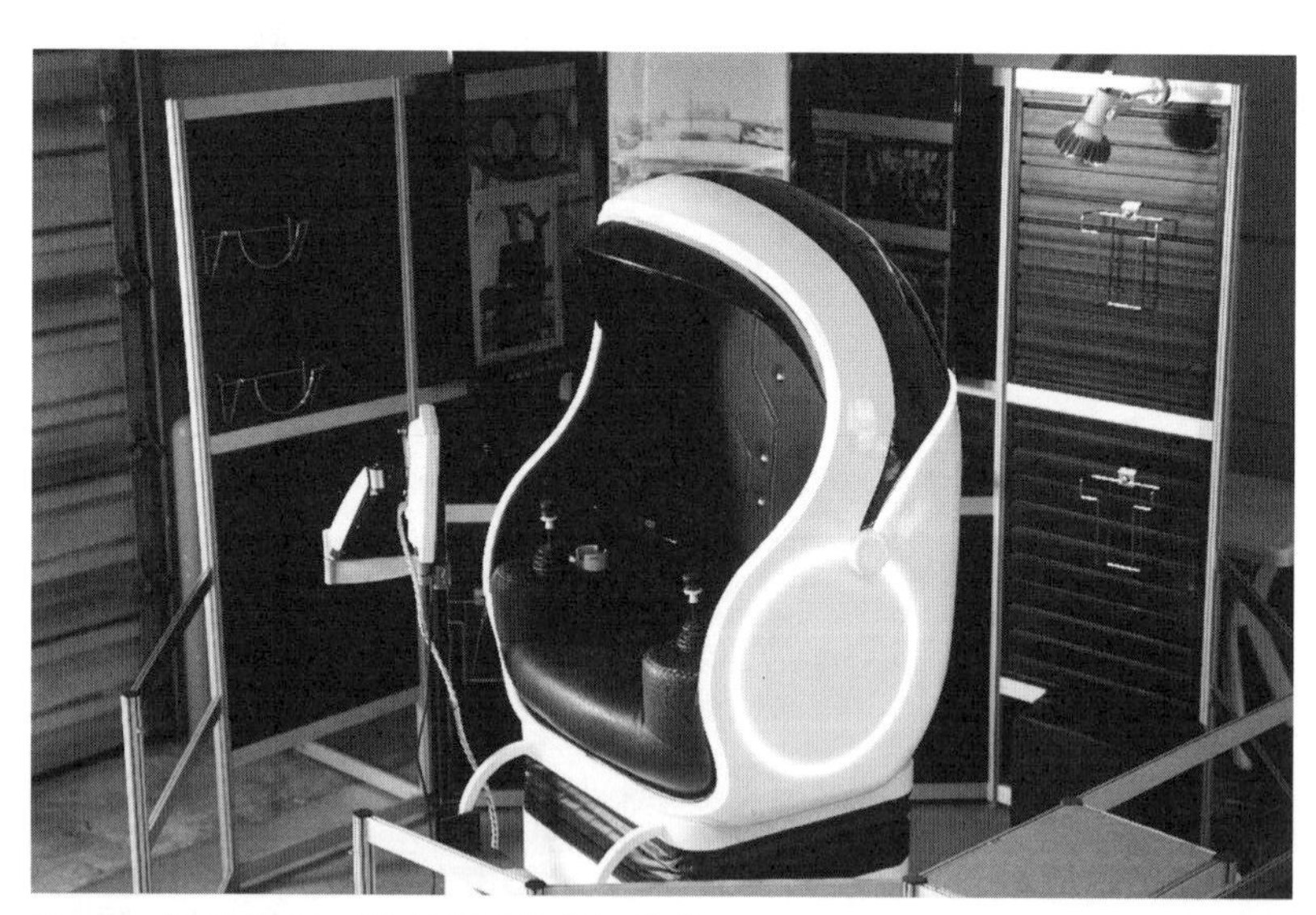

「TawaRemo（タワリモ）」のコックピット（写真：鹿島、竹中工務店）

いく。カナモトが開発した通信システム「KCL（Kanamoto Creative Line）」も使うことで、安全性を高めながら低遅延での遠隔操作を可能にしたという。

タワークレーンを操作するオペレーターは通常、地上からクレーン頂部にある運転席までの最大約50メートルを、はしごを使って上り下りする必要がある。しかも、いったん運転席に座ると、作業を開始してから終了するまで1日中、高所にいなければならない。オペレーターの負担は大きく、作業環境の改善が求められてきた。

タワリモで地上にコックピットを用意すれば、建設現場近くの事務所や遠隔地などからタワークレーンを操作できる。高所の運転席に居続けるような、場所の拘束を受けない。心身の負荷軽減につながる。

同じ場所に複数のコックピットを用意すれば、経験が浅いオペレーターに対し、熟練のオペレーターが隣に座って付き添いながら教育もできる。このように、ベテランから新人への技能伝承がしやすくなるというメリットもある。

鹿島と竹中工務店は20年9月までに両社の作業所で、関係官庁と協議しながら試験運用を繰り返していく。そしてコックピットの増産と、タワークレーンへのシステム搭載を進める計画だ。20年度中の本格運用を目指す。アクティオは自社で保有するタワークレーンに順次、タワリモを導入していく。カナモトはコックピットと通信システムのレンタル時の運用保守を担当する。

鹿島と竹中工務店は協業について、あくまでロボットなどの開発に限ったものだとしている。20年1月の会見の際、2社がより踏み込んだ関係に至ることはあるかと問われると、竹中工務店の村上執行役員は「それは上の人に聞いてください」と笑顔でかわしていた。

しかし筆者は、こうした動きが建設業界に広がれば、2社がどうするかはともかく、将来の業界再編の素地にもなり得るとみている。

このまま2社で開発を進めるか、あるいは別の建設会社も参加することになるかはともかく、これまで大きな工事でＪＶ（共同企業体）を組むか、個別の技術開発で一時的に協業することしかなかった建設会社が、包括的に手を組む意味は大きい。人的な交流、技術面での交流が進み、互いの企業文化を知る機会が増えるからだ。

各社が共通のプラットフォームで、同じロボットを使って工事をするようになれば、「建築は一品生産」であるとはいえ、企業をまたいで施工管理のやり方や工法、設計の標準化・共通化が進むだろう。鹿島の伊藤常務は会見で「ロボットに向く施工方法や施工ユニットが考えられる。ロボット化を進めることで標準化が進むことに期待している」と話していた。

スーパーゼネコン1社分の人材が失われる

もちろん、企業間の交流が活発になり、共通項が多くなったからといって、それが業界再編の引き金になるとまでは言えないだろう。そこでキーワードになるのが、やはり人口減少。特に、生産年齢人口（15～64歳の人口）の減少だ。総務省によると、19年4月1日時点の日本の生産年齢人口は約７５１８万人。国立社会保障・人口問題研究所の推計では、40年に約５９７８万人まで減少するという。

スーパーゼネコン5社の19年初の従業員数（単体）は合計約4万3000人。仮に生産年齢人口の減少と同じペースで従業員数が減るとすると、40年には約3万4000人となる。今後20年間で、実にスーパーゼネコン1社分の人材が失われる計算になる。

しかも、今後は従業員1人当たりの労働時間が大きく減っていく。日本建設業連合会は21年度末までに建設現場で週休2日を実現する目標を掲げているし、24年4月以降は建設業にも、時間外労働の上限規制が適用される。

これまで課題となっていた職人不足のみならず、技術者などの人材の確保が難しくなるうえ、労働時間の削減も進む。現在と同じような工事量を、高い品質を保ちながらこなすという難題を、業務の効率化による生産性の向上だけで補うのは、かなり難しいかもしれない。

そうすると、コロナ禍で見込まれる建設会社の業績悪化も相まって、業界再編が現実味を帯びてくる。多くの建設会社が経営破綻に陥った00年代前半を除いて、業界再編という意味ではほとんど無風状態だった建設業界に、いよいよ再編の条件が整ってきたのではないだろうか。

20年3月9日には、安藤ハザマや戸田建設、長谷工コーポレーションといった準大手・中堅クラスの建設会社20社が共同で、AIによる画像認識を取り入れた配筋検査システムの開発を発表するなど、ライバル関係にあるゼネコン同士が手を組む場面は着実に増えつつある。

ちなみに鹿島と竹中工務店の協業の期限は24年3月までだが、互いに申し出なければ、39年3月まで契約を延長することになっている。まさにその頃には、スーパーゼネコン1社分の人材が失われているだろう。それまでに両社と他のスーパーゼネコン、そして準大手以下の建設会社がどのような手を打つか、目が離せなくなってきた。

第2章 リモートコンストラクション

第2章のポイント

▼建設現場の働き方を抜本的に見直す機運が高まっている

▼施工管理や作業の遠隔化、自動施工がキーワードだ

▼デジタルツインやロボットの活用で、建設現場は「工場」に近づく

CHAPTER 2

1 施工管理の遠隔化は可能か？

建設業で働く人のテレワーク実施率は23・3％で、全業種の平均よりも4・6ポイント低い――。人材サービス大手パーソルグループのシンクタンク、パーソル総合研究所が、新型コロナウイルスの感染拡大に伴う政府の緊急事態宣言の発令（2020年4月7日）を受けて実施した調査では、建設産業のデジタル化の遅れが如実に浮かび上がった。

調査は首都圏を中心とする7都府県に緊急事態宣言が発令されたことを受けて、パーソル総合研究所が20年4月10日～12日に実施。様々な業種から正社員2万2477人が回答した。

建設業の回答者のうち、施工管理や設計といった高度な業務に携わっている技術職のテレワーク実施率は26・3％。建設現場で働く職人などがわずか5・9％だったのに比べると、さすがに実施率は高いが、それでも全業種の平均より低い水準だ。

施工管理とは、原価や労務、工程、安全、品質などを管理し、工事全体を指揮して利益を生み出す重要業務。工事の元請け会社であるゼネコンの花形業務である。

この調査で「テレワークを実施していない」と回答した施工管理・設計系の技術職に理由を尋ねると（複数回答）、案の定、「テレワークで行える業務ではない」が45％で最も多かった。

建設業で働く技術者が回答するように、施工管理のテレワークは、本当に無理難題なのだろう

▶建設業のテレワーク実施率は全業種の平均以下

順位	業種	従業員の実施率（%）	会社からの推奨・命令率（%）	調査サンプル数（人）
1	情報通信業	53.4	73.5	（1898）
2	学術研究、専門・技術サービス業	44.5	58.2	（188）
3	金融業、保険業	35.1	51.3	（1468）
4	不動産業、物品賃貸業	33.5	51.7	（490）
5	電気・ガス・熱供給・水道業	30.8	50.7	（334）
6	製造業	28.7	44.0	（6592）
7	生活関連サービス業、娯楽業	24.4	28.0	（404）
8	教育、学習支援業	23.9	35.9	（393）
9	建設業	23.3	37.9	（1463）
10	卸売業、小売業	21.1	32.5	（2115）
11	宿泊業、飲食サービス業	14.5	17.2	（468）
12	運輸業、郵便業	12.1	20.3	（1469）
13	医療、介護、福祉	5.1	6.9	（1633）
—	その他のサービス業	31.7	43.4	（2182）
—	上記以外の業種	36.1	45.1	（1380）
	全体	27.9	40.7	（2万2477）

調査実施期間は2020年4月10日～12日で、対象は正社員のみ。サンプル数は性別・年代の補正のためのウェイトバック後の数値（資料：パーソル総合研究所の資料を基に日経アーキテクチュアが作成）

か。答えは否だ。

確かに、施工管理に含まれる業務の全てを、完全にリモート化することは極めて難しいだろう。しかし、従来のように大勢の建設技術者が、建設現場に朝から晩まで張り付かなくても、工事の進捗を管理したり、情報を共有したりできる技術やサービスが、急速に進化している。キーワードの1つが、現実世界を仮想空間にモデル化して活用する「デジタルツイン」だ。

犬型ロボットが工事の進捗を記録

犬のようなロボットが建設現場を駆け回り、「頭部」に取り付けた360度カメラで工事の様子をきめ細かく記録する。ロボットが撮影した画像を見れば、遠隔地にいる工事関係者も簡単に現場の状況を把握できる。さらには、建材や構造部材の状態をAI（人工知能）で認識し、工事の進捗を自動で分析。工程表と比較して簡単に問題を洗い出せる――。

一昔前なら一笑に付されたような技術が実用段階に入った。このロボットはソフトバンクグループ傘下の米ボストンダイナミクス（Boston Dynamics）が開発した四足歩行型ロボットのスポット（Spot）。360度画像を記録するクラウドサービスは、米シリコンバレーのスタートアップ企業であるホロビルダー（HoloBuilder）が開発した。建築物などの簡易なデジタルツインを、手軽に作成・活用できる。

例えば、カナダの有力建設会社ポメルロー（Pomerleau）は、約4万6000平方メートルの

頭部に360度カメラやLiDARを取り付けて建設現場の情報を取得して回る四足歩行型ロボットのSpot（写真:HoloBuilder）

ホロビルダーのサービスを使えば、内装の施工前（右）と施工後（左）を簡単に比較できる（資料:HoloBuilder）

建築工事の現場に、360度カメラを搭載したスポットとホロビルダーのサービスを導入した。工事の進捗管理や工事関係者との情報共有に役立つうえ、撮影や記録を自動化することで、1週間当たり20時間分の単純作業を削減できるという。

建設現場では工事が進むにつれて目視できない部分が増えるため、技術者が頻繁に写真を撮って工事の進捗を記録に残す必要がある。日本では、日時や場所、作業内容といった情報を小黒板にチョークで書いて一緒に写真に収めるやり方が、伝統的に行われてきた（近年は国土交通省の規制緩和で、黒板をデジタル化した「電子小黒板」が普及してきた）。

建設現場で大量に撮影した写真の整理やデータの記録、資料の作成は若手技術者などが担当することが多く、長時間残業の温床になっているだけに、データ収集と整理の自動化がもたらす効果は大きい。工事関係者間でのデータの共有が容易になるのも大きなメリットだ。これまでは、せっかく収集・整理したデータの多くが有効に活用されていなかった。

スポットについては、ボストンダイナミクスが20年6月16日（現地時間）にオンライン上で発売した。本体価格は7万4500ドル（約800万円）だ。同日時点では、米国内でのみ購入できる。

ホロビルダーのサービスは、既に2000超の建設会社が利用しているという。日本への上陸も始まった。新型コロナの感染拡大が深刻化していた20年3月30日、竹中工務店はホロビルダーと技術開発で連携すると発表した。AIによる画像認識機能を日本の建設現場向けに改良し、画像から工事種別を推定できるようにする。

竹中工務店はスポットと組み合わせるとは明言していないものの、ロボットやドローンで現場を自動巡回して取得した画像をホロビルダーのクラウドで共有する構想を明らかにしている。

建物の３次元モデルに材料やコスト、品質といった属性データを関連付けるＢＩＭ（ビルディング・インフォメーション・モデリング、第３章を参照）と３６０度画像を連携させ、工事の進捗管理や検査業務の効率化に取り組む考えだ。

大林組は米スタートアップの製品を販売

他の建設会社も、現実空間のデジタルツインを手軽に作成できるこの手の施工管理ＳａａＳ（ソフトウエア・アズ・ア・サービス）をこぞって導入し、さらには自ら普及に乗り出している。

例えば大林組は、同社が出資している建設テック系スタートアップ企業の米ストラクションサイト（StructionSite）が米国で展開しているサービスを、国内で販売している。このサービスでは、３６０度カメラで撮影した画像や動画を図面上に配置して管理可能。画像上に印を付けて「照明の数を確認してください」などとチャットで指示をする機能やＢＩＭモデルとの比較機能も備える。米国では20年2月時点で１５０社以上が利用しており、実績は十分にある。

ビデオウオークと呼ぶ機能を使えば、３６０度カメラで撮影した写真を保存・閲覧できるだけでなく、建設現場内を移動しながら撮影した動画を自動で編集して、現場の様子を連続したパノラマ写真で見回せる。使い方は簡単だ。始点と終点を指定し、移動しながら動画を撮影。クラウ

米ストラクションサイトのサービス。写真上で位置を指定して指摘を記入したり、チームメンバーとチャットしたりできる（資料：大林組）

米マーターポートのサービスで耐震補強工事前の建物内を3次元化し、ウオークスルー画像を生成（資料：大成建設）

ド上に保存する。あとはストラクションサイトのＡＩが動画を解析し、約1日で図面上に軌跡をアウトプット。連続したパノラマ画像を作成する。ＧＰＳ（全地球測位システム）の電波が入りにくい屋内でも、画像の解析によって正確な軌跡を描ける。

ストラクションサイトの月額利用料は25万円（同時に5件のプロジェクトを管理できる契約の場合）から。プロジェクト件数を制限しない契約など、ニーズに応じたプランを設定する。

これまで大林組グループがストラクションサイトを導入した現場は国内外の新築、改修工事など多岐にわたる。18年9月にストラクションサイトに出資して以来、利用しながら機能拡充を支援してきた。日本で販売を開始したのは、アジア・太平洋地域でサービスを普及させる目的がある。建物の維持管理や不動産管理などの分野でも普及させたい考えだ。

竹中工務店や大林組以外では、建物情報を3次元モデル化して簡単に共有できる米マーターポート（Matterport）のサービスを大成建設が活用している。関係者間での合意形成が容易になり、工事の打ち合わせに要する時間や現地調査の時間を削減できる効果があるとしている。

COLUMN

点検・巡回にも使える犬型ロボット

米ボストンダイナミクスが20年6月に発売したスポット（Spot）は、建設現場の施工管理に加えて、測量やインフラの巡視、点検などでの活用が期待されている。

スポットは全長1・1メートル、幅50センチメートル、高さ84センチメートルの四足歩行型ロボットで、大型犬ほどのサイズ。重量は32・5キログラムで、バッテリーで90分間駆動する。歩行速度は最高で秒速1・6メートル。高さ30センチメートルの段差や30度の傾斜を踏破できるので、階段や起伏のある地形もスムーズに移動できる。

内蔵するステレオカメラで3次元点群データ（3次元座標の集まり）を生成し、周囲をマッピングして障害物を回避する機能を備える。巡回ルートを設定すれば、スポットをこのルートに沿って自動的に動き回らせることも可能だ。

ペイロードは14キログラム。用途に応じて360度カメラやLiDAR（ライダー）、アームなどを搭載できる。ボストンダイナミクスは専用のカメラやLiDARなどもオンライン上で販売している。

ボストンダイナミクスはこれまで、企業や研究機関などに150を超えるスポットを貸し出し、発売に向けて機能の実証や改善などを進めてきた。建設現場や原子力発電所の廃炉、テーマパークなどで試験的に利用されたという。シンガポールでは、コロナ禍の公園巡回に使用されて話題になった。

　日本では鹿島や竹中工務店などのゼネコン以外に、中部電力が実証実験に取り組んだ。同社は実験の結果を踏まえ、電力設備の巡視業務にスポットを本格利用する検討を始めている。

鹿島はトンネルの建設現場にSpotを投入して、坑内の巡視などに試用した（写真:鹿島）

中部電力は電力設備の巡視などにSpotを適用するため、2020年1月に実証実験を実施した（写真:中部電力）

鹿島の「管理の半分を遠隔化」構想

「作業の半分はロボットと」、「管理の半分は遠隔で」、「全てのプロセスをデジタルに」という3つのコンセプトから成る「鹿島スマート生産ビジョン」を18年11月に打ち出した鹿島は、BIMモデルをベースとして、人や資材、建設機械、ロボットの動きをリアルタイムに表示したり、そのデータを分析したりできるデジタルツインの実現に向けて技術開発を進めてきた。

その成果を検証しているモデル現場がある。延べ面積8万平方メートル超となる神奈川県内の複合ビルの建設現場だ。鹿島はこの現場に、IoT（モノのインターネット）技術を活用した資機材位置・稼働モニタリングシステム「3Dケイフィールド（K-Field）」を導入した。

3Dケイフィールドの仕組みはこうだ。建設現場の「動産」である仮設の資材や機材、職人（技能者）や技術者に小型の発信機を、現場内の各層に受信機をそれぞれ取り付け、Wi-Fiを通じて取得した位置データをクラウド上のサーバーに送る。工事事務所では、現場に設置したカメラの映像と併せて、モノと人をその場にいるかのように管理できる。現場内で作業するロボットの稼働状況などもモニタリング可能だ。

資機材がどこにあるか、誰が使っているか分からなくなって探し回る時間や、資機材を遊ばせてしまうといった無駄を省ける。リース品の毀損・滅失などの管理にも有効だ。

鹿島建築管理本部技術企画グループの武井昇次長は、「バーチャルとリアルを融合した建設現場のデジタルツインによって、ブラックボックスだった現場の慣習や人の経験などもデータとし

3Dケイフィールドの表示例。高所作業車などの機械や人の動きをリアルタイムに把握できる。人の滞留状況を「ヒートマップ」で示す機能もある（資料:鹿島）

「鹿島スマート生産ビジョン」を全面適用する神奈川県内のモデル現場。最新の「現場内モニタリングシステム」を導入している（写真:鹿島）

てあぶり出す」と、導入の狙いを語る。

さらに同社は20年5月11日、企画・設計から維持管理・運営まで、建物のあらゆるデータを一貫して連携可能なデジタルツインを実現したと発表した。

同社が設計・施工を手掛けて20年1月に竣工した大阪市中央区内の複合ビル「オービック御堂筋ビル」に初めて適用した。

同ビルは、企画や設計、施工の各フェーズでＢＩＭをフル活用した建物だ。設計フェーズでは施工の検討を前倒しし、デザインと構造、設備との不整合をＢＩＭモデル上で確認しながら細部まで詰めた。これによって、外壁や設備まわりの配線・配管に至るまで、徹底したプレハブ化が実現している。設備などには、メーカーの協力を得て2次元コードを付与。現場で読み取ったコード情報をＢＩＭと連携させ、工事の進捗管理にも生かした。

これらのＢＩＭデータを、完成後の維持管理を担うグループ会社の鹿島建物総合管理（東京都新宿区）に引き継いだ。日常点検で得られた情報や中央監視装置に集まる建

▶エネルギーの消費予測や設備機器の異常検知が可能

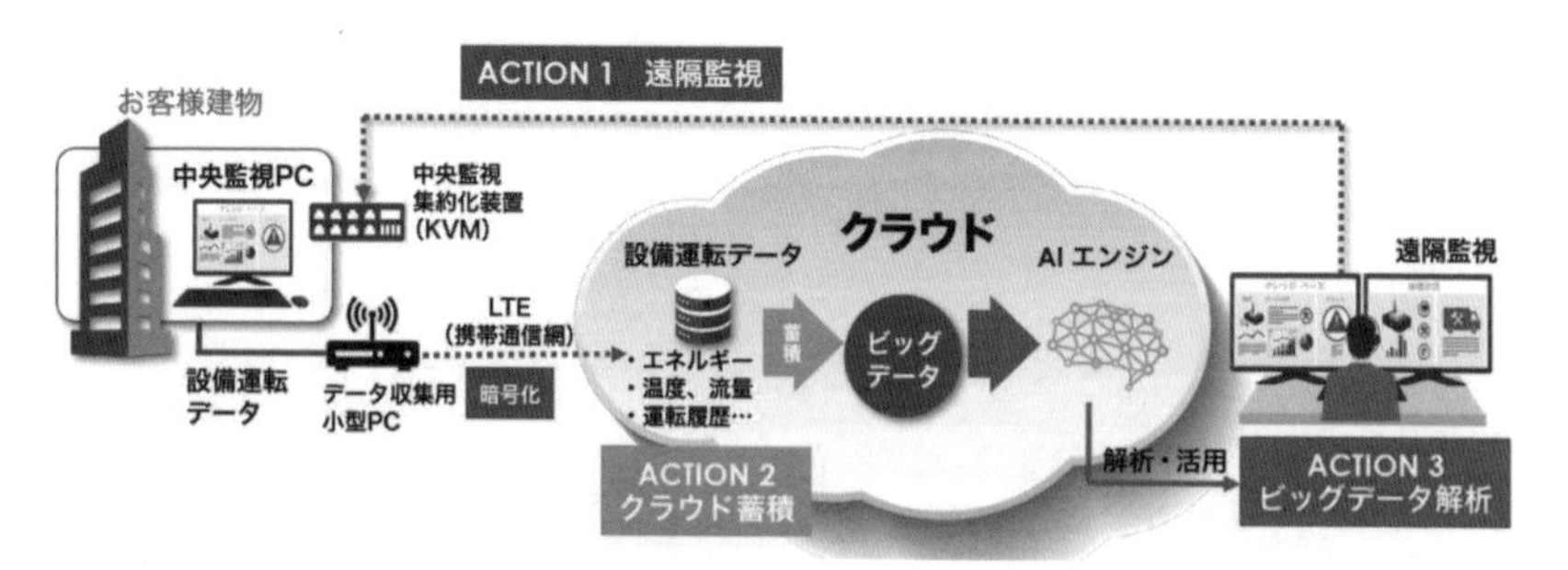

「鹿島スマートBM」のシステム構成。IoTセンサーなどで取得したデータをクラウドに蓄積してAIに学習させる（資料:鹿島、鹿島建物総合管理、日本マイクロソフト）

物情報などを、鹿島と日本マイクロソフトが開発した建物管理プラットフォーム「鹿島スマートBM（Building Management）」を介してＢＩＭデータと連携させる。

空調などの設備に付与されている2次元コードを、メンテナンスの担当者がタブレット端末で読み取り、入力されているメンテナンス項目を選んで作業を開始する。作業中に確認した事項はその場で端末に入力し、ＢＩＭデータと連携。これによって、完成後の建物のコンディションをＢＩＭモデル上でリアルタイムに更新し、可視化できる。

メンテナンス履歴を蓄積してデジタル資産に

従来は現場での作業中に手書きでメモしていた情報を、事務所で報告書などに入力し直していた。ＢＩＭを基盤としたデジタルツインを活用することで、入力ミスや現場で取得しておくべきデータの欠落などを防ぐことができる。メンテナンス作業に要した時間や費用も含め、履歴として全て残すことが可能だ。

メンテナンス履歴を蓄積しながらデータベース化し、設備の運転の最適化による省エネや長寿命化を図る。あるいは故障予測と組み合わせ、ライフサイクルコストの削減にもつなげていく。鹿島は、「ＢＩＭによるデジタルツインは、竣工後も更新し続けることで現実の建物と同じ価値を持つデジタル資産になり得る」とする。今後は蓄積したビッグデータを解析し、新たな建物の企画や開発にフィードバックしていく考えだ。

このように、デジタルツインは施工管理の遠隔化に役立つだけでない。建設会社のビジネスモデルや建設生産プロセスを変革する可能性も秘めている。

高速道路の維持管理にもデジタルツイン

デジタルツインに関心を抱く施設管理者は増えている。阪神高速道路会社は、管理する全長250キロメートルの道路を仮想空間に再現することを検討中だ。高速道路の形状や重さ、素材、強度などを仮想空間に丸ごと再現する。センサーなどで収集したデータを活用し、仮想空間で損傷や劣化を予測すれば、優先的にメンテナンスが必要な箇所を抽出できるようになる。人海戦術に頼り切った点検などに終止符を打てるかもしれない。維持管理の手間や費用を大幅に減らせるとの期待が高まる。

「阪神高速道路の約4割が開通から40年以上経過している。どう維持管理するかが課題だ。ハンマーや超音波を使って人が全て点検すると、膨大な時間と労力を要する」と、同社技術部技術推進室の茂呂拓実構造技術総括課長は話す。構造物の老朽化が進む一方で、点検や管理を担う人は不足している。人手に頼ったこれまでの管理手法は転換を迫られている。

そこで登場するのがデジタルツイン。仮想空間には、劣化や損傷の進み具合も再現できる。阪神高速は、斜張橋のケーブルを非破壊で検査する「ケーブル点検ロボット」、路面の劣化や舗装内部の損傷を走行しながら点検する車両「ドクターパト」などを維持管理に導入している。これ

▶全長250kmもの道路のデジタルツイン

全長250kmの高速道路を簡略化してつくった3次元モデル。今後、詳細化に取り組む（資料:阪神高速道路会社）

阪神高速道路の橋のケーブル点検に使うロボット（写真:阪神高速道路会社）

らのセンサーやロボットから得た橋などの構造物に関するデータを、リアルタイムで集約して仮想空間のデジタルツインに反映するのだ。

同社のデジタルツインは、地震時に構造物に生じる被害を予測することを念頭に開発を進めてきた経緯がある。課題となったのは、モデルのつくり方だった。「古い構造物の情報は、2次元の図面などで保管してある。これを3次元で再現するにはかなりの手間がかかる」と、茂呂課長は説明する。

そこで同社は、地震の揺れが直接伝わる下部構造（橋脚や橋台）に着目。管理する数千基の全橋脚を、材質や形状、幅に応じて12グループに分類した。3次元モデルはグループ単位で構築し、2次元の古い図面を全て3次元に再現する手間を省いた。上部構造は、桁や床版（車の荷重を支える板）の種類によって7グループに分けた梁構造モデルとして簡略化を図った。

さらに過去30年間に及ぶ道路の設計や管理で得た情報を蓄積したGIS（地理情報システム）のデータも活用し、地盤など周辺環境に関する情報を仮想空間に組み込む。こうした情報から、地震発生時に被害が生じやすい構造物や、段差ができやすい路面などを3次元モデル上で把握して、事前に対策を打つ。災害時のドライバーの行動を解析し、車両の動きを再現した交通流シミュレーションと組み合わせて、混雑や事故が起こりそうな区間を避けた緊急輸送計画を立てることも検討している。

維持管理向けにデジタルツインを実装するには、より精密なモデルが求められる。同社は今後、簡略なモデルをベースに詳細化に取り組む。既に18年には東芝と共同で、5号湾岸線の東神戸大橋を対象に、2次元の設計図面から限りなく現実に近い3次元モデルを構築した。

約8000万もの頂点から成るメッシュで分割したモデルをつくり、橋に取り付けたセンサーで計測した荷重データを用いて、橋の変形を計算した。このモデルを使えば、危険箇所が精度よく分かる。例えば、車両の通過時に加わる荷重や変形の生じ方を橋の部材ごとに分析できる。「シミュレーションの目的によっては、上部構造は梁モデルの方が合理的な場合もある。維持管理に役立つ精度を確保できるように工夫したい」(茂呂課長)

▶東神戸大橋で実施した変形シミュレーション

車両荷重を模擬した変形シミュレーション(資料:東芝)

CHAPTER 2

2 5Gが現場にやってきた

施工管理の遠隔化に加え、「作業の遠隔化」を強力に後押ししそうなのが、2020年春に商用サービスが始まった5G（第5世代移動通信システム）だ。

5Gは、無線通信の国際規格で第5世代に当たる。1970年代後半に登場した第1世代（1G）は通話が主な用途だった。2Gでは絵文字を使ったメール、3Gではインターネットへの接続、4GではSNS（交流サイト）や動画の利用などに用途が拡大した。

5Gは、これまでと比べて段違いの性能を備える。主な特徴が、「高速・大容量」「低遅延」「同時多数接続」の3つだ。4Gと比べると、最大通信速度が毎秒1ギガビットから20ギガビットへと、実に20倍になる。2時間の映画をダウンロードする時間が、数分から約3秒に短縮できるという。遅延時間は、10ミリ秒が10分の1の1ミリ秒に。接続可能な端末数は1平方キロメートル当たり10万台から100万台に向上する見込みだ。

日本では2020年3月から、スマートフォン向けの5Gサービスが一部で始まった。データの伝送に使う周波数帯域は4Gよりも高く、3・7、4・5、28ギガヘルツ帯の3種類となる。帯域が広く、高速通信に向いている一方で、周波数が高いので電波の通信距離は短い。そのため5Gは今後、基地局の整備を進めながら、徐々に普及・拡大していくだろう。

5Gの特徴を生かして、様々な分野で新たなサービスが考えられている。例えばスポーツの中継では、スタジアムを全方位から見られる、臨場感あふれる映像を配信できるようになる。医療分野とも相性が良い。場所を問わずに精細な映像を送受信できれば、「オンライン診療」がやりやすくなる。コロナ禍でもクローズアップされた医師の不足や偏在といった問題の解決策となる。人手不足や生産性の低さに悩む建設業界でも5Gへの期待は高まっており、大手携帯キャリアもこぞって注目している。

遠方から重機を操縦

大成建設は20年2月18日、現場関係者の新しい働き方を予感させるデモンストレーションを披露した。会場となった横浜市内の同社技術センターには、複数のモニターが並ぶ。画面に映るのは、直線距離で20キロメートル以上離れた位置にある東京都稲城市の造成工事の様子だ。定点カメラや重機に搭載したカメラを通じて、現場で稼働する重機の作業状況などをリアルタイムで確認できる。

会場でモニターの前に立つ職員が、ゲーム用のコントローラーを操作すると、画面の中の重機が指示通りに動き出した。現場での重機の動きと会場で見る映像との間に、タイムラグはほとんどない。多数のカメラやセンサーからの情報を得られるので、現場の状況を十分に把握しながら安全に操作できる。

5Gによる重機の遠隔操作を実演した大成建設。同社の技術センターから、20km離れた現場の重機を不自由なく動かしてみせた（写真：下も日経コンストラクション）

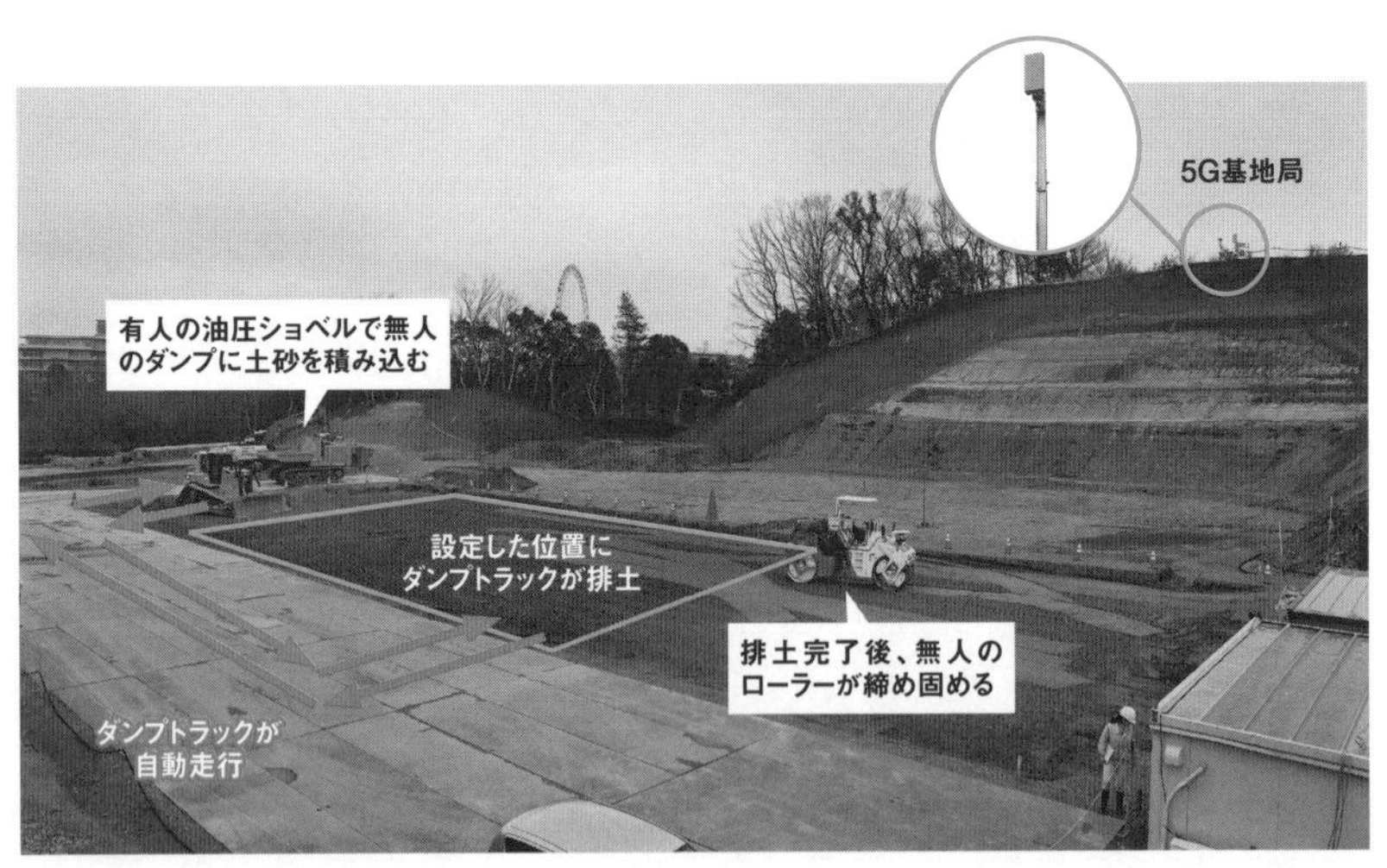

大成建設が稲城市の造成現場で実施している5Gの実証実験の様子。操作室などから指示を出すと、無人の重機が自動で動いて単純作業をこなす

建設現場における重機の遠隔操作（無人化施工）は、既に確立している技術だ。災害現場のように人が立ち入ると危険な場所での実績がある。ただし、これまでのようなＷｉ－Ｆｉによる遠隔操作には課題があった。大容量のデータを送受信しようとすると、遅延や解像度の低下、他の電波との干渉による映像の途切れなどが生じる。そのため遠隔といっても、現場から数十～数百メートル離れた操作室で重機を動かすレベルにとどまっていた。

当然、大成建設がデモで見せたように、遠隔地から円滑に重機を操るのはＷｉ－Ｆｉでは難しい。そこで登場するのが、大容量の映像を遅延なく送受信できる５Ｇというわけだ。大成建設は稲城市の現場に、ソフトバンクが開発した持ち運び型の基地局「おでかけ５Ｇ」を設置。土砂の運搬や締め固めの作業で、有人の重機と遠隔操作、自動運転の重機との連携を試行。通信の速度や距離、使いやすさなどを検証中だ。

新技術で「３Ｋ」脱却へ

「５Ｇで現場とクラウドをつなぐと、カメラやセンサーから得られるデータの活用の幅が広がる。安全性や生産性を高め、誰もが理想の働き方を選択できるようにしたい」。大成建設スマート技術開発室メカトロニクスチームの青木浩章チームリーダーは、こう意気込む。

国や企業は近年、場所や時間に縛られず、個人の事情に合わせて柔軟に働けるテレワークの実現に本腰を入れてきた。新型コロナウイルスの感染拡大で、テレワークや在宅勤務は一気に拡大し、定着しようとしている。しかし、建設業界、特に場所や時間の制約が大きい建設現場での仕事への普及が難しいと考えられてきたのは既に述べた通りだ。

それが5Gの登場で大きく変わる可能性が出てきた。人里離れた建設現場で働くことも多い土木分野の技術者や職人は、家族と離れて何年も単身赴任生活を強いられるケースが少なくなかったが、テレワークという選択肢が現実的になれば、生活の質を保ちながら働くことも可能になる。

多数の端末を同時に接続できる5Gのメリットを生かせば、従来以上に安全な現場をつくり出せる可能性もある。大成建設は、ソフトバンク、ワイヤレス・シティ・プランニング（Wireless City Planning、東京都港区）と共同で19年12月、北海道赤井川村で建設中の「後志（しりべし）トンネル」で、5Gを使った安全性向上に関する実証実験を実施した。

山岳トンネル工事では、切り羽の崩落やガス漏れ、火災など作業員の命を脅かす事故が起こりやすい。このようなときに坑内の環境が分からないまま人が入ると、2次災害の危険がある。

そこで実証実験では、坑外の仮設ヤードに置いた操作室から重機を操縦して坑内を確認。その後、作業員が坑内に立ち入ってチェックするという一連の作業を想定した。

まず確かめたのは、通信可能な距離だ。坑口（トンネルの出入り口）に5Gの基地局を設置したところ、1400メートル奥の坑内まで通信できた。「カーブしていて、通路に資材やトラックがある環境のトンネルで、予想以上の結果が得られた」と、青木チームリーダーは振り返る。約100メートルごとに基地局を置く必要があるWi－Fiと比べて、配線作業などを大幅に削減できるメリットがある。

▶山岳トンネル工事で最大26台のセンサーやカメラを5G基地局に同時接続した

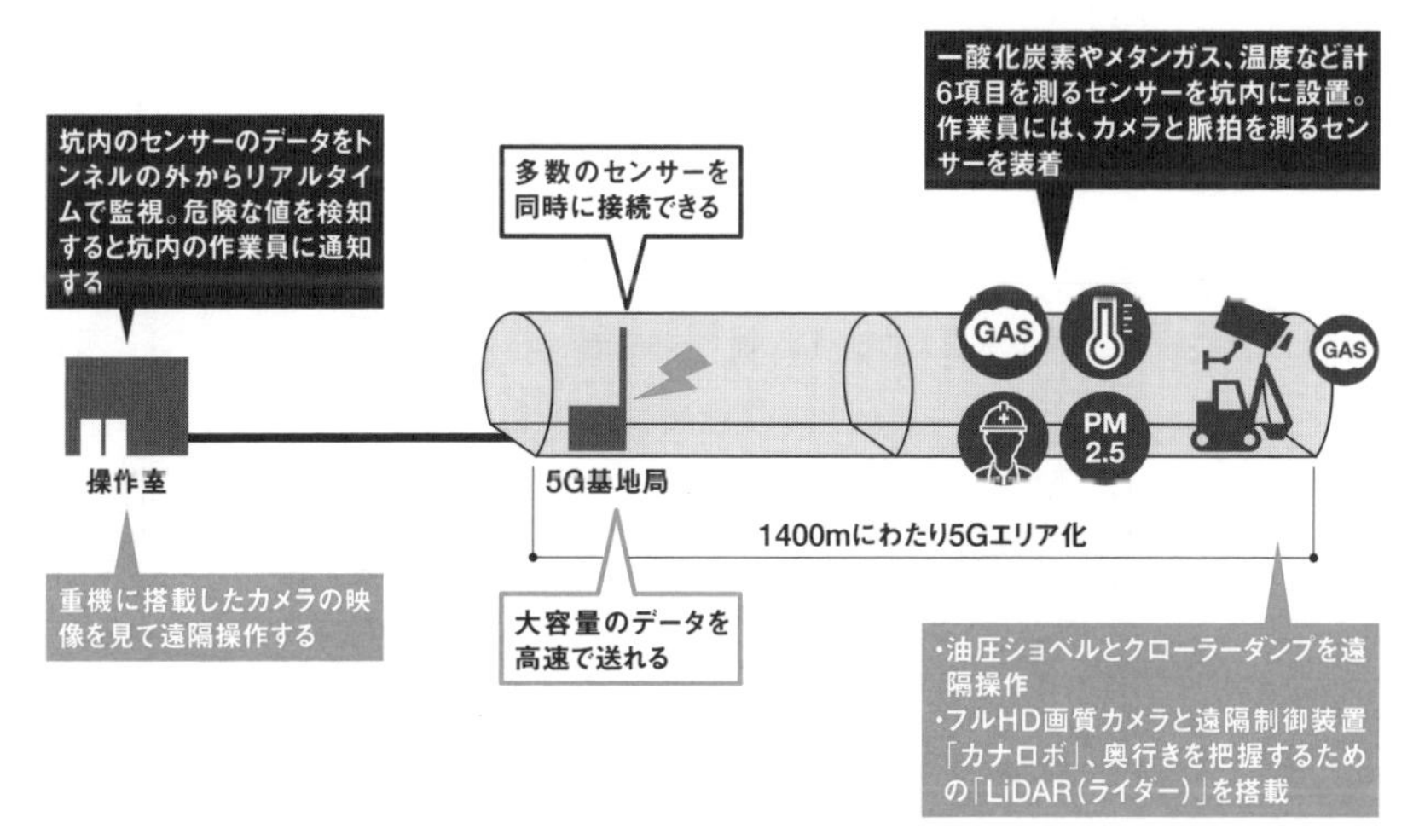

大成建設とソフトバンク、ワイヤレス・シティ・プランニングによる実証実験の概要
（資料：大成建設の資料を基に日経コンストラクションが作成）

重機の遠隔操作の様子。レンタル大手のカナモトが開発した遠隔制御装置「カナロボ」を用いた。オペレーターは、高解像度の映像や重機の傾き・振動を感じながら操作する（写真：大成建設）

遠隔操作する重機にはフルＨＤ画質のカメラ４台と、奥行きを把握するためにレーザーで対象物との距離などを測定するＬｉＤＡＲ（ライダー）、遠隔制御装置「カナロボ」を搭載。高画質の映像を見ながら重機の傾きや振動を感じることができるので操作しやすい。

坑内にはメタンガスや一酸化炭素などを検知する６種類のセンサーを置いた。作業員にも脈拍を測るウエアラブルセンサーやカメラを取り付けた。異常値を検出すると、すぐさま作業員に警告する仕組みだ。

大容量のデータを送受信できても、緊急時に映像などが集中して通信量が急増し、遅れが生じるようでは現場での実用化は難しい。有毒ガスの検知など人命に関わる情報は、どんな状況においても遅

▶5Gでは「スライシング」によって通信の優先順位を設定できる

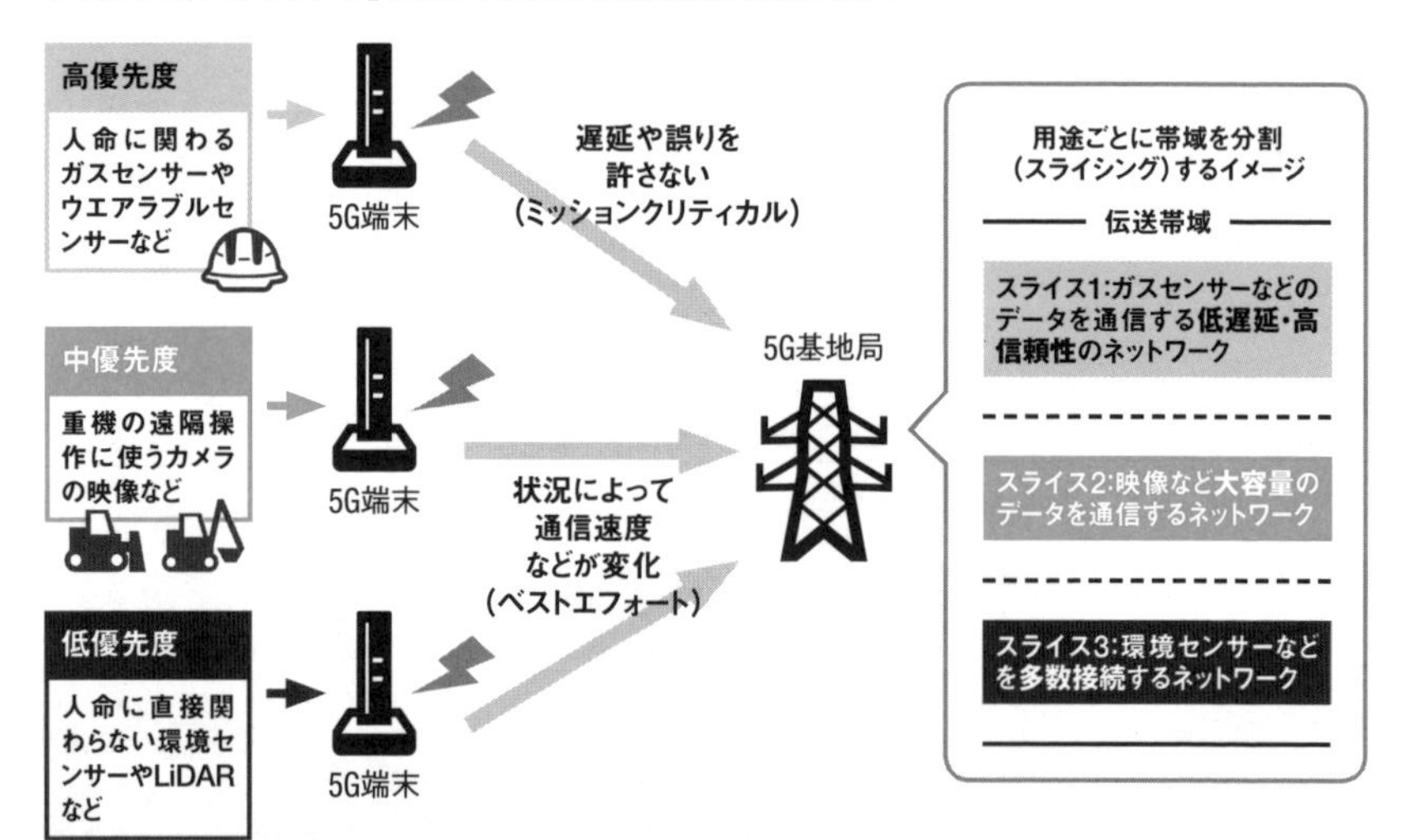

山岳トンネル工事現場での安全管理の内容と5Gのスライシングネットワークの概要。伝送帯域を用途ごとに仮想的に分割する。帯域中のある部分は大容量向き、ある部分は低遅延向き、といったように優先順位を付けられる
（資料:大成建設の資料を基に日経コンストラクションが作成）

延や誤りが許されない。

そこで重要な役割を果たすのが、5Gの「スライシング」と呼ばれる機能。1つの伝送帯域を用途ごとに仮想で分割し、優先順位を付けられる。北海道のトンネル工事現場では、気温などを測る環境センサーの情報は低優先度、ウエアラブルセンサーやガスセンサーの情報は高優先度として、途切れることなくデータを通信できることを確認した。

5Gの活用に熱心なのは、大成建設だけではない。20年2月には大林組もKDDI、NECと共同で、5Gを用いた重機の遠隔操作に関する実証実験を実施している。建設業界の働き方を激変させ得るとして、各社は大きな期待を寄せている。

新技術の導入では、工期の短縮やコストの削減といった分かりやすい指標が重視されがちだ。しかし、効用はそれだけではない。5Gを生かして「現場に縛られる働き方」から脱却し、「危険を伴う作業」から人を解放すれば、建設業の代名詞とされてきた3K（きつい、汚い、危険の頭文字）のイメージを払拭することにつながる。優秀な人材を引き付けるうえで極めて重要な役割を果たすことを認識すべきだろう。

COLUMN

建設現場の通信環境整備で名を上げるピコセラ

建設現場で様々なデジタルツール、IoT（モノのインターネット）の活用が始まるにつれ、通信環境の整備を急ぐ建設会社が増えてきた。西松建設もそんな企業の1つだ。高層ビルなどの建設現場では、携帯電話の電波が入りにくいのがネックだった。そこで、同社は無線LANのメッシュネットワークを採用。LANケーブルを敷設することなく、実用的な通信環境を整えた。

無線LANのメッシュネットワークとは、アクセスポイント（AP）を網の目（メッシュ）のようにつないでエリアを構築する技術だ。複数のAPを経由させることで、エリアを効率よく拡大できる。

同社は地上30階建ての、中心に吹き抜けがある高層ビルの現場で実証実験を行った。有線回線とつないだ親機を現場事務所に設置。その先は2つのルートを検証した。屋上に置いたAP経由で吹き抜けを通るルートと、通信が必要な階のベランダに置いたAPから屋内に中継するルートだ。いずれも西松建設が求める通信環境を構築できることを確認した。

西松建設は全ての建設現場でタブレット端末を導入しているが、安定した通信環境を確保できずに困っていた。今後普及する5Gも、高周波数帯はガラスを透過しにくい。現場での確実な通信環境が求められていたが、手間とコストのかかる有線の通信環境をその都度整えるのは現実的ではない。

そこで、通信速度が速いうえに約250メートルの距離で通信できる、無線通信技術ベンチャーのピコセラ（PicoCELA、東京都中央区）の無線LAN機器に着目し、同社に屋外向け製品の開発を求めた。ピコセラは西松建設が提案した取り付け方法などを取り入れ、新たな無線LAN機器を19年3月に発売した。西松建設はこの機器をレンタルし、高層ビルなど5件の建設現場で活用中だ。

「無線マルチホップ方式」の通信技術を提供しているピコセラは、ゼネコンを含む多くの企業が注目する有力ベンチャーだ。

同社は20年8月18日、同日までに清水建設、双日、日本郵政キャピタル、岡三キャピタルパートナーズの4社から第三者割当増資などで資金調達したと発表した。調達額は非公開だ。

戸田建設も20年7月31日、古野電気やピコセラと共同で、超高層ビルの建設現場の高層階でも無線LANを広く利用できるシステムを開発したと発表している。

西松建設が建設現場で活用しているピコセラの建設土木・防災向け屋外無線LAN機器「PCWL-0410」
（写真:西松建設）

工事のリモート化、いわば「リモートコンストラクション」の実現に向けて、施工管理や作業の「遠隔化」と両輪で各社が競うように開発を進めているのが、様々な建設ロボットを用いた自動施工だ。

CHAPTER 2

3 第2次建設ロボットブーム

建設ロボットの開発は、かつてバブル景気の時代に、人手不足を背景としてブームになったことがある。バブル崩壊とともに人手不足が解消し、建設会社も開発に資金を振り向ける余力がなくなったことで第1次建設ロボットブームは去った。そして今、人手不足の解決や飛躍的な生産性向上の実現に向けて、第2次建設ロボットブームがやってきた。第1次ブームとの大きな違いは、当時と比べるとテクノロジーが飛躍的に進化していること、それらを比較的安価に使えることだ。

施工管理の遠隔化に取り組む鹿島も、同時並行で建設ロボットの開発や実装を進めている。同社は前述の「鹿島スマート生産ビジョン」の実現に向けて、2019年に完成した自社開発のビル「名古屋伏見Kスクエア」を舞台に、自前で開発した多くの建設ロボットの課題を検証した。

このビルの建設現場では、人とロボットの協働や施工管理の遠隔化などによって、建設現場としてはまだ珍しい完全週休2日を達成した。延べ労働時間は同規模の建物の現場と比べて20％強の削減を実現している。

Ｋスクエアの建設現場で所長を務めた鹿島の木村友昭氏は、「現場でロボットがどれだけ役に立つか、正直、最初は半信半疑だった」と振り返る。そんな木村氏が「ロボットは戦力になる」と確信したのは、溶接ロボットの技能の高さを目の当たりにしたときだった。

Ｋスクエアでは、柱と梁の接合部の全５８５カ所を、同社が開発した溶接ロボット10台によって自動で「上向き溶接」した。上向き溶接は高度な技能を要するため、対応できる職人が極めて少ない。当然、労務費も高くなる。

「実は万が一に備えて、造船分野などで活躍する技能者に上向き溶接してもらうことも想定していた。だが、ロボットが安定した品質で人の代わりに溶接できることが分かってからは、自動化できる作業がほかにもあるのではないかと、意識が変わった」（鹿島の木村氏）

Ｋスクエアでは溶接ロボットに加えて、耐火被覆材の吹き付けロボットや、外装材の取り付けをアシストするロボットなども試験的に導入した。実際に建設現場でロボットを動かすことで、見えてきた課題も多い。こうした課題を１つずつ潰しながら、使えるロボットに仕上げていく。

同社が18年に開発したコンクリート押さえロボット（コテでコンクリートの表面を仕上げるロボット）の「ＮＥＷコテキング」については、課題だったムラの発生を解消したほか、機体の軽量化や操作性の向上も図っている。

ロボットの課題だけでなく、「得意な仕事」も分かってきた。今後はロボットによる自動施工の効果が高い現場を戦略的に選んで、使いながら技術を磨き上げていく方針だ。

「名古屋伏見Kスクエア」では柱と梁の接合部を、ロボットで上向き溶接した(写真:下も鹿島)

コンクリート押さえロボット「NEWコテキング」の2号機。1号機を改良して“コテムラ”を解消した

失敗は明日への糧、成長する搬送ロボ

複数の自律型ロボットを活用して、高層ビルを工場のように効率的につくる――。清水建設も、ロボットによる建築工事の自動化を、明確に打ち出している。同社が他の大手建設会社に先駆けて、次世代型建築生産システム「シミズスマートサイト」の推進を宣言したのは、17年7月のことだった。

シミズスマートサイトでは、建物の基礎工事が終わった段階で建設現場の全体を「全天候カバー」ですっぽりと覆って内部環境が天候の影響を受けないようにした後、産業用ロボットアームを改造して開発した柱の自動溶接ロボットや、天井などの組み立てに使う多能工ロボット、資材搬送ロボット、そしてブーム（腕）を水平方向に伸縮できる特殊なタワークレーンを駆使し、ビルを建てていく。

現場の担当者がタブレット端末を操作し、ロボット統合管理システムを通じて各ロボットに指示を飛ばす。すると、レーザーセンサーとＢＩＭの情報を照合してロボットが自らの位置を認識し、自律的に作業をこなしていく。システムの開発費は約20億円にもなる。

同社がシミズスマートサイトを初めて適用したのが、19年8月に竣工した「からくさホテルグランデ新大阪タワー」（以下、新大阪タワー）の建設現場だ。新大阪タワーでは、2台の資材搬送ロボットを本格適用した。

1階の荷取り場と搬送先の階にそれぞれ配したロボットには、オペレーターがｉＰａｄで指示

を与え、石こうボード計574パレットを水平搬送させた。搬送を指示した当初は71％だった成功率は、現場での失敗を1つずつ克服することで最終的に92％に達し、計画通り作業を終えた。搬送ロボットによる省人化の効果は、1日当たり約5人。新大阪タワー全体で、資材の揚重に要する人員を半分以下に減らせた。

清水建設で生産技術本部長を務める印藤正裕常務執行役員は、「工事用エレベーターの扉が閉まらない」「高層の作業階に電波が届かない」といった失敗リストを示しながら、「こうした検証が、現場でやりたかったことだ」と話す。

印藤常務はこう続ける。「ラボで完璧な動きをするロボットに仕上げても、現場では必ず想定外のことが起こる。だからこそ、失敗を細かく記録して1つずつ潰し、成功率を高

「からくさホテルグランデ新大阪タワー」で本格適用した搬送ロボット（写真右手）（写真:日経アーキテクチュア）

めていくことが重要だった」。その言葉通り、作成した失敗リストには、原因と対策とともに解決「済」の記載が並んだ。

清水建設は新大阪タワーでの経験を踏まえ、続く横浜の大規模オフィスビルの建設現場では、搬送対象に空調ダクトや吊りボルトなどを追加。さらに、1回の指示で複数のフロアに資材を「間配り」する垂直搬送にも挑戦した。間配りとは、まとめて納品された資材を使用箇所ごとに配る作業だ。資材搬送ロボットが運んだのは、合計1659パレット。当初は成功率66％と低い成績でスタートしながらも、改善を重ねて最終的には98％まで成功率を引き上げた。

ロボットのシフトをどうする？

清水建設の印藤常務はロボットについて、「技術的には、リースなどでの外販ができるレベルまでできている」と手応えを話す。ただし、外販するには「スーパーカー程度」というロボット本体の価格を大幅に引き下げる必要がありそうだ。

また、ロボットと人が一緒に働いてみて分かったのが、「シフト」の問題だ。新大阪タワーでは、基本的に午後6時から翌午前2時までの夜間に資材搬送ロボットを稼働させた。ロボットが資材を運んでいる間は、オペレーターが少なくとも1人はついている必要があるので、このオペレーターはロボットと一緒に夜勤をしなければならなかった。そこで、別の現場では、ロボットのシフトを夜勤から日勤に変更。現場内に立ち入り禁止区域を設け、人が作業している日中の時間帯

多能工ロボットの新型「床施工タイプ」。国産ロボットアームを採用している(写真:清水建設)

清水建設のロボット実験棟で、本格適用に備えた最終確認をする溶接ロボット(写真:日経アーキテクチュア)

にロボットを稼働させるなど、試行錯誤している。近隣に住宅街などがないので、シフトを工夫してロボットの「24時間勤務」も試してみるつもりだ。

最初に説明したように、シミズスマートサイトを担うロボットには、資材搬送ロボットのほか、多能工ロボットと溶接ロボットがある。多能工ロボットについては、従来の天井を施工するタイプに加え、新型の床施工タイプを完成させた。OAフロアの支柱脚の取り付け、フロアの敷き込みといった一連の作業を自律的にこなす。溶接ロボットも、開発の最終段階に入った。いずれも、20年度には都内の現場に本格適用する予定だ。

清水建設がシミズスマートサイトで掲げる目標は、「25年までに20%の生産性向上」。このうち、ロボット施工で10%分の向上を目指す。そのためには、全国で毎日1000台程度のロボットが稼働する状況をつくり出す必要があるという。全国に約400の建設現場があるとして、1現場当たり2～10台が稼働する計算だ。同社は搬送・多能工・溶接の3種類の自律型ロボットに加えて、職人の単純作業などを支援するロボットも現場に投入し、目標を達成する方針だ。

苦渋作業からの解放

生産性向上以外に、建設会社が建設ロボットを導入する動機の1つが、無理な姿勢での作業や危険を伴う作業などを指す「苦渋作業」から人を解放することだ。職人の高齢化に対応する、あるいは若い入職者を増やすためにも、建設業の代名詞とされてきた3K（きつい、汚い、危険）

からの脱却を、早期に果たす必要がある。

通気性の悪い防護服を着用しなければならない「吹き付け」は、代表的な苦渋作業の1つだ。鉄骨造の建物では、火災で鉄骨が損傷しないように、表面にロックウールなどを吹き付けて被覆する。この作業ではロックウールが大量飛散するため、夏場でも防護服を着用する必要がある。職人の身体的な負担が極めて大きいことが、人手不足の原因となっている。

そこで大林組は19年6月、ロックウールを鉄骨の梁や柱に自動で施工する「耐火被覆吹き付けロボット」を開発したと発表した。事前に作業データを登録しておけば、建設現場内を自律走行して自ら作業をこなす。

積載荷重2・5トン以上の工事用エレベーターであれば載せられるので、高層建築物の建設現場にも対応可能。人手で吹き付けるのと比べて、作業効率を3割以上も高められるという。

ロボットは走行装置、昇降装置、横行装置、産業用ロボットアームから成る。階高が5メートル、梁せい（梁の高さ）が1・5メートルまでの梁に耐火被覆を吹き付けられる。柱についても、床面から1・5メートル以上の領域であれば施工が可能だ。

横行装置によって梁の材軸方向にロボットアームをスライドさせることで、幅3・8メートルの範囲を、ロボットの位置を変えずに吹き付けられる。職人が手作業で吹き付ける場合、腕を伸ばして届く2メートル程度が、同じ位置で吹き付け可能な範囲の限界だった。

一度に吹き付けられる範囲が広いので、柱の間隔が7・2メートルの一般的な鉄骨造の梁であれば、わずか4回の移動で吹き付けを完了できる。従来は、高所作業車を6～8回移動させなければならなかった。安全確保のため、昇降機を移動のたびに降ろす必要があり、時間がかかっていた。

作業の指示は、BIMモデルを用いて専用シミュレーター上で作成した「吹き付け作業データ」と、平面図上の座標を基に作成した「走行ルート」を組み合わせて登録するだけ。ロボットは登録したデータを基に自ら作業場所に移動したり、エレベーターに乗り込んだりする。ロボットの外周にはバンパーセンサーとレーザー測域センサーを設けて人や障害物を検知。接触事故を防ぐ。

これまで人手でロックウールを吹き付ける場合、3人1組での作業が基本だった。「吹き付け」と「コテ押さえ（表面をならす作業）」、「材料供給」の各作業に1人ずつ必要になるからだ。このうち「吹き付け」をロボットが担うことで、2人で作業できるようにな

大林組が開発した耐火被覆吹き付けロボット。あらかじめ登録した作業データに基づき作業をこなす
（写真：日経アーキテクチュア）

る。ロボットの操作は作業開始時と終了時のみでよい。「コテ押さえ」の担当者が操作することを想定している。走行装置はリモコンで遠隔操作もできる。１日当たりの吹き付け面積は３人で作業する場合、約１５０平方メートルだった。ロボットを活用することで約２００平方メートルに。作業効率を３割以上高められる。

大林組はロボットの開発に当たり、作業環境のさらなる改善にも取り組んだ。吐出したロックウールが養生シートなどで囲った作業区画内に飛散・浮遊しないよう、ロックウールの飛散を防止するための専用のノズルを併せて開発したのだ。吐出したロックウールを霧状の水で包み、飛散量を約7割削減する効果がある。

大林組は18年11月に実際の建設現場で実証実験を行い、建築基準法施行令で定める被覆の厚さとロックウール工業会が定める被覆の比重について、基準を満たす品質で施工できることを確認済み。実用化に向けてロボットの製作コストの削減や機能向上に取り組む。

鉄筋の結束作業を安価なロボットで

足元に整然と並ぶ鉄筋の上を進む2台のロボット。鉄筋の交差部を黙々と結束していく。香川県・小豆島で工事が進む「春日堂新第2工場」の現場だ。大和ハウス工業が設計・施工を手掛けるこのプロジェクトでは、鉄筋結束ロボット「トモロボ」を採用した。鉄筋の結束作業は腰をかがめた体勢を強いられる苦渋作業の１つであり、ロボットに置き換える意味は大きい。

都島興業と建ロボテックの代表を務める眞部達也氏（中央）と2台のトモロボ（写真:日経アーキテクチュア）

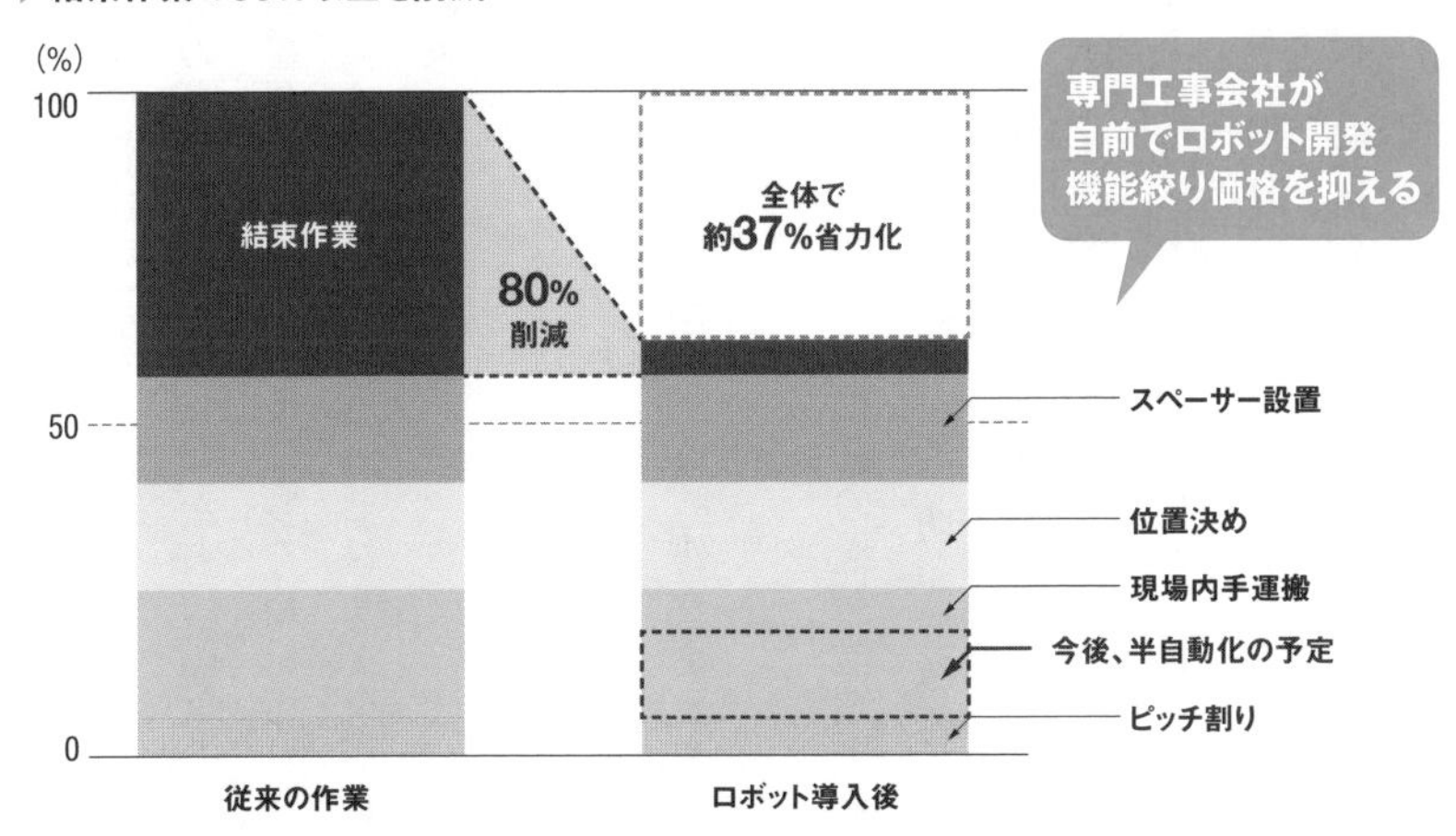

「トモロボ」の省人化効果。結束作業の80%以上をロボットに代替できる。機能を結束作業に絞り、価格を抑えた（資料:建ロボテック）

トモロボは、鉄筋工事会社の都島興業（香川県さぬき市）の関連会社である建ロボテック（香川県三木町）が、設備機器製造を手掛けるサンエス（広島県福山市）と共同で開発した。

市販の鉄筋結束機を取り付けて電源を入れると、縦筋の上を自律走行しながら、磁気センサーで横筋の位置を検知し、結束機が自動で鉄筋を結ぶ。自動作業用ロボットに多く用いられるレーザーセンサーと比べて、直射日光による誤作動を起こしにくいとされる磁気センサーを搭載。日差しの強い晴天下でも鉄筋や障害物を正確に検知し、結束を進められる。

本体サイズは650×800×550ミリメートルで、結束機を除く重量は30キログラム以下。配筋ピッチ200ミリメートルで結束機2台を取り付ける場合、1カ所当たりの結束時間は2・7秒ほどだ。バッテリーをフル充電すると、この条件で12時間稼働する。建ロボテックの試算では、人手に頼っていた従来の結束作業の80％以上を削減できる。

ロボットが作業できない柱周りなどは、職人が結束する。センサーが鉄筋の端を検知すると自動で停止するので、隣の鉄筋への横移動は人が支援する仕様だ。機能を思い切って絞ることで、希望小売価格を220万円（税別）と低く抑え、導入しやすくしたのが特徴だ。

小豆島の現場では、オペレーター1人と職人1人が2台のロボットを使いながら床鉄筋の結束作業を担当。1階床の一部、約800平方メートルを2時間弱で仕上げた。オペレーターを務めた都島興業の國方英雄工務主任は、「操作方法はシンプル。慣れてくれば1人が4台程度を管理できる」と話す。大和ハウス工業の藤川博喜氏は「大規模な物流倉庫などでは、より導入効果が見込める」と語る。

「ロボット目線」で建設現場を変える

ここまで建設ロボットの機能や開発状況について見てきたが、「単純作業の繰り返し」を得意とするロボットのポテンシャルを最大限に生かすうえで、忘れてはならない重要な観点がある。ロボットで施工しやすいように建設現場のレイアウトを見直したり、建物自体の形を工夫したりすることだ。

我々の身の回りにある建物あるいは建設現場は、縦横無尽に移動し、細やかで多様な作業をこなせる職人が施工する前提でデザインされている。それがロボットにとっても作業しやすい環境かというと、必ずしもそうではない。竹中工務店の村上陸太執行役員は、「ロボットでつくることを前提に建物を設計するような取り組みも、同時に進めていかなければならない」と指摘する。例えば柱の断面サイズなどは、ロボットで建設することを考えると、全て同じになっているほうが施工しやすく、安くつくかもしれない。

実際に、ロボットが施工しやすいようにする試みも少しずつ始まっている。

例えば竹中工務店は、角形鉄骨柱の継ぎ目のディテールを工夫し、ロボットが溶接しやすいようにした。これまで人手に頼らなければならなかった四隅の溶接も、ロボットが自動でこなせるようになる。同社は開発した新工法について、特許を出願済みだ。

ロボットで角形断面の鉄骨柱を溶接する際は、柱の4面に移動用のレールを設置し、1面ずつ直線的に施工していく。

四隅が曲面であればロボットで連続して溶接できるが、直角の場合はそうはいかない。溶接が取り合う四隅の状態を職人が確認しながら、人手で溶接しなければならなかった。ロボットで溶接した箇所の端部の仕上がり状況に応じて、隣り合う端部の溶接条件を見直したり、ロボットが溶接しやすいように端部の形状を整えたりする必要があるからだ。

そこで同社は、柱の四隅に逆三角形の断面をした「仕切り」を設けた。作業範囲が明確になるので、取り合い部分の調整などが不要になり、ロボットだけで作業できる。仕切りを設けるのは難しくない。鉄骨工場で柱を製作する際に、通常の加工方法にわずかに手を加えるだけで済む。

同社は19年4月以降、角形鋼管柱や大梁のフランジなど様々な形状の柱・梁に溶接ロボットを適用し、品質などを検証してきた。新たに開発した工法で適用範囲を拡大し、全社での展開を目指す。

建設現場にロボットを導入する事例は増えているものの、部材の接合方法などについては、人による作業を前提とする従来のやり方を踏襲するケースが多い。

建設ロボットの能力をフルに発揮できるようにするには、施工方法なども併せて見直す必要がある。竹中工務店は、ロボットが作業しやすい工法を採用することで適用範囲を広げ、省力化を進める方針だ。

▶溶接箇所に「仕切り」を設ける

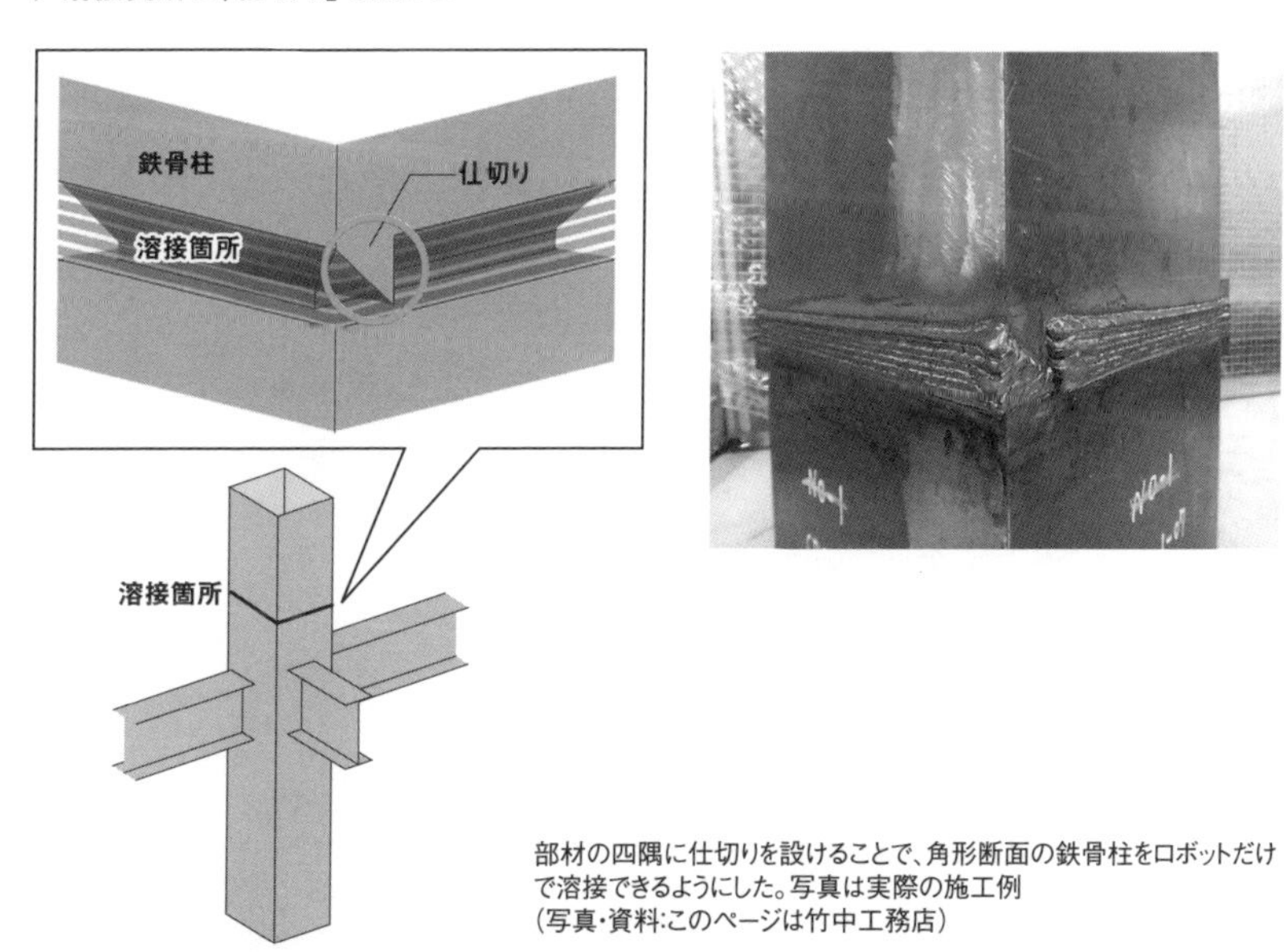

部材の四隅に仕切りを設けることで、角形断面の鉄骨柱をロボットだけで溶接できるようにした。写真は実際の施工例
（写真・資料：このページは竹中工務店）

溶接ロボットの外観。写真のように四隅が曲面であれば、これまでもロボットだけで溶接できていた

COLUMN

新規入場者にペッパーがレクチャー

工事そのものではなく、新規入場者教育（建設現場に職人が初めて入場する際に行う教育）にロボットを活用しているユニークな建設現場がある。大林組が東京都あきる野市内で工事を進める「みらかＨＤあきる野プロジェクト」だ。

大規模なプロジェクトなので、現場には毎日20人程度の新規入場者がいる。だが、説明すべきことは毎日同じ。そこで導入したのが、ソフトバンクロボティクスの人型ロボット、ペッパー（Pepper）だ。

パソコンで作成した資料を事前にペッパーに読み込ませておけば、これまで技術者が毎日15分以上かけて口頭で説明していた工事概要や現場内の安全ルールなどを、ペッパーが代わりにこなしてくれる。その間、技術者は職人から提出してもらった書類のチェックなどに時間を充てられる。

この現場で新規入場者教育を担当する大林組の山口祐二氏は、「概要説明と書類チェックが並行してできるので、感覚的には半分程度に時間が短縮できている」と話す。

発注者の見学会やイベント、安全教育などでも活用してきた。「職人からの反応もいい。新しいことをやっている現場というイメージを持ってもらえているようだ」と、大林組の西塚喜丞所長は話す。

新規入場者教育に加えて、見学会やイベントでもペッパーを活用している（写真：下も日経アーキテクチュア）

ペッパーを現場に取り入れた大林組みらかHDあきる野工事事務所の西塚喜丞所長（右）、同建築係の山口祐二氏（左）

CHAPTER 2

4 重機の自動化、働くクルマが賢くなる

見渡す限り広がる草原で、巨大な風力発電設備の建設が進んでいる。建設技術者とみられる1人の男性は愛犬とともに現場に到着すると、発電設備の基礎工事に関するデータをタブレット端末に表示し、画面を軽くタップした。

すると、近くに止めてあった油圧ショベルとブルドーザーがおもむろに起動し、データに基づいて地盤の掘削や土砂の敷きならし作業を開始した。これらの重機の運転席はいずれも無人。男性の指示に基づいて、自律的に作業をこなしているのだ。

突然、男性が連れていた犬が、作業中のブルドーザーの目前を横切ろうとする。ブルドーザーは、まるで人が乗っているかのようにすぐさまブレーキをかけて停止。事なきを得た。犬が行ってしまうと、ブルドーザーは再び作業を開始した。

日が暮れ始め、男性がタブレット端末を取り出す。そこには作業の進捗が80%に達したとの表示が。男性は再び端末をタップし、小型のトラックローダーを追加で起動させた。その時、端末にはパートナーからのメッセージが。「ねえ、遅くなるの」「いいや、帰るところだよ」。男性は、暗くなっても黙々と働き続ける3台の重機を建設現場に残して、帰宅の途に就いた――。

これは米国のスタートアップ企業、ビルトロボティクス（Built Robotics）が自社のサービス

ビルトロボティクスは、重機の自動化装置（中央のトラックローダーの屋根の上に取り付けた装置）を開発している（写真：下もBuilt Robotics）

ビルトロボティクスの経営陣。中央が創業者兼CEOのノア・レディ・キャンベル氏

を紹介するために作成した動画だ。２０１６年設立の同社は、ＡＩを搭載した独自開発の装置を市販の重機に取り付けて自動化し、設定区域内で掘削などの作業を行えるようにするサービスを展開している。動画の中でブルドーザーが犬を見つけて停止したように、作業員や障害物などを検知して衝突を回避する機能を備える。緊急事態には、オペレーターが手動で停止することもできる。

住友商事グループは19年4月、傘下の米大手建機レンタル会社サンステートイクイップメント（Sunstate Equipment）を通じて、自動化建機レンタル事業に関する覚書をビルトロボティクスと交わした。サンステートとビルトロボティクスは、20年中をめどに、ビルトロボティクスの装置を取り付けた重機をサンステートの特定顧客にレンタルする予定だ。

米国内の建設需要は旺盛だが、日本と同様に職人の高齢化などによる人手不足が問題になりつつある。重機の自動化、ロボット化は、熟練のオペレーター不足に対応し、さらには土木工事の生産性を高める手段として注目されているのだ。

重機を自動化すれば、ビルトロボティクスの動画で描かれているように、１人で複数の重機を見ていれば事足りるようになる。あるいは、夜間でも休むことなく作業を続けることができるようになる。人が操作するより多少効率が悪くても、機械が夜通し作業してくれれば、工事の生産性が飛躍的に高まるだろう。

このように考え、ゼネコンや建機メーカーなどが重機の自動化にしのぎを削っている。以降では、いくつかのグループのアプローチを紹介しよう。

大成建設×キャタピラージャパン

「土木工事ではいろんな場面で多くの機械を使う。造成工事では重機で土砂の掘削や敷きならし、締め固めをするし、トンネル工事でもやはり、機械を多用する。そうした部分を自動化して効率を高め、さらに安全性も高めていくことは非常に理にかなっている」。大成建設技術センター長の長島一郎執行役員は、重機の自動化に力を入れる理由について、このように語る。

これまで振動ローラーやブレーカー（割岩機）といった重機の自動化を実現してきた同社が、米キャタピラーの日本法人であるキャタピラージャパン（横浜市）と共同で進めているのが、CAN（Controller Area Network）による電子制御が可能な油圧ショベルを用いた土砂の掘削、積み込みの自動化だ。

既に実験場では、土砂置き場から土をすくい、近くに停車したダンプトラックに積み込む作業を試しに自動化した（ダンプトラックは公道を走る必要があるので、有人運転とした）。開発中の技術で可能な作業は、以下の通りだ。まずは油圧ショベルで土をすくい、車体上部を旋回。土の入ったバケットをダンプトラックの停車位置まで動かす。

続いて、ダンプトラックをバックでバケットの位置まで移動させる。実験場では、ダンプトラックと油圧ショベルが見通せる位置に、物体を検知するLiDAR（ライダー）を設置した。2つの車両の位置関係を計測し、ダンプトラックが所定の位置に着いたところで、油圧ショベルの警笛を自動で鳴らす。ダンプトラックの運転手はこの音を合図に停車する。

そして、バケット内の土砂を荷台に積むと、土砂置き場に旋回して再び掘削。前回とは位置をずらして土砂を積む。ダンプトラックの積載荷重に合わせて作業を繰り返し、最後は荷台上の土をならして、積み込みを終える。油圧ショベルが再び警笛を鳴らすと、ダンプが立ち去る。

油圧ショベルでは、掘削した土の重量を測定しているので、リアルタイムでの土量管理が可能だ。この機能は、ダンプトラックへの過積載の防止にも役立つ。

有人運転と自動運転の組み合わせには、特有の難しさがあるという。

例えば、土砂の積み込み。「有人のダンプトラックに勢いよく土砂を積むと振動が大きくなる。運転手に伝わるので、配慮が要る」と、大成建設技術センタースマート技術開発室メカトロニクスチームの青木浩章チーム

大成建設とキャタピラージャパンによる自動油圧ショベルのデモンストレーション。2019年7月5日に三重県内の実験場で公開した（写真:日経クロステック）

リーダーは説明する。

土を積んだダンプトラックが出発すると、油圧ショベルも少し移動する。掘削位置を変え、次のダンプトラックが到着する前に土をすくったバケットを停車予定位置に待機させ、作業に備える。自動化が進んでいるように見えるが、土や積み込みの状況を逐次判断しながら作業を進められるわけではない。今のところ実現できているのは、事前に組んだプログラムに沿って油圧ショベルを動かすというレベルにとどまる。まだまだ開発は始まったばかりだ。

大林組はNECなどとタッグ

大林組とNEC、建機メーカーの大裕（大阪府寝屋川市）も、油圧ショベルの自律運転システムを共同で開発している。3社が取り組んでいるのも、大成建設と同様、土砂置き場から土をすくってダンプトラックに積み込む作業の自動化だ。

作業領域を見下ろせるように、高所作業車にステレオカメラや3次元レーザースキャナーを設置して、自律運転に必要となる現場の状況を把握する。3次元レーザースキャナーで確認するのは、土砂置き場の土砂の状況だ。1回に積み込める土砂の量が最大となるポイントを判別し、そこを目がけて油圧ショベルのバケットを動かして掘る。バケットに土を入れた後に油圧ショベルの車体を旋回し、有人運転するダンプトラックの荷台上部までバケットを運ぶ。

ステレオカメラはダンプトラックの上部などを映像で捉える。荷台の土砂の状況を確認しながら積み込みを進められるようにする。所定量を積んだ後は、油圧ショベルの警笛を鳴らしてダンプトラックの運転手に作業完了を伝える。

カメラやレーザースキャナーのほかに、自律運転システムを支える技術は大きく3つある。1つ目は油圧ショベルに取り付けたセンサーだ。油圧ショベルのバケット、アーム、ブーム、旋回する車体部に合計4つの傾斜計を、旋回する車体部にはさらにジャイロ（角速度）センサーを設置して、油圧ショベルの動きを把握する。

2つ目の技術は、油圧ショベルを操る熟練オペレーターの操作データを活用した運転プログラムだ。油圧ショベルの操作には、相応の技能が要る。「オペレーターは土砂の硬さなどに合わせて、掘削時のバケット歯先の入射角度を変えている。土砂を効率良くすくうためのバケットやアームなどの動かし方も、オペレーターが感覚的に持つスキルだ」（大林組ロボティクス生産本部の森直樹・自動技術推進課長）

現場数やデータ量などは明らかにしていないものの、大林組は複数の現場で熟練オペレーターの運転情報を集めたという。それらとＡＩ技術を活用し、精度の高い操作を再現した。

3つ目は、ＮＥＣが持つ適応予測制御技術だ。油圧ショベルでは、レバーなどによる操作と実際に機械が動くまでの応答に遅延が生じやすい。開発を担当したＮＥＣ中央研究所システムプラットフォーム研究所の吉田裕志主任研究員は、次のように話す。「通常の油圧システムでは数百ミリ秒程度の遅延が発生し、これは通信などで生じる遅れよりも支配的だ。そこで、こうした遅れを予測して制御できるようにした」。機種の違いによる応答遅延などの〝癖〟は、最初にキャ

▶高所から現場の状況を確認

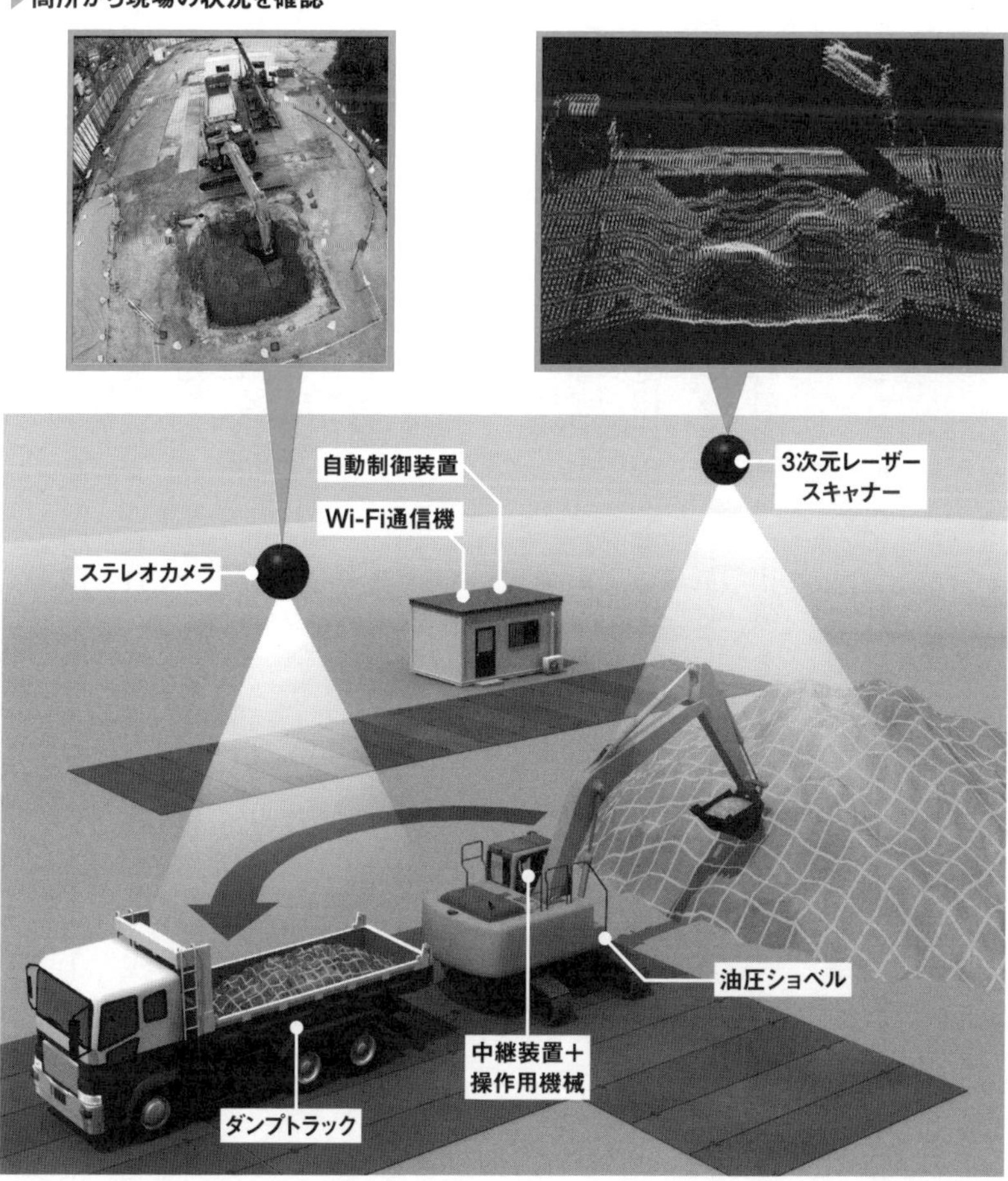

油圧ショベルを自律運転させるために、高所作業車に設置した3次元レーザースキャナーやカメラの映像を利用して周囲の状況を確かめる（資料：大林組）

リブレーションを行えば調整できるという。

今回の自律運転システムに用いた重機の制御技術は、様々なメーカーの機種に対応できるのが売りだ。大林組と大裕が共同開発した遠隔操作用の装置を運転席に載せてレバーを動かす仕組みなので、最新の電子制御型の油圧ショベルでなくても手軽に自動化できる。オペレーターによる遠隔操作にも簡単に切り替えられるので、トラブルの発生時や自動運転では難しい作業が必要になった場合なども対応しやすい。大林組は、様々な機種に使えるという汎用性の高さを武器に、開発した技術の外販も見据えている。

鹿島のクワッドアクセル

自動化した重機20台超を建設現場に投入する試みが、鹿島・前田建設工業・竹中土木共同企業体（JV）が施工する成瀬ダム堤体打設工事で、早ければ20年秋に実現する。

秋田県東成瀬村に建設する成瀬ダムは、台形CSG形式のダムだ。堤体の大部分は、砂れきをセメントで固めたCSGと呼ぶ材料を使って構築する。打設作業は全て自動化される計画で、最盛期には、いずれも自律型のダンプトラック7台、ブルドーザー4台、振動ローラー7台、コンバインドローラー3台、清掃車2台を投入。これらが協調して、CSGの荷受け・搬送から、打設表面の清掃、まき出し（材料を広げること）、転圧といった作業を最大70時間連続して行う。

取り組みの要となるのが、鹿島が提唱する次世代建設生産システム「クワッドアクセル

（A⁴CSEL））」だ。市販の建機に障害物センサーや車体の位置情報を取得するためのGPS（全地球測位システム）、制御用PCなどを組み込んで自動化し、単純な繰り返し作業をオペレーターの操作なしで行えるようにした。

クワッドアクセルの現場投入は成瀬ダムで4例目。直近では18年に、小石原川ダム本体建設工事（福岡県朝倉市）の堤体コア材の盛り立てに用いた。このときは3種類の重機、合計7台が5時間連続で施工した。一方、成瀬ダムの工事では、小石原川ダムに比べて重機の種類も数も、大幅に増える。重機の制御や管理は複雑化し、難度は格段に上がる。

鹿島機械部自動化施工推進室の三浦悟室長によれば、各重機が行う全ての作業をコンピューターで最適化し、綿密な作業プログラムを組んだ。重機の動きの大半は、そのプログラムに従っている。

プログラムには、重機同士が協調して進めるタスクも含まれている。例えば、「ダンプがCSGを荷降ろしした後、ブルドーザーが近づき、まき出しを始める」といった動きだ。一見、「あ・うんの呼吸」で作業をこなしているようだが、実際はプログラムのタスクを消化しているのだ。このほか、協調するタスクを円滑かつ安全に行うために、作業・行動上の優先事項やルールを設けて順守させる。人が指示を出す場合もある。次のような具合だ。「CSGの荷降ろしに向かうダンプは、必ずまき出しが完了した場所を目標にする」「CSGの荷降ろし後、ダンプが所定の距離以上離れてからブルドーザーはまき出しを始める」

全ての振動ローラーを無駄なく稼働させるために「最も上方（ブルドーザーに近い位置）のロー

ラーは、新しいまき出し完了エリアを最優先に転圧する」という手順も決めている。例えば、所定の転圧回数が4往復の場合、上方のローラーが1往復した時点で新たにまき出しを終えたエリアができれば、上方のローラーはそのエリアに移動して転圧を始める。残りの3往復分は、下方にいる他のローラーが引き受ける。

ユニークなのはダンプの走り方だ。「荷降ろし時はバック、荷受時は前進」と、切り返しなしで往復させる。「切り返しは不安全リスクを高め、作業効率を悪化させる。片道の走行距離は最長約700メートルに及ぶが、自動ダンプは人間とは違い、長距離のバック走行も苦にしない」。三浦室長は、切り返しを省いた理由をこう説明する。

鹿島は今後、クワッドアクセルの精度や効率、安全性を向上させていく方針だ。ただ、現状では以下のような課題があるという。

まずは、作業が長時間継続する場合の重機の管理や保守。「燃料や消耗部品がどの程度持つのか。どのようなタイミングで燃料補給や部品交換を行うのが最適か。ノウハウの蓄積や情報の収集が必要だ」と三浦室長は考える。

次に、通信環境の安定化。現場内の通信はローカルネットワークを使うものの、地形の影響や現場環境の変化、機体による遮蔽など、通信障害のリスクが多く存在する。

もう1つは、作業プログラムや数量管理の厳格化だ。タスクに誤差が生じた場合、1つの誤差自体は小さくても、同じタスクが繰り返されると大きな「遅れ」を招く。加えて、数量管理が不正確だと、作業の定型化が困難になる。そうなるとプログラムが成立しなくなる。

▶前人未踏、20台超の重機を自動化

成瀬ダム堤体打設工事へのクワッドアクセルの導入イメージ。自動化した重機23台が一斉に稼働。約4万8000m^{3}のCSGを打設する（資料：鹿島）

クワッドアクセルを導入した福岡県朝倉市内の小石原川ダム本体建設工事。自動ブルドーザーがコア材をまき出し、その後を追いかけるように後方の自動振動ローラーが転圧を行っている。2018年11月に撮影（写真：大村 拓也）

INTERVIEW

日本は建設車両の自動化で世界をリードできる

キャタピラー建設デジタル&テクノロジー部門 プロダクトマネージャー

フレッド・リオ

FRED RIO

米キャタピラーの建設デジタル&テクノロジー部門でプロダクトマネージャーを務める。舗装製品部門に20年間所属し、欧州、アジア、北米などでの勤務経験を持つ(写真:都築 雅人)

――日本における建設機械の自動運転や自律運転の技術水準は、世界でどのような位置付けなのでしょうか。

国土交通省が政策を打ち立てて取り組むなど、日本は建設現場の効率化に向けた取り組みに最も力を入れている国です。重機など建設機械の自律運転や自動運転の分野では、世界の上位数パーセントに位置する技術レベルだと思います。日本では重機の自動運転や自律運転の需要が大きくなるとみていますし、開発された技術を世界に発信していく可能性も高いと考えます。

重機のオペレーターを巡る問題は、様々な国が抱えています。内容は国によって異なりますが、日本ではオペレーターの高齢化が問題です。これは、統計が如実に示しています。「危険」で「汚く」、「給与もそれほどもらえない」という状況で、若い人がオペレーターになりたがらないという気持ちはよく分かります。もっと魅力的な仕事に変えていかなければなりません。

――キャタピラーが持つ作業車両の自動運転技術は、どのくらいの水準ですか。

鉱山での作業車両で、自動運転や自律運転の技術を実用化しています。自動運転などに取り組んで、もう10年以上が経過しました。商用化できるレベルに達してからも、既に5、6年を経過したところです。

代表的な重機はダンプトラックと（火薬の）装薬用の削孔機械です。例えば、ダンプトラックでは、鉱山で13億トンの材料を自動運転で運搬した実績があります。走行距離は4500万キロメートルに達しています。装薬用のドリルについては、事前にプログラミングされた計画に沿って、自動的に削孔できるという状況です。

――建設現場と鉱山では状況や環境が異なるので、簡単に応用できないのではありませんか。

確かに建設現場と鉱山を比べると、鉱山の方が状況の変化は少ないです。通信環境も整えやすい。一方の建設現場では、作業に用いる重機の種類が多くなるなど複雑さは増します。周辺状況も刻一刻と変わる。それでも、建設現場での自動運転や自律運転は、鉱山で成し遂げた革命的な技術を進化させていけば実現できると信じています。

キャタピラーでは、20年をめどに自動運転や自律運転に対応できる振動ローラーを発売する予定です。工場から出荷された機械に何も手を加えなくても、遠隔操作や自動運転などが可能になるのです。そのために3つの基本技術を組み込みました。

1つはLiDARです。重機周辺にある対象物までの距離などを正確に認識できるようになります。それから、障害物を認識するためにレーダーを搭載します。もう1つがステレオカメラやスマートモノカメラといったカメラ類です。スマートモノカメラは、人間や他の重機などを事前に認識させておき、作業時の安全性を担保する目的で使います。

カメラを用いた物体認識については、自動車の自動運転技術で用いている機械学習の仕組みを利用しています。

電子制御を採用した次世代油圧ショベルであれば、後から改良して遠隔操作型に変更できます。そのために必要な装置などのコストは、１００万円台の後半くらいとなる見込みです。

――自動運転や自律運転によって建設現場の作業の大半が賄えるような未来を思い描いているのですか。

建設現場の機械化への取り組みでは、まずは、機械にさせる作業を割り当て、自動で動かせるような作業プランをソフトウエア側で構築する必要があります。さらに、全て自動化するのではなく、遠隔操作など人が関与する仕組みと組み合わせます。人を介在させる作業を残すことには意味があります。

現場で用いる自動運転や自律運転の技

キャタピラーでは、建設機械の自動化を推進している（写真：キャタピラー）

術は、建設会社に利益をもたらさなければ意味がありません。技術的には全ての工程を自動運転に変えられるかもしれませんが、ある程度のところからは効率が悪い部分が出てきてコストがかさんでしまいます。つまり、適正な利益が出せなくなるのです。自動化すべき部分と遠隔操作を含めて人が担う部分とのバランスをとり、利益が最大となる分岐点を見いだすことが肝要です。

現状では、1人のオペレーターが1、2台の重機を監視したり、遠隔操作したりする水準だと思います。でも、これから2年ほどで、1人で4台を管理できるような水準に持っていきたいと考えています。

建設現場における車両の自動化が進むと、他にも様々な効果を期待できます。例えば、人里離れた現場で家族と別れて仕事をしなくても済むようになるでしょう。さらに、導入してから分かるメリットが出てくるかもしれません。

例えば、重機の遠隔操作システムの導入ではこんなメリットがありました。兵役で重傷を負い、これまでであればオペレーターの仕事には従事できなかった人が、遠隔操作のシステムを使うことでオペレーターになれたのです。

建設現場では、作業する人の数が減ると工事に対する保険の費用を削減できるケースがあります。危険な作業領域で活動する人が減り、リスクが減少するとみなせるからです。自動化によって保険会社に支払う金額を減らし、利益を増やしたという話もあるのです。

――油圧ショベルなどの自動化で大成建設と技術開発を進めています。狙いはどこにありますか。

日本の建設会社には、当社の技術を取り入れてもらいたいと思っています。ただ、我々は機械の技術開発はできますが、建設現場で実際に使った際のメリットやニーズなどを十分に把握することはできません。大成建設に現場の視点で技術を使ってもらうことによって、様々な課題解決を図れるようになると思います。

第3章

BIMこそが建設DXの基盤である

第3章のポイント

▼3次元モデルに属性情報をひも付けたBIMが注目されている

▼建設生産システムの変革を支える基盤として必要不可欠な存在だ

▼国も建築・土木での普及を強力に後押ししている

CHAPTER 3

1 建築分野におけるＢＩＭ活用の現在地

北海道北広島市で２０２０年４月13日、「エスコンフィールド北海道（ES CON FIELD HOKKAIDO）」（以下、エスコンフィールド）の起工式が開かれた。エスコンフィールドはプロ野球・北海道日本ハムファイターズの本拠地となる新球場で、総工費は約６００億円。日ハムファンはもちろん、スポーツを生かした街づくりとして全国の自治体などから注目を集める「北海道ボールパークＦビレッジ」の中核施設となるビッグプロジェクトだ。

延べ面積は約10万平方メートル。約３万５０００人の観客を収容できる。設計は、コンペで選ばれた大林組と米国の有名建築設計事務所ＨＫＳが手掛けた。施工は大林組が担当する。両社は、コンペ段階から一貫してＢＩＭ（ビルディング・インフォメーション・モデリング）を導入。着工までに極めて精緻なＢＩＭモデルをつくり上げた。現実空間で着工する前に、仮想空間で竣工（工事が完了すること）までの検証を済ませてしまうイメージだ。

ここで、ＢＩＭについて説明しておこう。ＢＩＭとは、建物の3次元モデルに材料やコスト、品質といった属性データを関連付けて、建築の設計・施工や維持管理・運用などに活用する概念だ。または、そのためのプラットフォーム（基盤）を指す。

３次元のＢＩＭモデルを活用して、配管やコンクリート内の鉄筋といった部材が別の部材と干

天然芝を採用したエスコンフィールド。開閉式の大屋根が特徴だ（資料：下も大林組）

エスコンフィールドでは、巨大なガラスの壁面で開放感を演出した

渉していないか検証したり、工事着手前にコンピューター上で段取りをシミュレーションして工程計画を練ったりと、様々な活用方法がある。

プロジェクトの序盤にリソースを集中投下して完成度を高める「フロントローディング」や、複数の業務を並行して進めて工期短縮や品質の向上などを図る「コンカレントエンジニアリング」といった、製造業的なプロジェクトの進め方を建設産業に取り入れ、生産性を高めるための基盤としても注目を集めてきた。

ＢＩＭは単なる便利なツールではなく、建設生産のプロセスを再構築し、建設産業がＤＸ（デジタルトランスフォーメーション）を果たすうえで、欠かせないプラットフォームだと言える。

ＢＩＭで検証「新たな観戦体験」

エスコンフィールドの設計を担当する大林組設計本部設計ソリューション部の一居康夫部長は、「『世界がまだ見ぬボールパークをつくる』というコンセプトに沿って、前例のない新しい試みを複数盛り込んでいる。その実現のためには、ＢＩＭを活用した3次元でのシミュレーションが欠かせなかった」と話す。

例えば、スタンド（観客席）やコンコースの構成。「海外のスタジアムでもなかなかない挑戦的な設計だ」（一居部長）

3塁側には、球場に足を踏み入れた瞬間に視界が開ける吹き抜けのエントランスホールを設ける。その上部には「フライングカーペット」と呼ぶ、フィールド側に張り出したスタンドを配置する。また、自席にじっと座っていなくても、幅を広めにしたオープンなコンコースを回遊しながらスポーツ観戦を楽しんでもらえる構成としている。

こうした新たな観戦体験を実現するには、設計段階で安全性を確保し、運営上の課題を洗い出して対策を講じておくことが欠かせない。例えば、飛球経路のシミュレーションがそれだ。日ハムの現在の拠点である札幌ドームで記録していた約1万球のデータを、簡略化したBIMモデルに重ね合わせ、コンコースへの影響などを確認している。

人流シミュレーションも実施した。各イニングの表裏の切り替え時に、売店やトイレがどの程度混雑するか、退場時の人の流れがどうなるのかを3次元モデルで可視化。この検証結果を考慮して、階段やエスカレーターなどの最適な配置を検討した。避難安全性の確認にも活用している。

設計段階で実施した様々なシミュレーションのうち、特に変わっているのが施設内の環境条件から芝の生育を予測する試みだ。

エスコンフィールドでは、日本で初めて開閉式屋根の球場に天然芝を採用する。大屋根に覆われるスタジアム内で天然芝を育てるには、屋根の形状を工夫したり、ガラスを使用して日光を取り入れたり、あるいは地面の温度をコントロールする設備を導入したりと、芝の光合成と呼吸に有利な条件を整える必要がある。そこで大林組は、京都大学と開発した独自の予測システム「ターフシミュレータ」を活用し、屋根の開閉による複雑な日照条件を考慮しながらシミュレーションを繰り返して検討を進めた。

メインエントランスのBIMモデル。発注者にVR（仮想現実）で空間を疑似体験してもらい、合意形成を図った（資料：大林組）

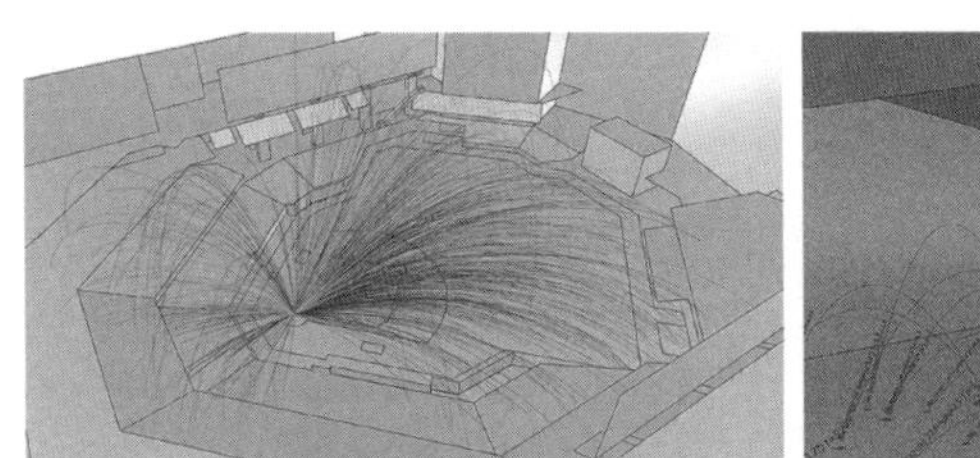

飛球経路のシミュレーション例。左は全データの10%程度を表示したもの。右はネットがない場合の壁や床への影響を検証した結果（資料：下もArup）

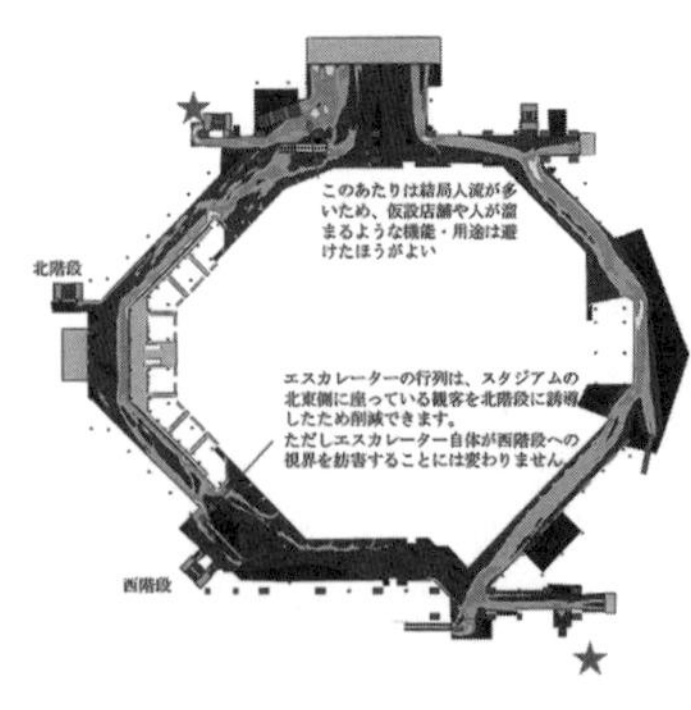

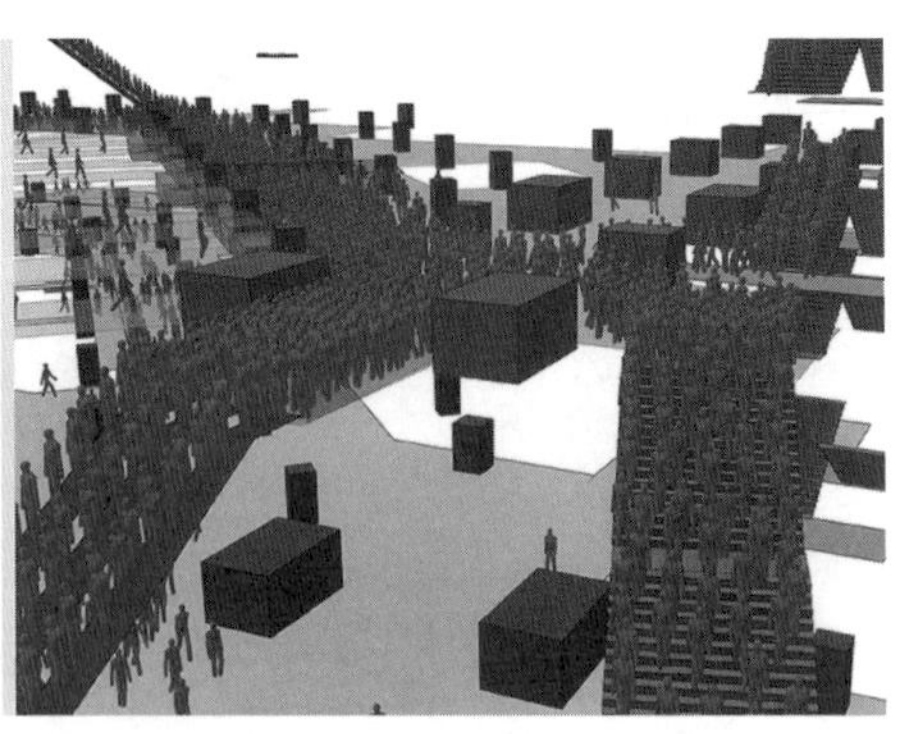

人流シミュレーションの例。コンコース幅は米国などのボールパークを参考に広めに設定した

鉄骨製作会社ともデータ連携

デザインなどを決める意匠設計の段階でつくったBIMモデルは、そのまま生産設計（工事の際に用いる詳細な施工図の作成）に引き継いだ。生産設計の段階では、納まり（部材の接合部分の総称）などの詳細情報を加えていく。

こうしてつくり込んだBIMモデルについては、大林組の社内だけでなくファブリケーター（鉄骨製作会社）ともデータを連携させて、ファブリケーターが鉄骨のBIMモデルを作成する手間などを削減している。従来は紙の図面などを基に、手入力でつくり直していた。

データ連携の方法はこうだ。まず、大林組がRevit（レビット、米オートデスクのBIMソフト）で作成した構造のBIMモデルを、ファブリケーターが使用している鉄骨BIMソフトに合わせて変換し、データを渡す。その後、ファブリケーターが鉄骨を製作するために詳細につくり込んだ鉄骨BIMモデルと元のBIMモデルを照合。合致すれば承認を出す。承認に際しては、板厚や寸法などの構造情報を、お互いが同じフォーマットのエクセルファイルに吐き出して自動で照合。デジタルデータで承認する。従来は、2次元の図面同士で照合していた。

大林組のBIM活用の考え方は、プロジェクト関係者が1つのBIMモデルから情報を出し入れする「ワンモデル」が基本だ。エスコンフィールドでは、コンペ時につくり始めたBIMモデルをそのまま基本・実施設計、生産設計、施工管理に至るまで継承し、各フェーズで情報を更新していく。1つのモデルに情報を統合し、常時、最新の情報を保つ。確認申請の手続きなどに使う2次元の図面も1つのモデルから取り出す仕組みだ。

大林組では、ワンモデルによるワークフロー確立のため、エスコンフィールドの設計と並行して社内体制の強化も図ってきた。約100人体制でBIM活用の推進役を担うiPDセンターを中心に、本支店にBIMマネジメント課を設置。15社ものモデリング会社がBIMモデルの作成を支援する仕組みも整えた。

エスコンフィールドの建設現場では22年12月末の竣工を目指して、造成工事の進捗管理などにもBIMモデルを活用していく考えだ。

BIMモデルを鉄骨専用CADに自動変換

BIMモデルをベースとした新たな建築生産システムを築こうとしているのは、大林組だけではない。

清水建設は、Revitをベースに「設計施工連携BIM（Shimz One BIM）の開発を進めており、設計者が作成するBIMモデルを鉄骨の製作から施工、運用まで連携させることで業務の効率化やコストダウンを図ろうとしている。3年間で約5億円を投じ、21年度中にも完成させる方針だ。鉄骨工事のほか、鉄筋工事や設備工事などの効率化も目指す。

取り組みの一環として、鉄骨造のBIMモデルのうち構造に関するデータを、鉄骨の製作や積算に必要なデータに変換するツール「K4R（KAP for Revit）」を先行開発。全構造設計者のコ

▶BIMを活用して鉄骨製作会社ともデータ連携

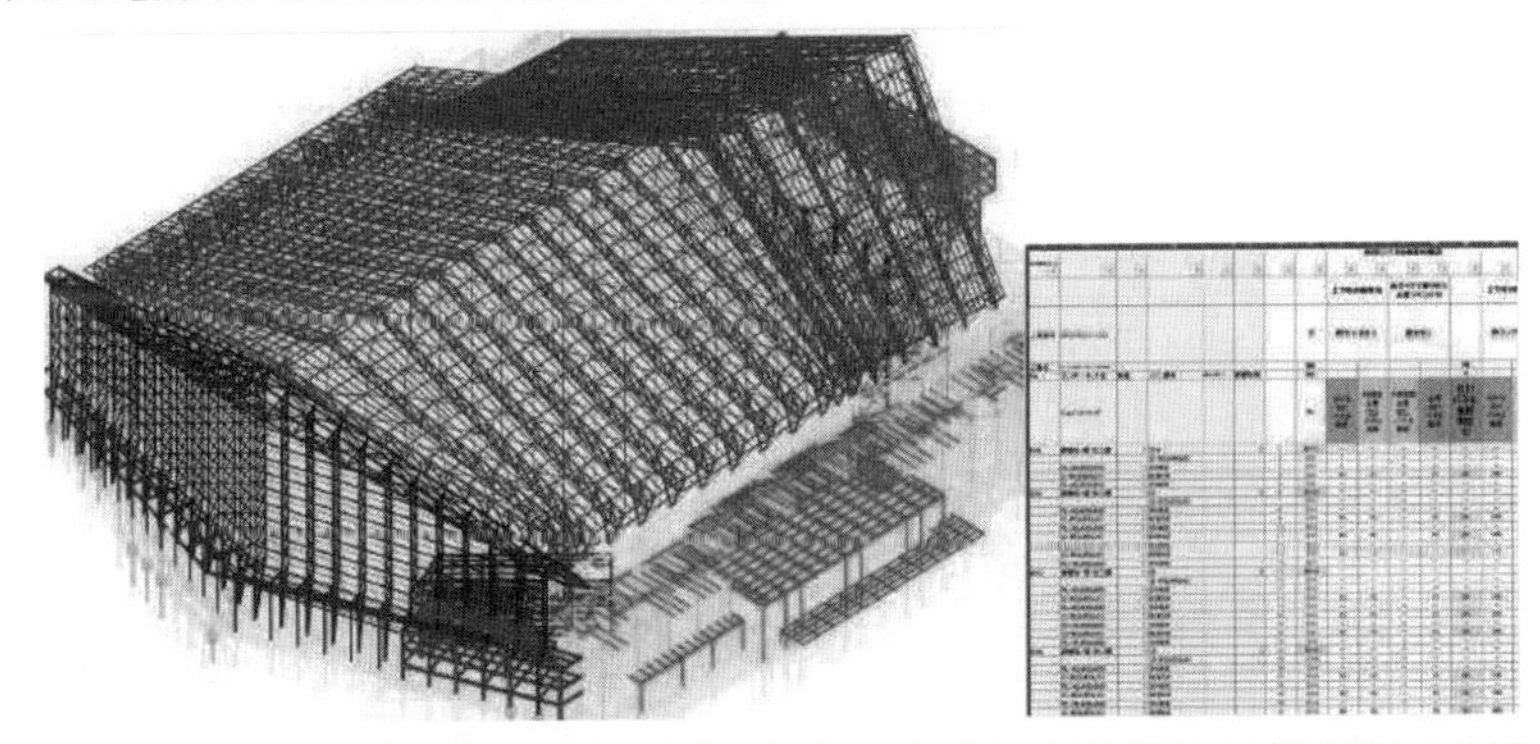

大林組のBIMデータと鉄骨製作会社がつくり込んだデータをエクセルデータに吐き出して照合する（資料：下も大林組）

▶「ワンモデル」を関係者全員で共有・更新

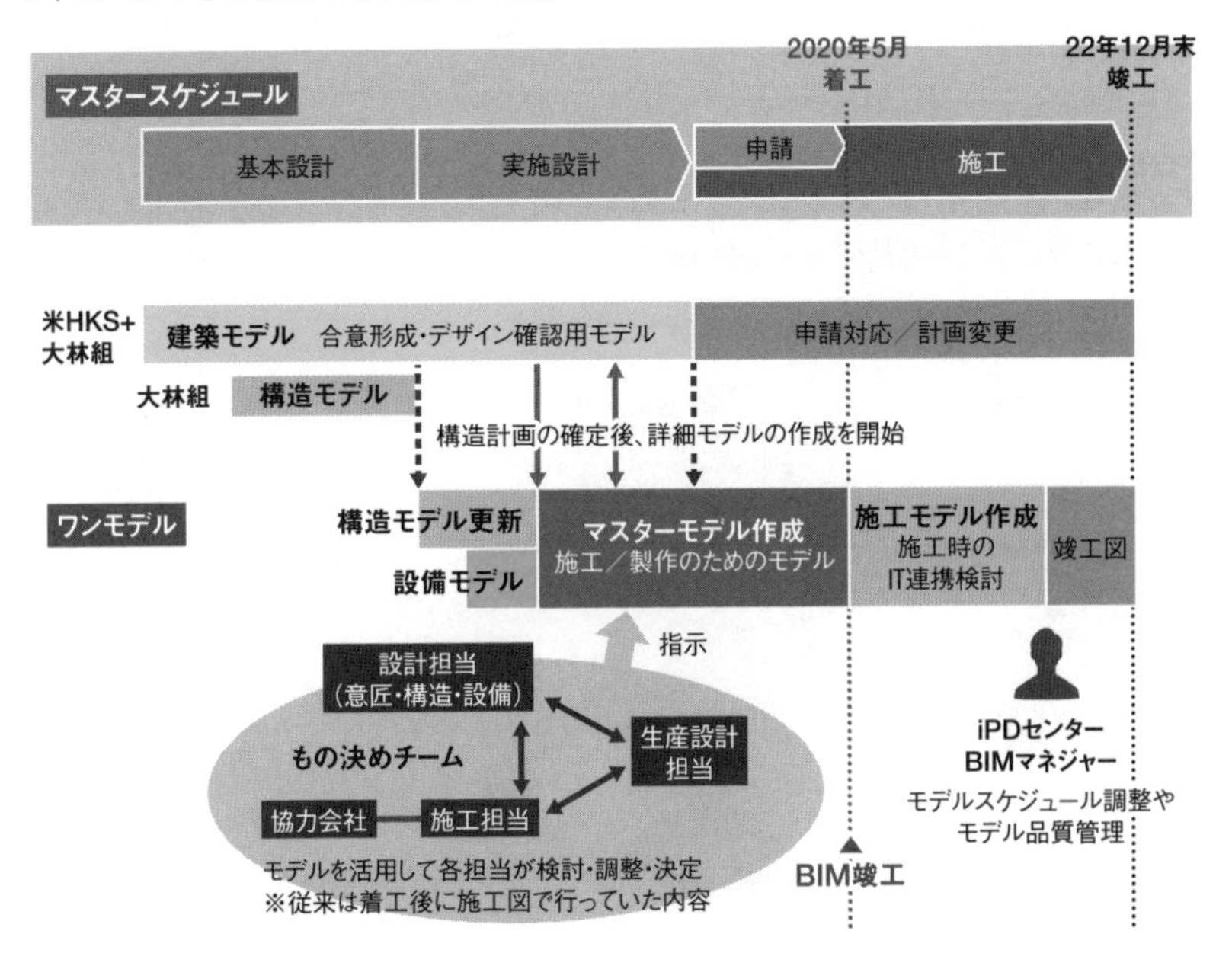

エスコンフィールドのBIMモデル作成フローのイメージ。1つのモデルに情報を統合する

ンピューターに標準装備し、運用段階に入ったと19年12月24日に発表した。鉄骨造の建築物のコストダウンや、積算業務の効率化を目指す。

設計と鉄骨製作のデータ連携強化を進めた背景には、鉄筋コンクリート造の建物をつくるのに必要な職人（型枠工や鉄筋工）の不足などに伴う鉄骨造の需要増がある。同社の施工案件で比較すると、14年度は鉄骨造が全体の4割程度だったが、19年度上期には全体の約7割を占めるまでになった。

建物用途の複合化や高層化に伴い、鉄骨の加工は複雑化し、使用する鉄骨量は増加している。そのため鉄骨のコストが建設費全体に占める割合が高くなってきている。鉄骨の積算業務は負荷が大きく、その効率化と精度向上が課題だった。

そこで開発したのがK4R。Revitで

▶鉄骨造の積算・発注を効率化

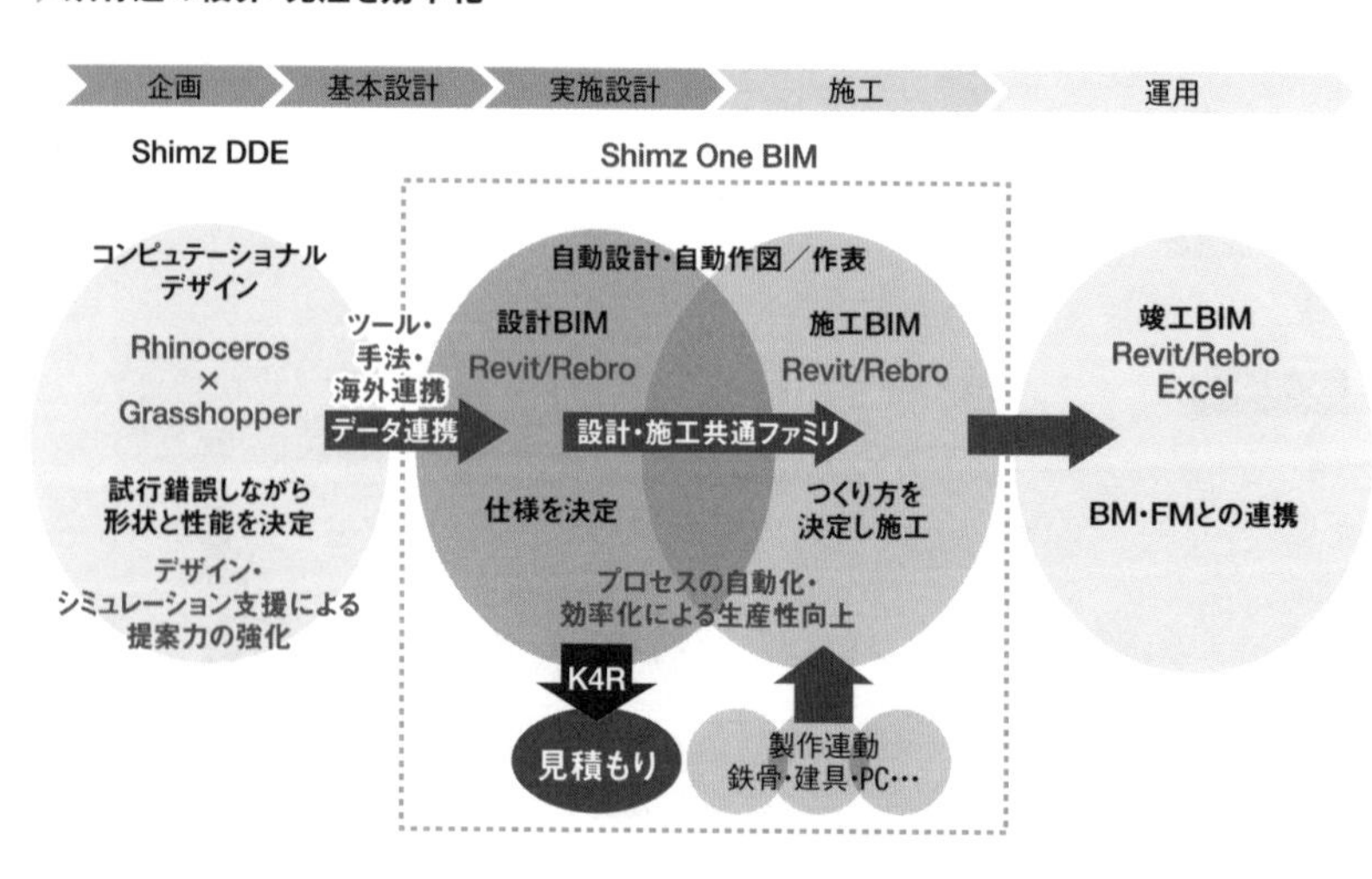

Shimz One BIMのイメージ。BIMソフトウエアは米オートデスクの「Revit（レビット）」を使う（資料：清水建設）

作成した構造データを「KAPシステム」用のデータに変換するツールだ。KAPシステムとは、清水建設グループの鉄骨製作会社である日本ファブテック（茨城県取手市）が開発した鉄骨専用CADソフトウエア。鉄骨構造物の3次元モデルを構築し、モデルから鉄骨の積算や製作などに必要な加工情報を取得できる。

しかし、独立したシステムであるため、モデル構築に必要なデータを全てその都度入力する必要があり、手間の削減が運用上の課題だった。例えば8000トン程度の鉄骨を用いる案件では、データ入力作業に2、3日要していた。K4Rを使えば、約2時間でRevitの構造データをKAPシステム用のデータに変換できる。

K4Rを使うことで、積算や発注段階での不整合がなくなり、清水建設と日本ファブテック両社の業務を効率化できるほか、設計段階では清水建設の構造設計者が正確な鉄骨数量を把握しながら設計できるメリットもある。経済設計を追求しやすくなり、建物の躯体にかかるコストを抑えた提案につながる。施工段階でも、施工図の作成業務を最大で半減できる見込みだ。最終的には、鉄骨の調達情報を本社で一元管理し、コスト競争力の向上につなげる。

COLUMN

1時間で応急仮設住宅の配置計画を自動作成

災害発生後、被災者に1日でも早く住居を提供することを目的とした応急仮設住宅。熊本大学大学院先端科学研究部の大西康伸准教授は、応急仮設住宅団地の配置計画を自動作成するプログラムを開発した。大和ハウスグループと協力して検証した結果、約1時間で配置計画案を作成できると分かった。19年度から試用を進め、21年の本格運用開始を目指す。

BIMを活用したこのプログラムは、プレハブ形式の応急仮設住宅が対象だ。プレハブ建築協会が作成した災害発生時の団地整備マニュアルをプログラム化した。敷地境界線データを読み込むだけで住戸や駐車場、幹線道路を自動配置し、マニュアルの基準を満たした計画案を作成する。2時間程度の講習を受ければ、BIMの活用経験がなくても簡単に使用できる。

集会所や設備のためのスペースを追加で設ける場合は、配置したい場所を操作画面上で指示すると、住戸や駐車場などを自動で再配置する。住戸や駐車場の数量などを記載した集計表も自動で作成できる。配置や数量を3次元モデルで即座に可視化することによって、関係者がイメージを共有しながら配置計画を作成できるのもメリットだ。「計画案の修正や承認に時間をかけず、意見を出し合いながらその場で合意形成を図れる」（大西准教授）

各都道府県は市区町村と連携し、災害の種類や規模に応じた仮設住宅の需要などを踏まえ、建設候補地のリストや建設計画をあらかじめ作成している。しかし、災害の規模によっては必要戸数を満たすことができないなど、供給までに時間がかかることが課題だった。

大西准教授は、16年4月に発生した熊本地震における応急仮設住宅団地の計画に携わった関係者にヒアリングを実施。着工までに要する期間を分析した結果、候補地の調査や配置計画案の作成、承認に1週間もの時間を要することが明らかとなった。

迅速に応急仮設住宅を供給するため、配置計画の作成を自動化できないか——。大西准教授は、17年6月からプログラムの開発を開始。18年末に大和ハウス工業、大和リースと実証実験を開始し、19年4月10日に共同研究契約を締結した。大和ハウス工業は、RevitをベースにしたBIMワークフローの展開を全社で進めている先進企業だ。

「仮設住宅で2年以上生活するケースもある。このプログラムを活用することで、配置計画に割く時間を削減し、住環境の向上やコミュニティーの分断といった課題への対応策を考える時間を確保できる」（大西准教授）。配置計画だけでなく、設計や施工、建設後の維持管理といった全過程でBIM活用を進め、さらなる効率化を目指す。大和ハウス工業は19年10月の東日本台風（台風19号）で被災した長野市に応急仮設住宅を建てる際に、このプログラムを活用している。

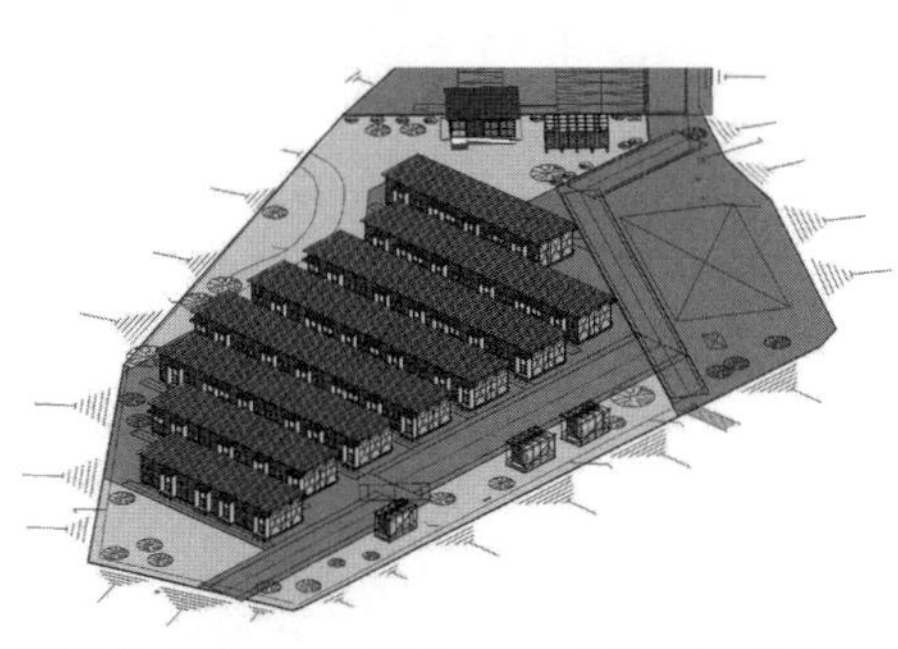

自動作成した配置計画案の外観パース。3次元モデルで即座に可視化できるので、合意形成を図りやすい（資料：大和ハウス工業）

建築確認にBIMモデルを生かす

日本の建設産業がBIMに本格的に取り組み始めたのは、「BIM元年」などと呼ばれる09年ごろのこと。当初はBIMを単なる「3次元の高度な設計ツール」とみなす向きが多く、ソフトウエアが高価で使いこなすのも難しいため、なかなか普及が進まなかった。「元年」から10年が経過し、BIMを経営に生かそうという考え方がようやく浸透してきた。

その証拠に、大手ゼネコンを中心として、BIMモデルをベースに生産システムの再構築を目指す動きが盛んになっているのはこれまで見てきた通りだ。設計から鉄骨の製作、施工までをBIMモデルでつなぎ、コスト削減や品質の向上などに役立てようとする意欲が、人手不足などの課題を背景として、急速に高まっていると言えよう。

建築プロジェクトを設計から工事完了までBIMモデルをベースに進めるうえで欠かせないのが、建築確認（工事の着工前に、建築基準法に基づいて、建築物の計画が法令に適合しているか審査すること）や中間検査、完了検査といった建築基準法に基づく手続きのデジタル化だ。

BIM先進国の1つであるシンガポールでは13年、延べ面積2万平方メートル以上の建物の建築確認の際に、意匠に関するBIMデータの提出を義務付けた。これを皮切りに、14年には同規模の建物の構造と設備に関するBIMデータの提出を義務付け、さらに15年からは5000平方メートル以上の建物の確認申請時に、意匠・構造・設備の全てのBIMデータの提出を求めている。設計から施工まで、BIMモデルを一貫して活用していくうえで、設計と施工の中間地点にある建築確認でのＢＩＭ活用は、外せないテーマだと言える。

日本では、建築設計事務所のフリーダムアーキテクツデザインが16年8月、国内で初めてＢＩＭのデータによる4号建築物（2階建て以下の木造戸建て住宅など、小規模な建物）の確認申請を実現して以降、木造3階建ての住宅、事務所、ホテルなどの用途でＢＩＭモデルを活用した審査事例が増えてきた。ＢＩＭモデルから確認申請に必要な情報を抜き出して自動で書類を生成するテンプレート機能も充実してきている。

将来の「自動審査」も視野に

建築確認では、行政の建築主事や民間の指定確認検査機関が、意匠図や設備図、構造図といった図面の整合性を確認したり、申請された建築物が各種の規定に適合しているかどうかをチェックしたりする。従って、もともと1つの3次元モデルに建物の情報が集約され、整合が取れているＢＩＭモデルを活用するメリットは大きい。3次元の構造物を2次元の図面で表現しようとすると、どうしても図面間で不整合が生じやすくなるし、それをチェックするのも大変だからだ。

ただし、「ＢＩＭを用いた建築確認」をうたっていても、事前審査（事前相談）はともかく、実際の審査では3次元のデータを活用せず、2次元の図面を出力しているのが実情だ。今のところ、建築確認は図書で審査することになっているからだ。

そこで清水建設と指定確認検査機関の日本建築センターは、ＢＩＭモデルから出力した2次元

▶BIMデータで事前審査を済ませる

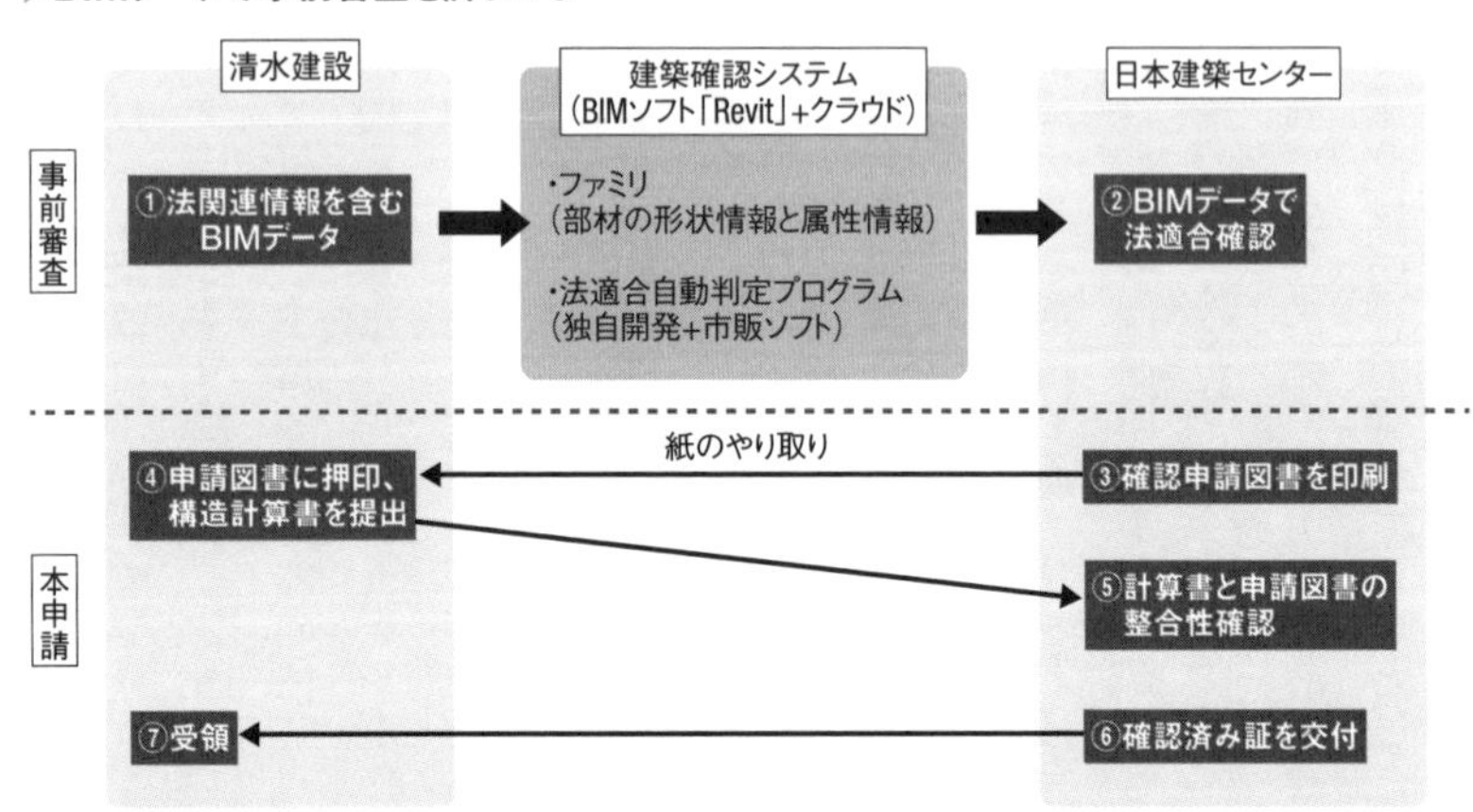

BIMデータを共有し、判定プログラムで事前審査する(資料:清水建設の資料を基に日経アーキテクチュアが作成)

▶独自に開発した法適合自動判定プログラム

延焼の恐れがある範囲に防火設備を使用しているかどうかなどを判定できるプログラム。清水建設が2020年3月に発表した(資料:清水建設)

の図面ではなく、実際のＢＩＭモデルを用いて建築物の法適合をコンピューター上で審査する新システムを共同開発した。やがて実現すると考えられるＢＩＭモデルによる確認申請と「自動審査」を先取りするのが狙いだ。

システムの核となるのは、ＢＩＭモデルを構成するファミリ（属性情報を与えた建具や設備などのＢＩＭモデルデータ）と、ＢＩＭモデル向けに開発した法適合自動判定プログラムだ。

ファミリの属性情報には、防火設備や材料（不燃・準不燃・難燃）といった建築基準法令に関する情報をくまなく入力しておく。すると、判定プログラムがファミリの属性情報を基に法適合を判定し、結果を3次元でビジュアル化してくれる。例えば、ＢＩＭモデル上で延焼の恐れがある範囲を指定し、判定プログラムにかけると、開口部に防火設備を使用しているかどうかを色分けして表示。誰でも簡単に確認できる。新システムが普及してＢＩＭモデルの活用が進めば、建築確認に要する期間を半減できる見込みだ。

国内初「BIM×MR」で完了検査

設計や建築確認、施工に使用したＢＩＭモデルを、完了検査の効率化に活用する例も出てきた。完了検査とは建築工事の完了後、建物が法令に適合しているかどうか、建築主事や指定確認検査機関のチェックを受ける重要な手続きだ。検査の担当者は現場の目視検査や工事監理（図面通りに工事が実施されているか確認すること）の書類、計測機器などを用いて、建物が確認申請の通りにつくられているかを確認しなければならず、手間がかかる作業でもある。

舞台となったのは、メルセデス・ベンツ日本と竹中工務店が19年3月、約2年間の期間限定で東京・六本木にオープンさせた展示施設「イーキューハウス（EQ House）」。鉄骨造平屋建て、延べ面積約88平方メートルで、設計・施工は竹中工務店が担当した。

受検者である竹中工務店と検査側の日本建築センターが協力し、目視検査にBIMとMR（複合現実）を取り入れたのが特徴だ。ヘッドマウントディスプレー（HMD）に3次元のBIMモデルを映し出し、実際の検査対象と重ね合わせて見ることができる。竹中工務店東京本店設計部設計4グループ長の花岡郁哉氏は「法定検査でMRを導入した試みはおそらく国内で初。大規模な建築の現場に導入すれば、さらに効率化を図れるだろう」と語る。

検査では日本建築センターの検査員と、竹中工務店の担当者がそれぞれHMDを装着。検査員は投影されたモデルを参考に空調・換気設備の設置状況などを確認し、手元のタブレット端末でBIMモデルに指摘を書き込んでいく。BIMモデルは共有クラウドにアップロードしてある。検査後、竹中工務店が指摘に対する回答を入力したり、対処した箇所が分かる写真を載せたりする。最後に検査員がそれらを確認する。

MRを検査で使うメリットは、実際の建築物とBIMモデルを重ねて見ることで、空間把握の確度が高まることだ。複雑な構造や、部材や機器が持つ機能、防火区画や延焼ライン（隣の建物が火災になった際に延焼する可能性が高い部分）のような現実に見えないものも視覚化できる。「数十枚の紙の図面の情報が1つのモデルに集約されるので、検査がスムーズに進んだ。図面に

竹中工務店が設計・施工を担当した「EQ House」。様々な新技術を盛り込んだ展示施設だ（写真:日経アーキテクチュア）

左はBIMモデルとMR（複合現実）を用いた完了検査の様子。BIMモデルと現実空間を重ね合わせて法適合を確認できる。右はHMD越しに見た天井。感知器の感知区域や離隔を分かりやすく表示した（写真・資料:竹中工務店）

記載されない監理記録を同時にチェックできることも大きかった」と、日本建築センター確認検査部・省エネ審査部の杉安由香里主査は話す。

検査用モデルは別途作成

イーキューハウスでは、建築確認の事前審査にもBIMモデルを活用していた。完了検査ではそれをベースに検査用のモデルを別途作成した。設備や衛生関連の確認にMRを使うこととし、機器や器具、配管、ダクトなどの種別、系統を色分けして強調した。自動火災報知設備の位置や離隔も示した。

今後の課題はデータチェックにあると、日本建築センター確認検査部構造審査課長の中村勝氏は言う。「検査用にモデルをつくると、確認申請図書と同じ内容か、チェックがどうしても必要になる。同じモデルを継続して使うことができれば、より手間を省ける」

BIMとMRの組み合わせが実現したのは、竹中工務店が設計・施工を一括で手掛ける案件だったことも大きい。設計段階と施工段階でBIMモデルを一元化できなければ、実現は難しかった。

建築分野のBIM活用に詳しい建築研究所建築生産研究グループの武藤正樹上席研究員は、「竹中工務店などの先進事例はすぐに手が届かないかもしれないが、確認審査から中間・完了検査まで一貫してBIMを活用できる可能性が見えた」と語る。

今後のポイントは、BIMを扱う共通基盤の整備だ。武藤上席研究員は、長期保存に向き、汎

▶竹中工務店と日本建築センターによる「BIM×MR」完了検査

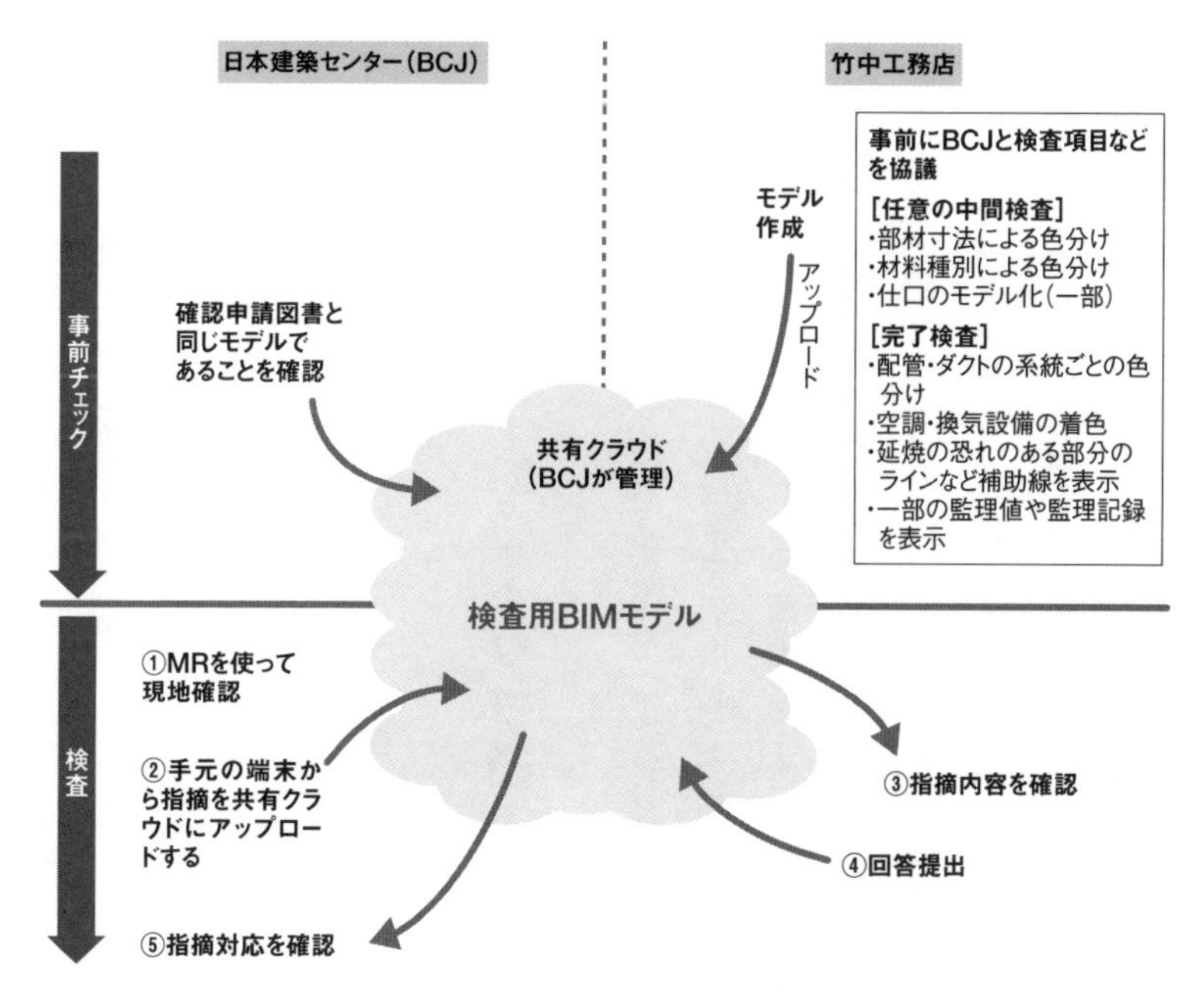

検査用BIMモデルはBCJが管理する共有サーバーに保管し、指摘や回答などは全員で共有した。検査後もデータはクラウドに残っているが、法的に必要な図書は紙で保管した（資料：竹中工務店の資料に日経アーキテクチュアが加筆）

用性の高いファイル形式に注目する。「ＢＩＭ先進国のシンガポールでは、提出データをＩＦＣ形式に共通化することを検討し始めた」（武藤上席研究員）
イーキューハウスのケースでは、ＩＦＣ形式でモデルを作成したものの、ヘッドマウントディスプレーに表示するため、データの軽いスケッチアップのファイル形式（ｓｋｐ）に変換した。「クラウド上にあるデータを直接見られるデバイスができれば、こうした変換作業も省略できるだろう」と、竹中工務店東京本店設計部設備11グループの吉田徹主任は説明する。

パンデミックにも強かったＢＩＭワークフロー

本書の「はじめに」で紹介したように、経済産業省によるＤＸの定義は、「企業がビジネス環境の激しい変化に対応し、データとデジタル技術を活用して、顧客や社会のニーズを基に、製品やサービス、ビジネスモデルを変革するとともに、業務そのものや、組織、プロセス、企業文化・風土を変革し、競争上の優位性を確立すること」だった。

デジタル技術のメリットを最大限に生かせるように自社の体制やワークフローをつくり替え、顧客を獲得して業績を伸ばす。そんな企業が規模や業態を問わず、至るところに現れるようになれば、建設産業は多様な人材を引き付ける魅力的な業界へと生まれ変わるに違いない。ここで、ＢＩＭを活用してＤＸを志すある建築設計事務所を紹介しよう。

「新型コロナウイルスによる設計実務への影響は全くない。接客もオンラインに切り替えて、持ち直している」。緊急事態宣言下の20年４月、ウェブ会議による取材でこう語っていたのは、フリーダムアーキテクツデザイン関東設計監理部ＢＩＭ設計室の今井一雄室長だ。

フリーダムアーキテクツデザイン（東京都中央区）は年間約４００棟の注文住宅を手掛ける社員数２３２人（20年５月時点）の建築設計事務所。14年ごろにオートデスクのＢＩＭソフト、Ｒｅｖｉｔを導入し、そのわずか２年後の16年には、国内で初めてＢＩＭデータによる４号建築物の確認申請を実現するなど、ＢＩＭを駆使した経営スタイルで知られる。

同社がコロナ禍の混乱にも動じないのは、構造設計事務所との連携から確認申請まで、１つのＢＩＭデータをアップデートしながら設計のワークフローを回

ベトナムのBIMセンターとオンラインで打ち合わせ

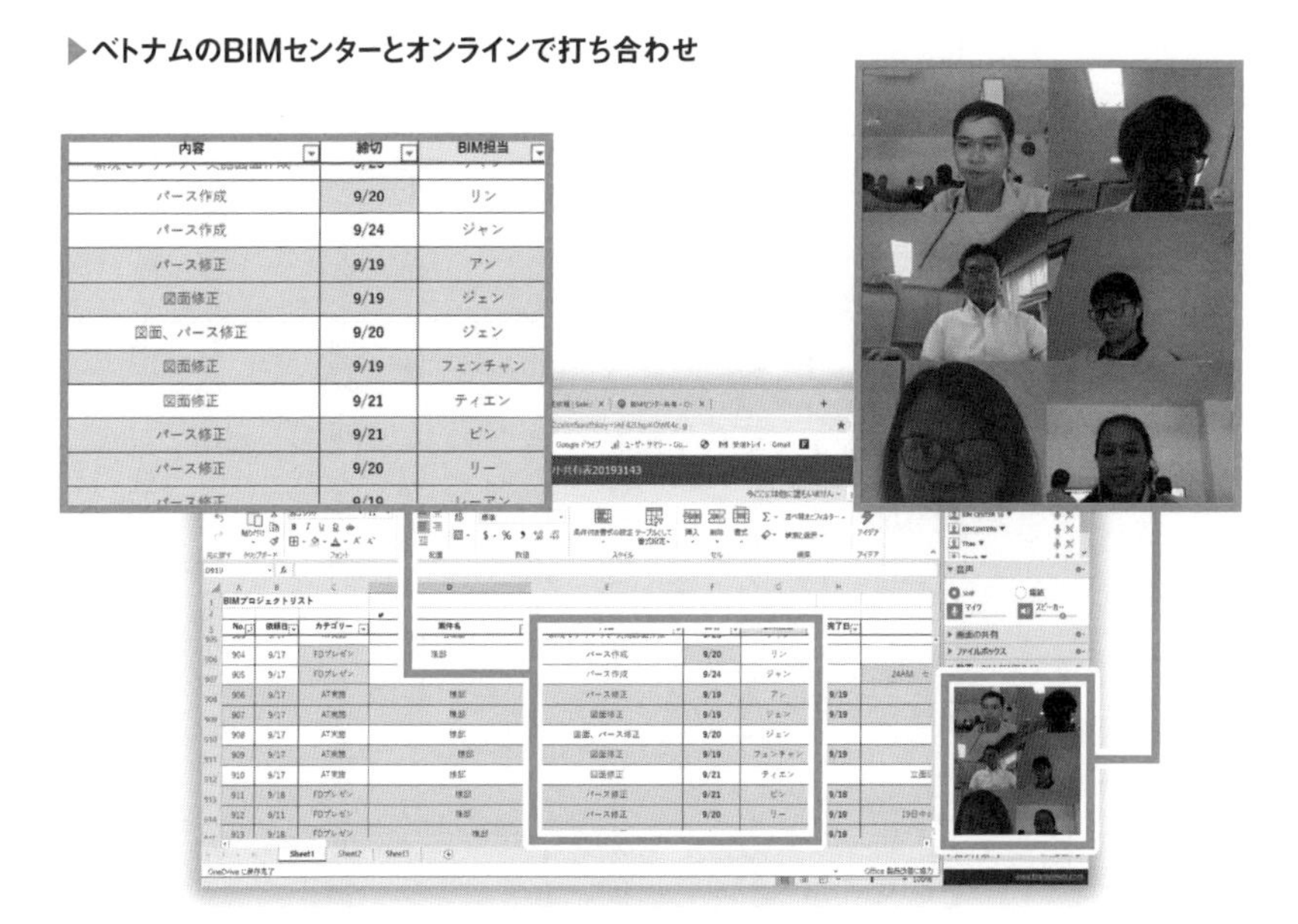

内容	締切	BIM担当
パース作成	9/20	リン
パース作成	9/24	ジャン
パース修正	9/19	アン
図面修正	9/19	ジェン
図面、パース修正	9/20	ジェン
図面修正	9/19	フェンチャン
図面修正	9/21	ティエン
パース修正	9/21	ビン
パース修正	9/20	リー

BIMセンターのメンバーは約15人。月間約100棟のBIMデータを作成できる（資料:フリーダムアーキテクツデザイン）

す、デジタルを前提とした体制を構築済みだったからだ。
18年にベトナム・ダナンに設立した、図面やパースの作成を担う「ＢＩＭセンター」とのやり取りは、以前から全てオンラインでこなしていた。「対面よりもむしろオンラインのほうが、正確でスムーズな意思疎通ができる」（今井室長）

建て主との打ち合わせでは、ＢＩＭデータから生成した高精細なパースや動画、ＶＲ（仮想現実）などを活用して仕様を決めていく。日照シミュレーションなども可能。動画はオンラインでの接客でも効果的だ。

同社のＢＩＭ活用は、ゼネコンが巨費を投じて自社向けにＢＩＭソフトをカスタマイズするのと異なり、Ｒｅｖｉｔが備える基本的な機能やアドインを使いこなしながらワークフローを回すのが特徴だ。

こうしたノウハウが、ＢＩＭの本格導入を目指す設計事務所や工務店などにも役立つとみて、同社はＢＩＭ導入を支援するコンサルティングサービスを20年5月1日から始めた。「ソフトを購入しても持て余してしまうケースが多い」（今井室長）ことから、月額１００万円（税別）でおおむね３カ月間、支援先の企業の業務実態に見合ったワークフローの構築などをみっちりとサポートするつもりだ。

COLUMN

買収・提携から会社設立まで、BIMの体制づくりが活発に

東急建設は20年7月7日、BIMによる設備設計・構造設計を手掛けるシンガポールのインドシン・エンジニアリング（Indochine Engineering）の株式を100％取得することで合意した。同社はベトナムとオーストラリアに子会社がある。ベトナム子会社は、80人の技術者を擁し、主にアジア・オセアニア地域でBIMによる高度な設備設計・構造設計サービスを提供する。

東急建設はインドシンの買収によって、BIMに熟練した技術者の不足を補う。同社は17年に施工段階のBIM活用を推進するため専門組織を立ち上げたが、人材不足が足かせとなっていた。BIMを使いこなせる人材の不足が、普及の妨げになっている面は否めない。鹿島は17年、自社以外にもモデリングやコンサルティングなどのBIM関連サービスを提供するグローバルBIM（東京都港区）を設立している。

BIMモデルの作成に欠かせないのが、建材や設備、家具、構造部材などの部品、すなわちBIMオブジェクト（ファミリ）の充実だ。大林組は19年10月、BIMオブジェクトの総合検索プラットフォーム「Arch-LOG」を運営する丸紅アークログと、BIMオブジェクト拡充やプラットフォーム活用のためのアライアンスを締結した。大林組ではこれまでも自社でBIMオブジェクトを整備してきたが、1社だけで取り組むには限界があった。そこで、大量のBIMオブジェクトを集約・管理するプラットフォームを運営する丸紅アークログと手を組み、BIMオブジェクトのさらなる充実と活用を図る。

CHAPTER 3

2 ビル管理プラットフォームとしてのＢＩＭ

ＢＩＭはデータベースである点にこそ価値がある――。２０２３年5月の新庁舎供用を目指す京都府八幡市は、こんな考え方の下、ＢＩＭを活用した新庁舎のファシリティーマネジメント（ＦＭ、施設管理のこと）システムの構築を、発注者主導で進めている。

八幡市総務部総務課の山口潤也主幹は、「新庁舎の建設が決まった当初からＢＩＭを活用したいと考えていた」と話す。ただ、設計や施工でＢＩＭを活用するだけでは物足りない。合意形成がしやすくなり、設計変更が減ってコスト増や工期延長などが起こりにくい、といったメリットはあるが、建物のライフサイクル全体を見ればごく一部にすぎないからだ。

山口主幹は、新たな庁舎の管理に活用してこそ、ＢＩＭの有効性を引き出せると考えた。そこで設計の仕様書にも、維持管理でＢＩＭを使うため、設計時からの調整が必要になることを記載した。仕様書では設計と施工、維持管理での連携をうたった。

市はＢＩＭモデルの持つ属性データと3次元形状を生かした分かりやすいＦＭシステムの構築に向けて、指名型プロポーザルを実施。日建設計を選定した。委託料の上限は１３６４万円（税別）だ。日建設計がプロポーザルで提案したのは、「やさしいＢＩＭ」というコンセプト。建築設計に必要な情報と、日常の施設管理や中長期の保全計画に必要なデータは大きく異なるため、

八幡市新庁舎の完成イメージ。2023年5月の供用開始を目指し、実施設計と施工を奥村組・山下設計JVが担当。日建設計は設計段階からFMシステムの構築を始めている（資料:山下設計）

▶クラウド上の1つのモデルで管理

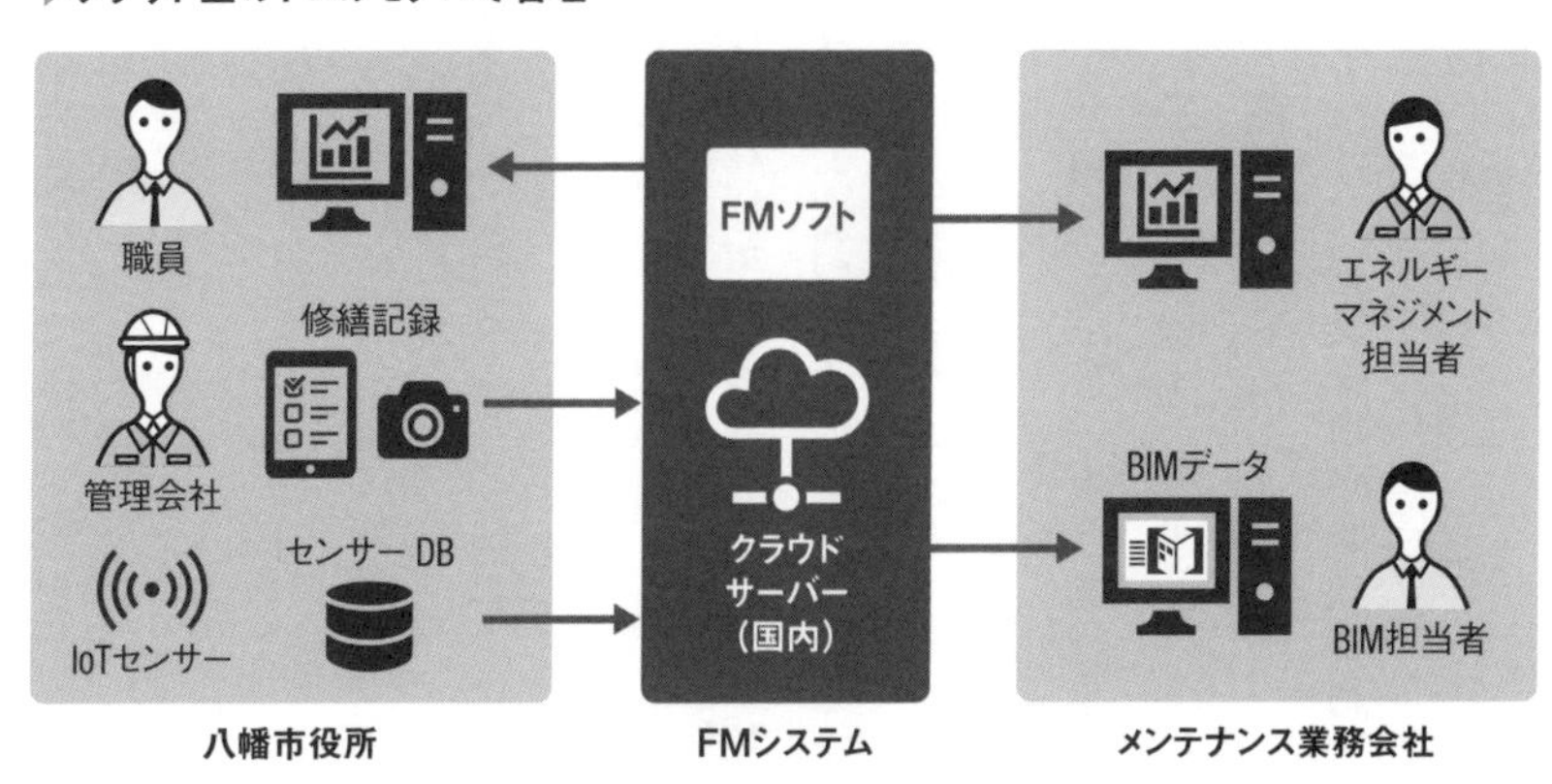

八幡市新庁舎BIM・FMのシステムイメージ。BIMや関連データはクラウドサーバーに保管。市の職員や施設管理の委託先などは、BIMソフトやビューアーソフトを持たず、ウェブブラウザーでBIMモデルやデータを閲覧する（資料:日建設計）

施設管理に必要な情報を徹底的に整理し、情報を何でも詰め込むのではなく、データが軽くて扱いやすいＦＭシステムをつくることを提案した。

「やさしいBIM」に完成後を託す

八幡市の山口主幹は、「市が主体的に庁舎管理の情報を把握し続けるためには、デジタルでの保存が必要だ」と話す。しかし、扱いが難しいと、担当者が変わることで使われなくなる懸念がある。日建設計の言う「やさしいＢＩＭ」なら使い続けられると確信したという。

ＢＩＭと連携したＦＭに使うのは、世界中で２万４０００社超の導入実績を持つ施設管理ソフトウエア「アーキバス（ARCHIBUS）」だ。独自のシステムをつくると、メンテナンスやＯＳ（基本ソフト）更新への対応費用が必要になる。日建設計設計部門３Ｄセンター室の安井謙介室長代理は、「ＦＭは建物を使い続ける間ずっと必要。継続して使いやすいものを提案した」と説明する。20年5月の時点では、どの情報をモデル化するかといった点を、市と協議している段階だ。施設管理の業務フローなども整理している最中。ＩｏＴ（モノのインターネット）センサーによる計測範囲や設備のゾーニングなどは設計の担当者と調整している。

汎用性が高く、扱いやすいＦＭシステムをうまく活用すれば、施設管理の委託業務も見直しやすくなる。通常、施設管理は特定の企業と随意契約を交わすことが多いが、数年ごとに入札することで競争が発生して、コスト削減につなげることができるのだ。

将来的には、システムを他の建物へ展開して、多棟管理することもできる。安井室長代理は「情報を一元管理し、複数の建物で必要な備品などを一括発注することもできるだろう」と説明する。山口主幹は、庁舎管理への広がりを期待し、「同じように苦労する建築技師たちの助けになるはずだ」と話す。使い手本意を目指すＢＩＭ活用に期待がかかる。

国交省の「建築ＢＩＭ推進会議」

建物の設計や施工だけでなく、維持管理や運用の段階でＢＩＭモデルを活用すれば、２次元では表現しにくい漏水箇所などの情報を簡単に蓄積したり、過去のデータを踏まえて最適な改修計画を作成・実行して建物のライフサイクルコストを削減したりといったことが可能になる。

将来的には、施設に設置したセンサーと設備などを連動させることで、建物内の温熱環境や電気使用量などの最適化、故障の把握や予防などもできるようになるとみられる。設計や施工の段階におけるメリットよりも、さらに大きな果実を得られる可能性があるのだ。ただし、そのメリットは長らく発注者に理解されてこなかった。

ここまでに事例を交えて示したように、ＢＩＭ元年から10年以上がたち、大手の建設会社や設計事務所が中心であるとはいえ、建物の設計や施工段階でのＢＩＭ活用はずいぶんと進んできた。一方で、課題であり続けたのが維持管理・運用段階での活用が進まない点だった。八幡市の取り組みは、施設の発注者（管理者）がＢＩＭを活用することのメリットを理解し、主体的に取り組みを進めている点で先進的な事例だ。

企画・基本計画から設計、施工、さらには維持管理・運用を含めた建築物のライフサイクル全体で、ＢＩＭを通じてデジタル情報を活用する仕組みを構築するにはどうすればいいか――。国土交通省は19年6月に「建築ＢＩＭ推進会議」（委員長：松村秀一・東京大学特任教授）を設置し、ＢＩＭの活用推進に向けて再びアクセルを踏み始めている。

「年末年始を挟んだ実稼働時間が短いなかで、ここまでの取りまとめをしていただき、ありがとうございました。ただ、働き方改革が進んでいるところですので、身体には気を付けていただければと思います」。20年1月17日に開催された建築ＢＩＭ推進会議の「第3回建築ＢＩＭ環境整備部会」で、部会長を務める芝浦工業大学建築学部建築学科の志手一哉教授は、こう言って国交省住宅局建築指導課の担当者をねぎらい、出席者の笑いを誘った。

部会の事務局を務める国交省がこのとき提示した「力作」こそが、建築ＢＩＭ推進会議の議論を踏まえて20年3月に公開された「建築分野におけるＢＩＭの標準ワークフローとその活用方策に関するガイドライン」の素案だった。

このガイドラインでは、建物の設計や施工、維持管理などの各プロセスで一貫してＢＩＭを活用する際の標準的なワークフローを初めて整理して示した。関係者の役割・責任分担などを明確にするのが狙いだ。標準ワークフローを示したほか、データの受け渡しルール、想定されるメリットなどを整理した。建物用途は限定せず、延べ面積５０００～1万平方メートルの民間の建物を想定している。

ガイドラインではプロセス間のデータ連携のレベルに応じて、5パターンの代表的なワークフローを例示した。まず、設計・施工段階で連携する場合と設計・施工・維持管理段階で連携する場合に大きく分け、後者については設計・施工一括発注と、設計と施工を分離発注とする場合を想定した。

各パターンに関して、プロセスごとに必要な契約や業務の内容、BIMに入力する情報などについて設定すべきルール、BIM活用のメリットを記述している。例えば発注者のメリットとして、建物の竣工時にBIMモデルを作成しておけば、似た仕様の建物を発注する際に、採算性の検討がしやすくなったり、生産期間を短縮できたりすることが考えられる。

コンサルティング事業者が建物の企画段階で、発注者に対してこうしたメリットを提示するなどして、BIMの活用を促す。国交省住宅局建築指導課の田伏翔一課長補佐は、「企画段階で、発注者がBIMを一貫活用するメリットを理解することが重要だ」と説明する。

新業務「ライフサイクルコンサルティング」

このガイドラインの特筆すべき点は、維持管理にBIMを活用する場合に「ライフサイクルコンサルティング」と呼ぶ業務が必要になると提示したこと。企画段階から建物完成後の維持管理までを見据えて、モデリングや入力のルールなどを設定するのが主な役割だ。

ライフサイクルコンサルティング業務の担当者は、設計契約の前に発注者と維持管理でのBI

Mの活用方法について協議。維持管理で必要なＢＩＭモデルやモデリングのルールなどを決めて、設計者と共有する。また、施工段階で確定した設備などの情報を、維持管理ＢＩＭの作成者に提示する。ガイドラインでは、ライフサイクルコンサルティング業務を担う事業者として、ＰＭ（プロジェクトマネジメント）／ＣＭ（コンストラクションマネジメント）会社や資産・施設・不動産の管理会社、建設コンサルタント会社、建築設計事務所、建設会社のＦＭ担当部署などを想定している。

八幡市が新庁舎のＦＭに導入しようとしているのは、まさに国交省のガイドラインを先取りしたような取り組みと言える。国交省がガイドラインを示したことで、いよいよ建物の維持管理や運用段階でのＢＩＭ活用が進むのではないかと期待が高まっている。

同省はガイドラインの次の手も打っている。20年6月30日には、「令和２年度ＢＩＭを活用した建築生産・維持管理プロセス円滑化モデル事業」に、日建設計や安井建築設計事務所など８件の提案を採択したと発表した。応募総数は40件だった。

モデル事業は、国交省のガイドラインに沿ってＢＩＭを活用するプロジェクトが対象だ。ＢＩＭのメリットを定量的に検証したり、発注者や設計者、施工者などの関係者が連携してＢＩＭデータを活用する際の課題を分析したりする。選定した提案に対して、５０００万円を上限に検証費用を補助する。

採択された応募者の多くが提案に盛り込んでいたのが、設計や施工だけでなく、建物の運用や維持管理でのＢＩＭ活用を見据えた取り組みだ。例えば安井建築設計事務所と日本管財、エービー

▶ガイドラインでは建物のライフサイクルとデータの流れを整理

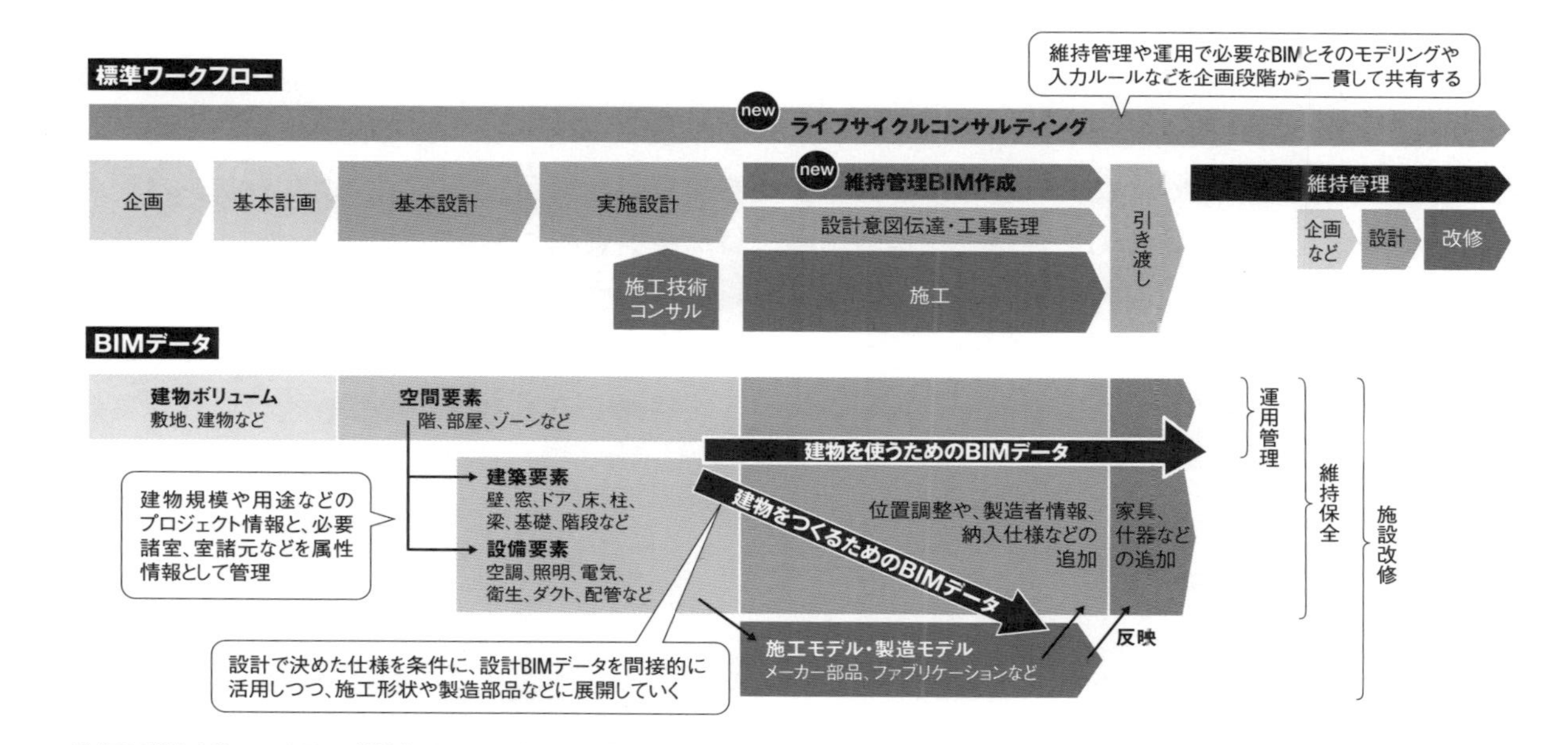

建築BIM推進会議では、企画から維持管理までBIMデータを活用する場合の標準ワークフローとBIMデータの関係を整理した。BIMデータとは、3次元の形状と属性情報からなるBIMモデルと、BIMから出力した図書のことを指す（資料:国土交通省の資料を基に日経アーキテクチュアが作成）

シー商会の3者は、設計段階で用いたＢＩＭモデルに設備の情報を加えた「維持管理ＢＩＭ」を作成し、維持管理業務の削減効果などを検証する。20年に完成したエービーシー商会の新本社ビルが舞台だ。

これまで述べてきたように維持管理にＢＩＭを取り入れれば、不具合や修繕の記録を簡単に蓄積・共有したり、改修計画の立案などに役立てたりと、様々なメリットがあると考えられる。ただし、設計や施工に必要な情報と、維持管理に必要な情報では詳細度（ＬＯＤ）が異なるため、データをうまく取捨選択しないと、情報に過不足が生じてＢＩＭの使い勝手が悪くなる。

モデル事業では複数の実プロジェクトをベースにこうした課題を検証し、設計や施工、維持管理といったプロセスを横断してＢＩＭを活用する方法を探る。建築ＢＩＭ推進会議がガイドラインで新たに定義した「ライフサイクルコンサルティング業務」などの在り方についても検証が進みそうだ。

国交省のモデル事業

モデル事業に選ばれたプロジェクトでは、どのような取り組みをするのだろうか。前述のエービーシー商会新本社を、詳しく見てみよう。

新本社は地下1階、地上9階建てで、地上1～3階にはショールームと１００席超の大会議室が入る。4～9階はオフィスフロアで、社内のコミュニケーションを活性化するために、コア（エレベーターや階段室などを集約した部分）を片側に寄せて広い執務スペースを確保した。

エービーシー商会の本社が立つ敷地は、東京・赤坂の外堀通り沿いに位置し、神社や公開空地の緑に囲まれる恵まれた環境だ。しかし、旧社屋は開口部が少なく、近隣の緑が見えにくい建物だった。また、中心のコアでオフィススペースが分断され、一体感が欠けていた。建物の老朽化に伴い、エービーシー商会は現地建て替えを決定。安井建築設計事務所が設計を担当した。

新本社では、安井建築設計事務所が開発して、18年4月にサービスを開始した建築マネジメントシステム「ビルキャン（BuildCAN）」が初めて導入される。ビルキャンは、ＢＩＭが持つ3次元の形状情報と属性情報を、建物の維持管理に生かすクラウドサービス。ＩｏＴセンサーとＢＩＭを連携させたのが特徴だ。

これまでも清掃や修繕・改修、保守点検の履歴など施設の維持管理に関する情報を図面などに関連付けて管理するサービスはあった。ビルキャンはこうした情報の管理だけでなく、ＩｏＴセンサーによる照度や温湿度、二酸化炭素濃度の監視と分析、マネジメントも可能とする。もちろん、竣工図書や書類などの情報も一元管理できる。

エービーシー商会の新本社はビルキャン導入の初事例となるが、設計当初からこのシステムの採用が決まっていたわけではない。07年にいち早くＢＩＭを導入し、設計で活用してきた先駆的企業である安井建築設計事務所は、エービーシー商会新本社もＢＩＭで設計し、施工段階で確定した情報や変更点もＢＩＭに反映していた。工事が進むなかで、できるだけ長く健全な状態で建物を使ってもらおうと、ビルキャンを活用したＦＭ支援サービスを提案し、採用されたのだ。

▶設計時に使用したBIMモデルをFMに活用

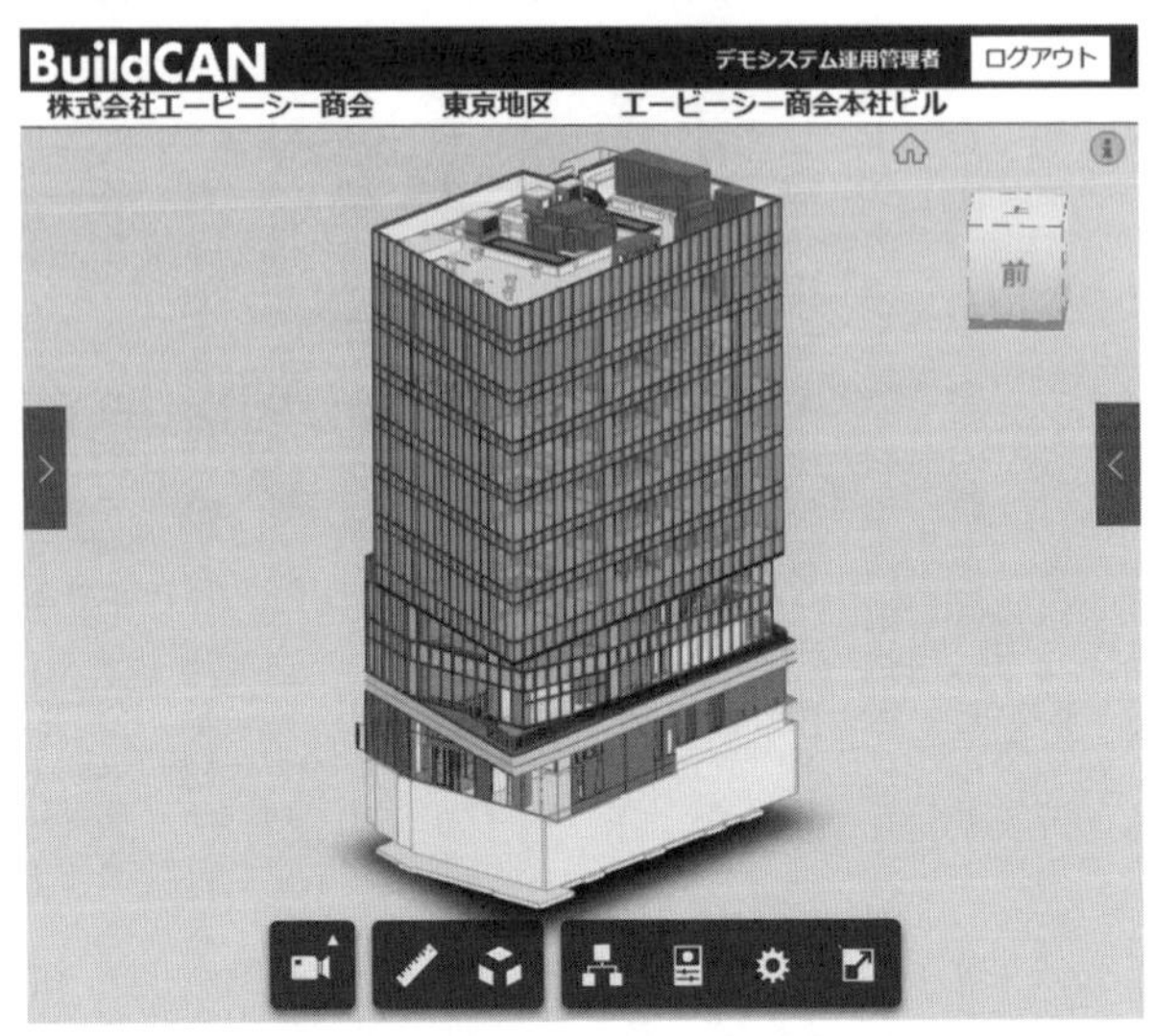

エービーシー商会新本社の維持管理に使うBIMモデル。設計時に作成したBIMをベースに、維持管理に必要な設備などの情報を追加した（資料：下も安井建築設計事務所）

▶BIMを利用してビル経営・運用に付加価値

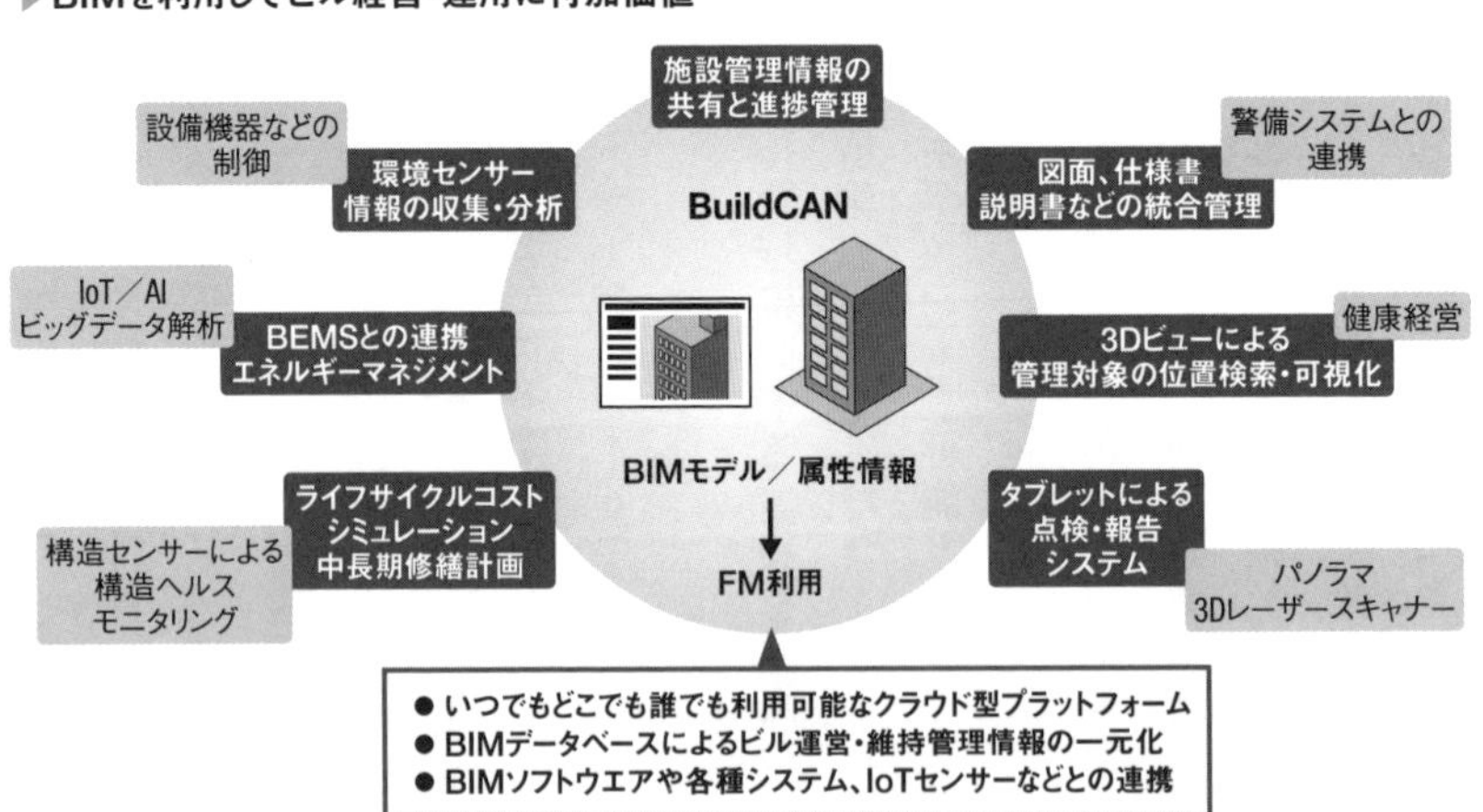

ビルキャンによるビル経営・運用のイメージ

安井建築設計事務所は維持保全計画の作成や、その見直しなどをサポートしていく。さらに、ビルキャンをプラットフォームとした建築マネジメントシステムの活用で、ビル管理を省力化し、コスト削減につなげる。

ビル管理会社は、定期点検や緊急対応などのメンテナンス状況の登録、報告書などのデータ管理を担当することになる。担当者はタブレット端末などで日常点検の報告などをアップロードする。こうして蓄積したデータを、維持管理用のＢＩＭとリンクさせる。

ＦＭで使うＢＩＭデータは、設計時に作成したＢＩＭのモデルに、施工段階での変更内容や確定した設備情報などを反映したものだ。ビルキャンの開発を進めてきた安井建築設計事務所の繁戸和幸ＩＣＴ室長は、「設計から運用まで一貫して1つのＢＩＭでつながるのが理想だが、施工段階のデータは情報量が多すぎて、維持管理や運用に使うのは難しい」と説明する。

例えば設計用のＢＩＭは防火区画の位置など、建物の運用を考慮した情報を持つ。これを根拠に施工段階でコンクリートの厚みなどの情報をつくるが、建物の運用段階で改修を検討する際に必要なのは、設計段階のＢＩＭに入力した防火区画の考え方が分かる情報のほうだ。ただし、設計段階では設備に関する情報が少ないという問題がある。そこで今回は、施工段階での設備の情報を統合する形で、維持管理用のＢＩＭモデルをつくることにした。

ビルキャンを活用することで、建物の利用者にもメリットがもたらされる。エービーシー商会新本社では、執務室がある4～8階と屋上に、温湿度センサーと二酸化炭素センサーを設置。センサーの情報はビルキャンのサーバーに蓄積する。温湿度や二酸化炭素濃度の情報を基に快適性

▶エービーシー商会新本社のFM支援システムのイメージ

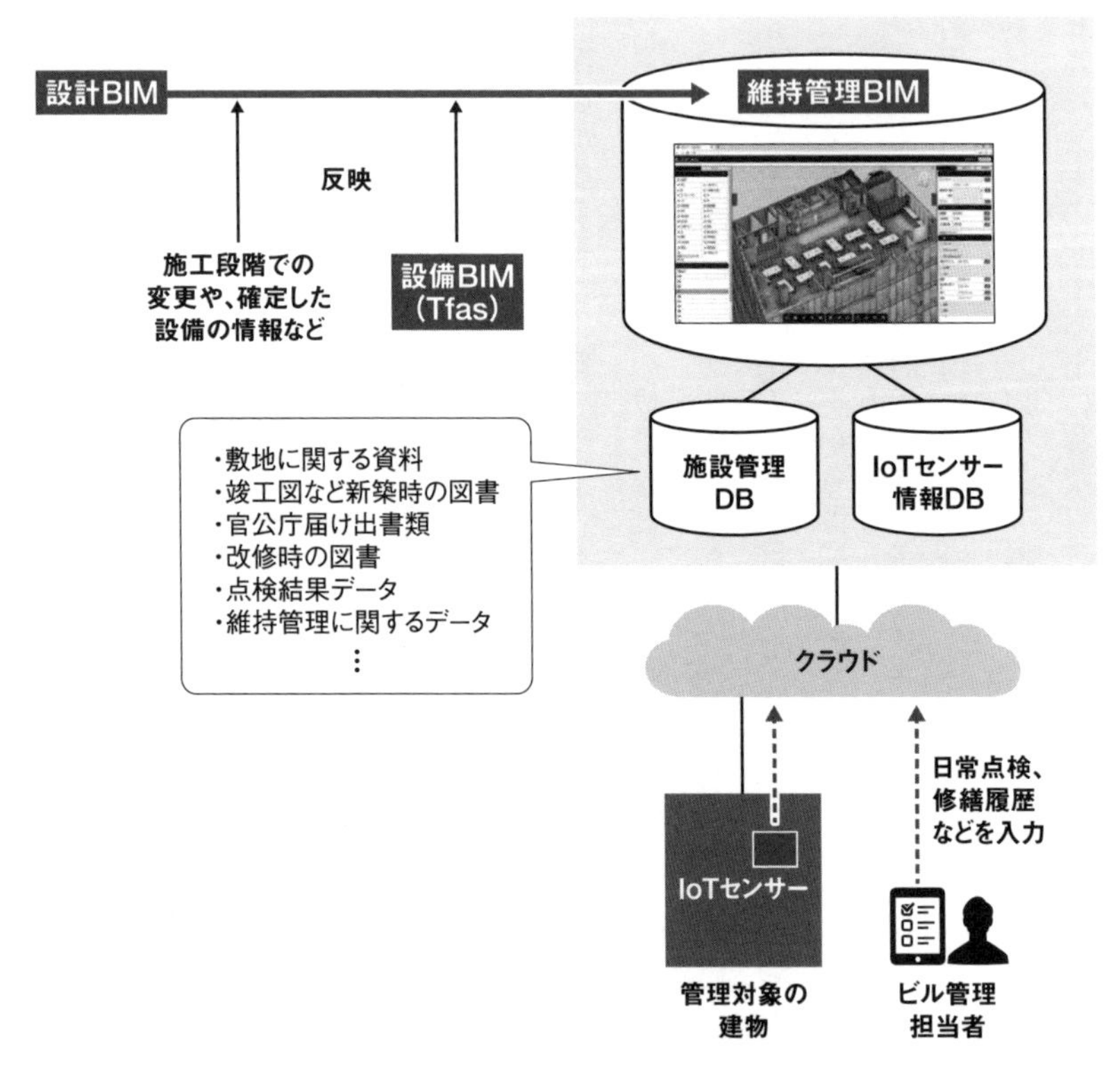

安井建築設計事務所がBIMモデルなどの情報を更新・整理するほか、蓄積したデータを分析し、マネジメントに生かす。システム提供者としてバージョンアップなどもサポートする
(資料:安井建築設計事務所の資料を基に日経アーキテクチュアが作成)

を色分けして、各フロアに設置したタブレット端末で表示する。利用者はいつでも室内環境を確認することが可能だ。

安井建築設計事務所では自社オフィスで試験的にビルキャンを導入している。これまでの実証結果から、従来に比べて保全や修繕、更新の費用が10～20％も削減できることを確認した。また、IoT環境センサーと連動した「自然通風換気アドバイス機能」に従って窓を開けて空調設備を停止することなどで、空調エネルギーを1日当たり最大60％程度削減できた。

繁戸ICT室長は「目指しているのは、発注者と設計者、施工者の関係をBIMで有効に結んで、社会や発注者に利益をもたらすことだ」と強調する。

英アラップの「ニューロン」

ビル管理にBIMモデルを活用する試みは、世界中で始まっている。なかでも日本の建築設計事務所や建設会社に注目してほしいのが、先進的な国際総合エンジニアリング会社として建築分野でその名をとどろかせる英アラップ（Arup）が20年6月に発表したクラウドベースのプラットフォーム「ニューロン（Neuron）」だ。

ニューロンは、ビルの運用システムや空調システムといった複数のシステムからリアルタイムに取得したデータと、建物のBIMモデルを基につくり出した「デジタルツイン」（現実世界を仮想空間にモデル化し、シミュレーションなどに活用する技術）によって、建物の管理を効率化するソリューションだ。

データに基づいて状況を把握するだけでなく、AIを活用することで、エネルギー需要予測や、建物システムの最適化、故障の検出、故障予測に基づく保守を自動的に実行できるという触れ込み。08年の北京五輪で競泳会場として使用された「北京国家水泳センター（ウオーターキューブ）」に導入し、最大25％のエネルギーを削減した実績がある。

香港島の中心に位置する41階建て、延べ面積9万5000平方メートルの複合施設「太古坊一座（One Taikoo Place）」でもニューロンを導入した。設備の運転履歴や監視カメラの画像解析から割り出した施設の利用者数、天気予報などを基に、将来の空調負荷を機械学習によって予測し、エネルギー消費量を最小化するような設備の運転計画を作成。オペレーターに提案している。

アラップは機能を順次アップデートしている。例えば、新型コロナウイルス感染症の流行を受けて、感染症対策に関する機能を追加した。建物のエントランスにサーモカメラを設置し、体温が高い人を検出する機能だ。気温による影響を排除するための補正を自動化し、検出精度を高めている。

ニューロンは、ビルのオーナー、管理者だけでなく、建築設計者にもメリットをもたらす。建物のリアルな利用者数や熱源ピーク負荷といった情報を基に改修計画を立案したり、新たな建物の設計に生かしたりすることもできるのだ。

こうしたソリューションを体験すれば、建物のデータを死蔵させておくことが、いかにもったいないことか、実感できるだろう。

北京国家水泳センター（ウオーターキューブ）でのNeuron（ニューロン）の使用例（資料：下もArup）

香港の高層オフィスビル「One Taikoo Place」への適用例。タブレット端末でも施設の情報を確認できる

3 国交省の「BIM／CIM原則化」

BIMの活用は建築分野にとどまらず、土木分野でも急拡大している。

国土交通省は、新型コロナウイルスに関連する経済対策として2020年4月に閣議決定した20年度第1次補正予算に、インフラ・物流分野のDXを推進する名目で約178億円を計上。23年度までに同省が発注する全ての公共工事（小規模なものは除く）でBIM／CIM（コンストラクション・インフォメーション・モデリング）を活用する目標を掲げた。BIM／CIMは、主に土木分野のBIMと考えて差し支えない。

国交省はこれまでも、25年度までに全ての直轄事業（国が自ら発注する工事）でBIM／CIMを活用する「BIM／CIM原則化」を打ち出して様々な施策を実行に移していた。新型コロナウイルスの感染拡大を背景に、公共事業のデジタル化を加速させる必要に迫られ、目標を2年前倒しにすることになった。

同省は15年11月に「アイ・コンストラクション（i-Construction）」と呼ぶ施策を打ち出してから、測量から調査・設計、施工、検査、維持管理・更新に至るあらゆるプロセスでICT（情報通信技術）を活用し、土木分野の生産性を高めようとしてきた。BIM／CIMはその基盤として位置付けられているのだ。

ＢＩＭの活用では建築分野が「先輩」に当たるが、工事の発注者が活用に後ろ向きだったり、メリットを感じていなかったりして、設計や施工といったフェーズごとの利用にとどまってきた経緯は既に説明した通りだ。

これに対して土木分野では、取り組みの歴史こそ浅いものの、工事の発注者である国交省が17年3月に作業手順や留意点をまとめた「ＣＩＭ導入ガイドライン（案）」を定め、設計業務や工事におけるＢＩＭ／ＣＩＭの普及を強力に推進している。

ガイドラインは、基本事項を示した共通編に加え、土工、河川、ダム、橋梁、トンネル、機械設備、下水道、地滑り、砂防、港湾の合計11編から成る。改定しながら対象となる工事を徐々に拡大してきた。

土木のモデル事業、発注方式と組み合わせ

建築分野と同様、土木分野でも、設計や施工といった各フェーズ内で完結しがちなＢＩＭ／ＣＩＭのデータを連携させ、土木工事のプロセス全体を効率化することが課題になっている。国交省は19年3月、「3次元情報活用モデル事業」と題して全国で12のモデル事業を選定した。3次元データ利用の「一気通貫」に向けて、課題などを洗い出すのが目的だ。

モデル事業に選定されたプロジェクトの1つが、「国道2号大樋橋西高架橋」の整備事業だ。この高架橋は、岡山市内を通る国道2号の大樋橋西交差点を立体化する陸橋。現在、この交差点

は片側3車線で、1日10万台の交通量がある。交通への影響を最小限にして橋を架設するには、施工しやすく設計する必要があった。

そこで大樋橋西高架橋の整備事業では、ECI（Early Contractor Involvement の略）と呼ぶ新しい発注方式を採用している。

これは、設計段階で施工者となる予定の会社（優先交渉権者）に技術協力業務を発注し、施工のノウハウなどを設計に反映させる方式のこと。通常の土木事業では、建設コンサルタント会社が設計した内容を踏まえて工事が発注されるが、ECI方式なら設計段階で建設会社が関与するので、施工者が使いやすいかたちにBIM／CIMモデルを整備できるメリットがある。

国交省中国地方整備局は16年9月、橋梁の設計に強みを持つ大日本コンサルタントに詳細設計業務を発注。その半年後の17年3月、優先交渉権者に選定した日本ファブテック・鴻池組JV（共同企業体）と、技術協力業務の契約を締結した。

設計の段階で同JVの意見を踏まえ、BIM／CIMモデルを施工段階で使いやすいかたちに整備した一例が、橋桁のブロック割だ。橋の設計者は通常、桁全体を1つのブロックとしてモデル化する。しかし、クレーンで架設する鋼橋の場合、架設するブロックごとに分割したBIM／CIMモデルにしておかないと、施工計画の検討などに使えない。「施工を見据えてモデルをつくってもらった」と、日本ファブテック技術研究所の田中伸也・ICT推進グループ長は話す。

設計段階では通常、図面がある程度出来上がってから3次元化するが、この事業では初期段階から3次元モデルを作成するようにした。「3次元モデルで施工手順をつくって情報共有したので、早い段階で課題が明確になった」と、大日本コンサルタント大阪支社技術部の松尾聡一郎・構造保全第一計画室長は話す。

モデルはブラウザー上で確認

ＥＣＩ方式とＢＩＭ／ＣＩＭを組み合わせるという過去にない事業であるため、詳細設計を始める際には、発注者、設計者、優先交渉権者の役割分担を念入りにチェックした。中心となるのは設計者だが、そこに優先交渉権者がどのように関与するのかを確認し、詳細な分担表を作成した。

関係者間の情報共有には、伊藤忠テクノソリューションズのシステム「ＣＩＭ－ＬＩＮＫ」を使った。このシステムは、３次元モデルをブラウザー上で確認できるのが特徴だ。

ＢＩＭ／ＣＩＭモデルのデータは非常に重いので、メールでのやり取りは難しい。ファイル共有システム

▶大樋橋西高架橋のBIM/CIMモデル

図の上に薄く見えるチューブ状の箇所は、電線からの離隔距離を可視化したもの（資料:国土交通省岡山国道事務所）

を使って各自がモデルをダウンロードしても、それを見るには専用のソフトウエアが必要だ。また、パソコンの処理能力が高くないとスムーズに動かせない。

ＣＩＭ－ＬＩＮＫを使うと、サーバー側に３次元モデルのデータを置いたままで済む。視点を動かしたり、拡大・縮小したりする操作もブラウザー上で簡単にできる。

ＢＩＭ／ＣＩＭモデルは、発注者が設計内容を確認する際などにも効果を発揮した。「発注者には現地の高低差などのイメージが湧かない人が多い。３次元モデルで見ると状況がよく分かる」。国交省中国地整岡山国道事務所工務課の庄司彰課長はこう語る。

監督・検査への3次元モデル活用に挑戦

国交省関東地方整備局甲府河川国道事務所では、設計段階の新山梨環状道路と施工・管理段階の中部横断自動車道が、モデル事業に指定された。

新山梨環状道路では、カーブ区間でのドライバーからの視界の確認にＢＩＭ／ＣＩＭモデルを活用。当初の設計ではカーブの先端が見えなかったので、勾配などを変更して安全性を高めた。

一方、21年に全線開通予定の中部横断自動車道では、維持管理にＢＩＭ／ＣＩＭを活用する。開通前にトンネル区間の３次元データをレーザースキャナーで作成しておき、開通後は、車両に機材を積んで高速走行しながら計測できるＭＭＳ（モービル・マッピング・システム）を利用してデータを取る。３次元データで履歴を蓄積すれば、トンネルの経年変化が分かりやすく、管理の効率が上がる。

そんな甲府河川国道事務所が今後、施工段階の公共事業に取り入れたいと考えているのが、監督や検査における3次元データの活用だ。実際の計測値と設計値を、コンピューター上でチェックする。「事務所のパソコンで出来形（工事が完了した部分）を確認すれば、現地での立ち会いを省略できる」と、同事務所の滝澤治工事品質管理官は説明する。品質確認も、現場の作業員に撮影してもらうライブ映像で済ませたいという。こうした方式であれば、監督員や検査官が来るまで待たされたり、日程調整に時間をかけたりすることがなくなるので、施工者側にもメリット

▶維持管理も3次元データで

［測定］

［3次元データの抽出］

［展開画像の作成］

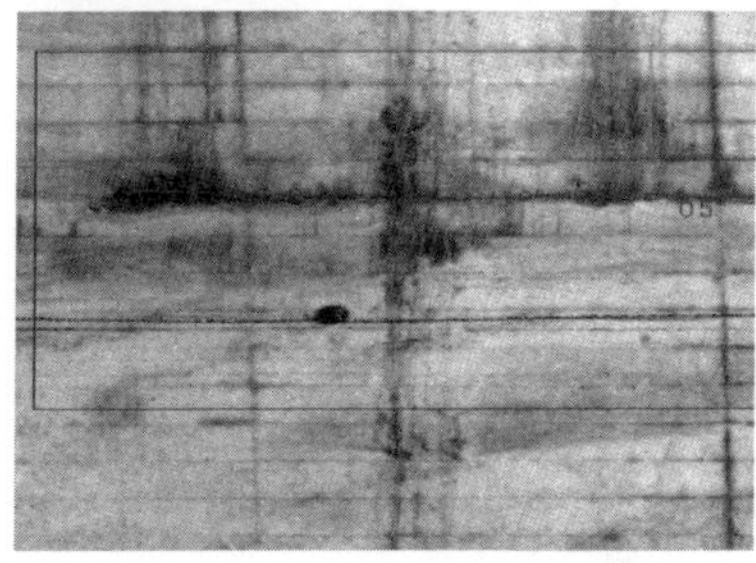

中部横断自動車道のトンネルの定期点検で3次元レーザー計測システムを活用。点検結果の照査や次回以降の点検作業の効率化につなげる（資料：国土交通省甲府河川国道事務所）

がある。不正の防止など、実際の運用に当たっては課題もあるが、現場で試しながら問題点を抽出していく考えだ。

「原則化」へ発注者の生産性を高める

19年度に国の直轄事業でＢＩＭ／ＣＩＭを活用したケースは、３６１件だった。18年度の約1・7倍に急拡大したが、23年度までに同省が発注する全ての公共工事（小規模なものは除く）で活用するという目標には程遠い。一層の普及に向けて、国交省は発注者の意識向上や環境改善に注力する。20年3月には「発注者におけるＢＩＭ／ＣＩＭ実施要領」を取りまとめた。注目すべきは、発注者の責務や役割を盛り込んだ点だ。

実施要領には「ＢＩＭ／ＣＩＭモデルの確認や修正指示ができるようハードウエアやソフトウエア、通信環境を整備すること」「発注前に、利用の目的を明確にしておくこと」といった内容を記載した。「生産性を高める必要があるのは受注者だけではない。発注者も、どうすれば自分が楽になれるか考えていくべきだ」。国交省大臣官房技術調査課の栄西巨朗課長補佐は、こう説明する。

20年度は、ＢＩＭ／ＣＩＭを扱える発注者を育成するため、地方整備局ごとに教育体制を構築する。全国12カ所で実施しているＢＩＭ／ＣＩＭ活用モデル事業で得た知見を基に、カリキュラムを作成。検査や維持管理など発注者の業務プロセスに応じた利用方法を周知していく。「ＢＩ

M／CIMは働き方を変えるものだと認識してほしい」（栄西課長補佐）

BIM／CIM普及の遅れが目立つ自治体の工事へのてこ入れも必要だ。小規模な工事が多い自治体では、3次元データを使うICT活用工事が少なく、触れる機会がほとんどないうえ、「投資に見合う効果を得られない」とみて、ソフトウエアの導入や人材育成に二の足を踏む建設コンサルタント会社などが少なくない。

日本建設情報総合センター（JACIC）が17年に建設関連8団体の所属企業に実施したアンケートによると、ハードウエアとソフトウエアそれぞれへの年間投資額（予定を含む）は、いずれも平均350万円程度。技術者の育成に関する費用は約150万円だった。費用負担が重いわりに活用の場が少なく、業務効率化の効果などを定量化するのも簡単ではない以上、中小企業が投資をちゅうちょするのも理解できる。

そんななか、茨城県では発注方式を工夫して、地元の建設コンサルタント会社が3次元モデル作成に取り組める環境をつくった。18年度から始めた「チャレンジいばらきI型／II型」方式だ。

このうちI型は、1万立方メートル以上の土工事などに適用。工事とは別に、3次元モデル作成業務を建設コンサルタント会社に発注する。ポイントは、施工者との協議を求める点だ。3次元モデルをつくるために、施工手順などを加味する必要性があることを踏まえた。出来高や工程の管理にも3次元モデルを使う。民間企業の若手育成も念頭に置いた。「3次元の図面をつくれば、構造や工事の内容を理解しやすい。人材育成に悩む中小企業ほど、導入の効果は大きい」。チャレンジいばらきを考案した茨城県土木部検査指導課の中島孝次係長は言う。

COLUMN

BIM／CIMモデルを簡単に、進化する設計の自動化

BIM／CIMの普及、ソフトウエアの進化に伴い、複数案の比較検討のたびに大量の図面を描き起こし、条件が変われば一から全てやり直すという土木の設計手法に、変化の兆しが見えてきた。

設計の自動化に向けて動き出したのが、大手建設コンサルタント会社のパシフィックコンサルタンツだ。ソフトウエア大手の仏ダッソー・システムズのCADソフトであるCATIA（キャティア）を採用し、製造業などで用いられてきた「パラメトリック設計」の導入を始めた。

パラメトリック設計では、橋脚などの3次元モデルをあらかじめ「テンプレート」として準備する。プログラミングで、高さや幅といったパラメーターに応じて、構造計算などを成立させながら形状を自由に変えられるようにしておく。これによって、数字を打ち込むだけで3次元のBIM／CIMモデルを簡単に修正できる。

鉄筋コンクリート構造物の場合、かぶり厚（内部の鉄筋とコンクリート表面との距離）や鉄筋間隔を設定して自動で配筋するプログラムをテンプレートに仕込んでおけば、個別の構造検討はほとんど要らない。

技術者は、地形や線形に合わせてテンプレートを配置するだけでおおよその設計を終えられる。例えば橋脚の予備設計では、T形や円柱形など幾つかのテンプレートから形状を選んで径

▶数値の入力だけで橋脚のフーチングを拡大

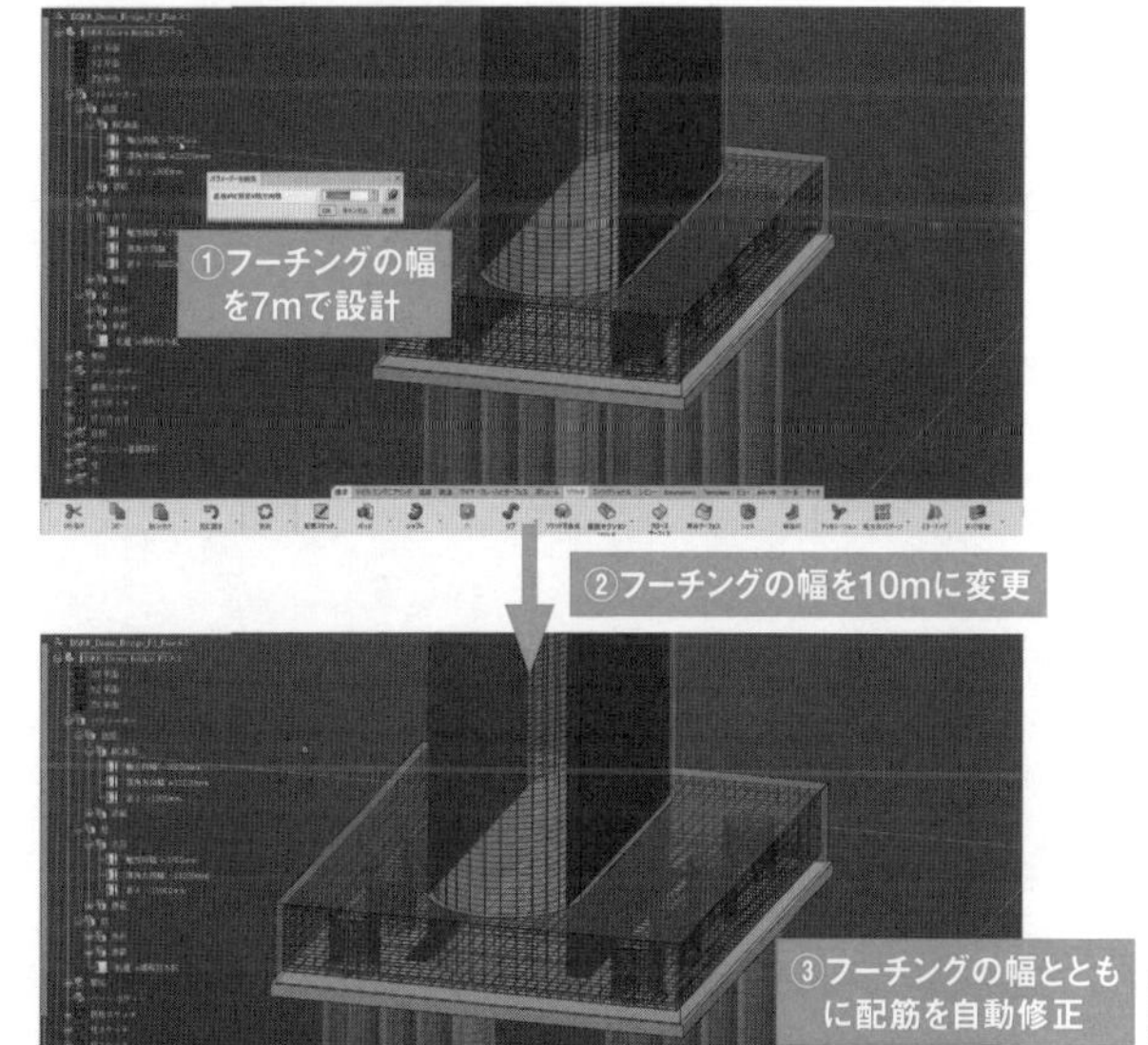

テンプレートには、鉄筋間隔などの条件をプログラムとして組み込める（資料：パシフィックコンサルタンツの資料に日経コンストラクションが加筆）

▶テンプレート集から必要な部材を選ぶ

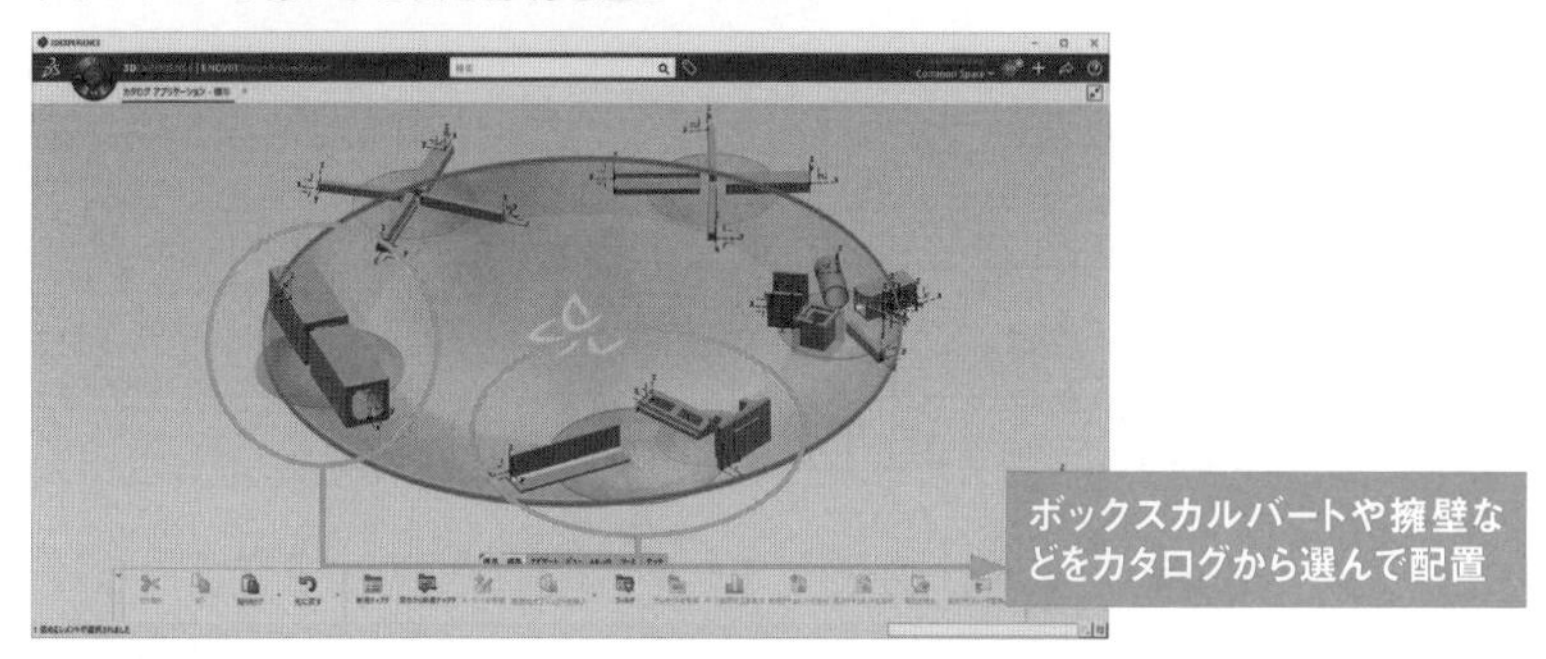

一度登録したテンプレートは何度でも使い回せる（資料：パシフィックコンサルタンツ）

間数（径間は橋脚間やその距離を指す）を指定。すると設定した橋の線形に沿って自動で高さなどを調整しながら、何本もの橋脚が「コピペ」されたように一瞬で立ち上がる。

断面形状を矩形から円形に変えるといった比較検討の際は、テンプレートを指定し直せば全ての橋脚をまとめて変更できる。

テンプレートには、異なるプロジェクト間で使えるメリットもある。土木設計では成果品を使い回すという発想がなかった。「陶芸のように気持ちを込めて1橋ずつ設計するのが当たり前だった」。パシフィックコンサルタンツ事業強化推進部i-Construction推進センターの伊東靖技術統括部長は語る。

鉄道橋で数多く採用されてきた支間長8〜10メートルで3径間の鉄筋コンクリート形式の通称「三八ラーメン」は最たる例だ。構造はほぼ同じにもかかわらず、地形や地質に応じて橋ごとに鉄

パラメトリックモデルのデータベースをつくる

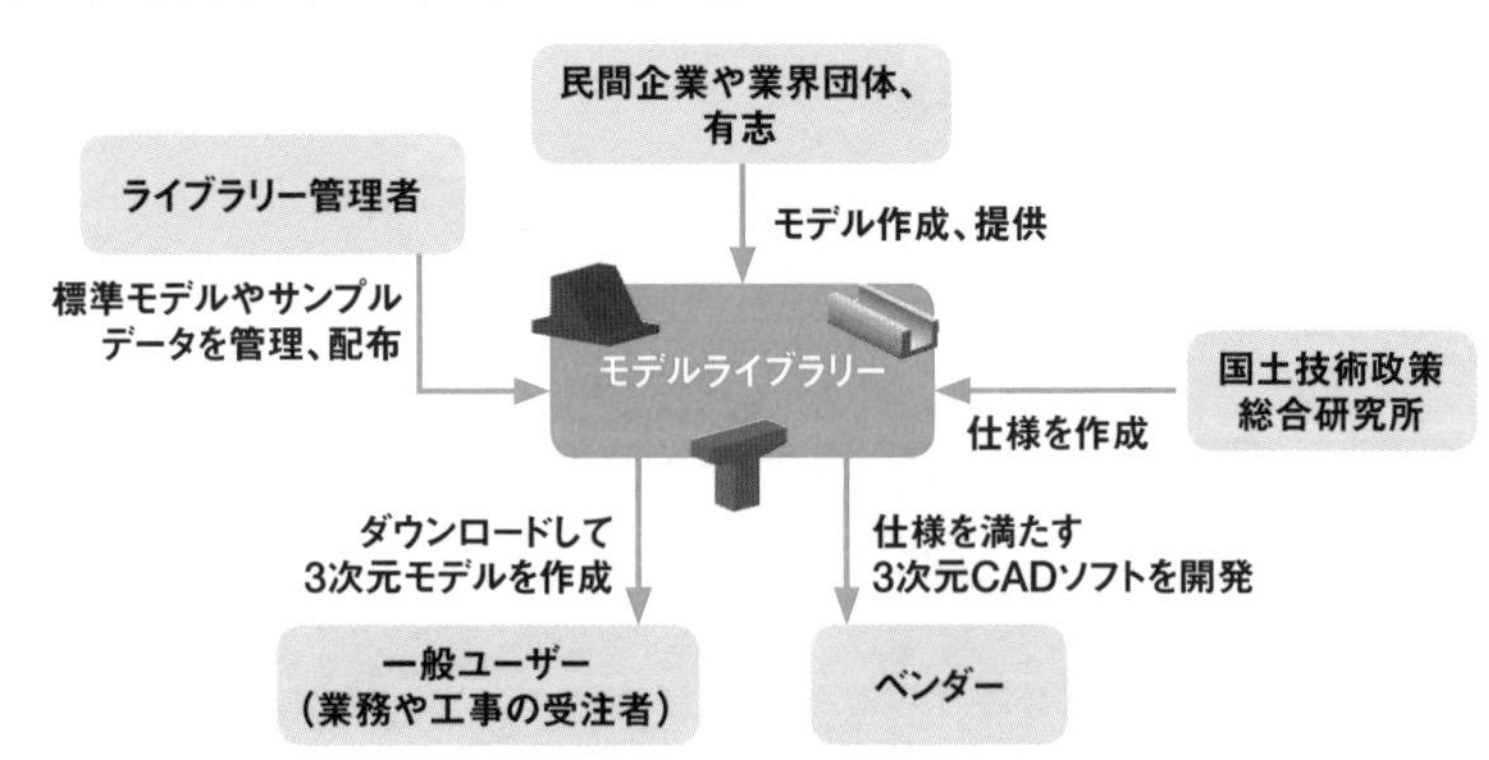

国土交通省が作成するデータベースのイメージ（資料:国土交通省の資料を基に日経コンストラクションが作成）

筋量などを調整しながら設計・作図する作業を、50年近く繰り返してきた。テンプレートを使えば、この反復作業から脱却できる。

同社は手始めに、橋や砂防ダムの設計でCATIAの試用を始めた。「設計と作図が一つの3次元モデルで完結すれば、図面の不整合の防止にもつながる」。パシフィックコンサルタンツの松井弘常務は、こう期待する。

パラメトリックモデルの融通

BIM/CIMの原則化を進める国交省も3次元モデルの使い回しに着目している。幅や高さを数値の入力で操れる3次元の「パラメトリックモデル」を異なるCADソフト間で利用するための基本的な考え方を、20年3月に示した。今後、擁壁やボックスカルバートなど使用頻度が高い構造物を中心にパラメーターの設定ルールをまとめ、民間企業や有志がパラメトリックモデルを投稿できるデータベースを構築する。CATIAのように配筋の情報までモデルに含める予定はないものの、作図の労力を減らせる。

パラメトリックモデルには、プロジェクトにおける合意形成を円滑にする効果も期待できる。「受発注者の打ち合わせや住民説明の際、即座に図面を変えて確認できるのがメリットだ」。国交省国土技術政策総合研究所社会資本情報基盤研究室の青山憲明主任研究官はこう話す。持ち帰って図面を修正し、再び打ち合わせするといった無駄なプロセスを省けるので、働き方改革に寄与しそうだ。

第4章

創造性を解き放つ建設3Dプリンター

第4章のポイント

▼住宅や橋などを「印刷」する建設3Dプリンターの実用化が近づいている
▼デジタルな設計データをそのまま現実空間に具現化できるのが魅力だ
▼建築・土木の創造性を解き放つ新たな生産システムとして世界中で開発が進む

1 「単品受注生産」の限界に挑戦

オランダの首都アムステルダムから、列車に揺られること1時間半。同国で随一の「発明都市」と呼ばれるアイントホーフェン市の一角に、お目当ての工場はあった。大きめの体育館ほどの広さを持つ施設に入ると、レールの上に据えられた高さ2メートルほどの産業用ロボットアームが目に飛び込む。

ここは、オランダの建設会社バムインフラ（BAM Infra）などが立ち上げた欧州初となるセメント系建設3Dプリンター工場だ。橋や住宅などの大型構造物や、その部材の製造拠点として2019年1月に開設された。3Dプリンターといっても、見た目は工場で用いられているロボットアームそのものだから、プラスチックなどを材料とする卓上サイズの3Dプリンターしか知らない一般の人は、面食らってしまうかもしれない。

「フェンスの外に出てくれ。今から印刷を始める」。ヘルメットをかぶった男性がこう口火を切ってノートパソコンのキーをたたくと、ロボットアームがゆっくりと動き出した。先端のノズルからモルタル（砂と水とセメントを練ってつくる建築材料）を吐出して、約1センチメートルの厚さで正確に積層していく。みるみるうちに1メートルほどの高さがある中空のブロックを築き上げてしまった。

セメント系建設3Dプリンター工場で新しい橋のパーツを製造するデモンストレーションの様子。ロボットアームでモルタルを層状に重ねていく（写真：下もBAM Infra）

大型構造物の製造に特化したプリンターでつくった構造物の一部（手前）。材料のモルタルは、写真奥のサイロからロボットアーム先端のノズルに送る

バムインフラは3Dプリンターで橋をつくり、実際に架設した実績を持つ数少ない建設会社の1つだ。アイントホーフェン工科大学などと共同で17年10月、当時としては世界で初めて、セメント系材料による3Dプリンター製の自転車・歩行者橋を完成させた。

同社は、新たな挑戦に踏み出している。完成すれば世界最長となる3Dプリンター橋の建設を、40万ユーロ（約4900万円）超で受注したのだ。

新たな橋は、オランダ東部のナイメーヘン市を流れる川に架ける自転車・歩行者橋。長さは29メートル、幅は3・5メートルだ。オランダの公共事業・水管理局とナイメーヘン市、デザイナーのミシェル・ヴァン・デル・クレイ氏が共同で進める国を挙げたプロジェクトで、公共事業・水管理局が工事の発注と監督を担う。

型枠不要、自由なデザインに

この新たな橋の最大の特徴は、流線形のデザインにある。木の幹から枝が伸びる様子を再現したという。デザインを担当したミシェル・ヴァン・デル・クレイ氏は、「従来の施工方法では到底実現できない造形を目指し、自然界にある無駄のない形状に行き着いた」と説明する。

建設業で3Dプリンターを使う最大の利点は、「型枠」が不要になることだ。コンクリートの建物や橋を建設する際は通常、型枠や鉄筋を職人が手作業で設置し、そこに生コンクリートを流し込んで固める。型枠は合板などでつくるので、空洞や曲面を自由に配置したデザインは非常に

▶自然界にあるデザインを模倣

積層可能なパーツに分割

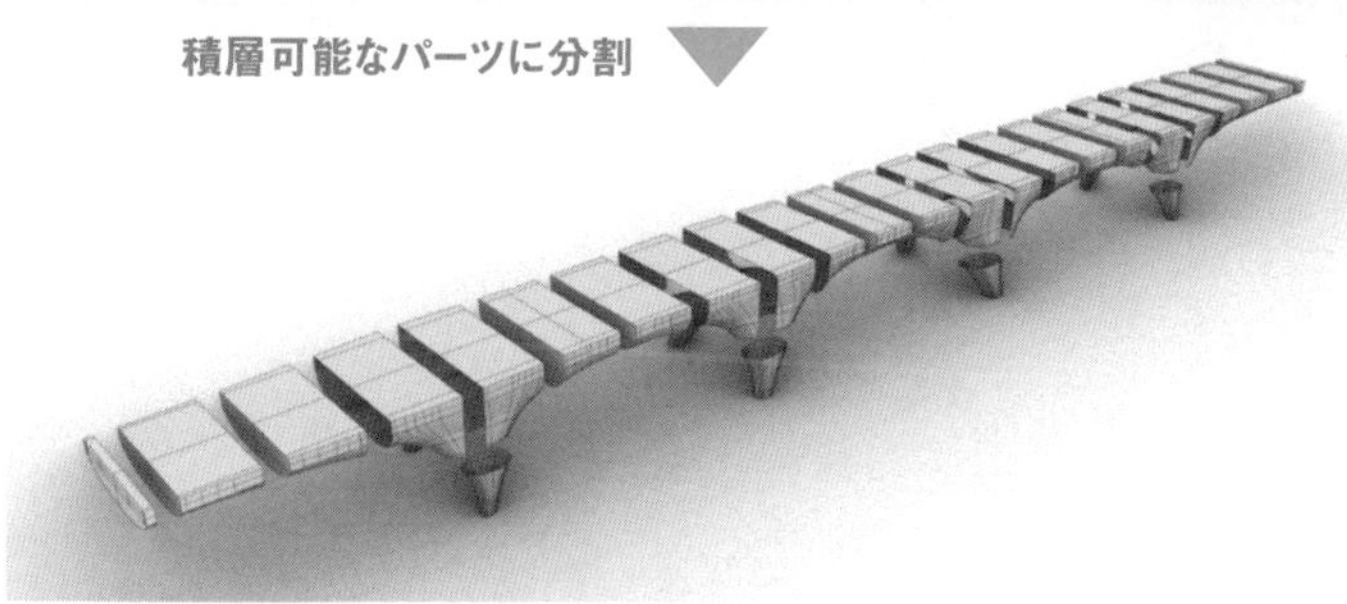

ナイメーヘン市に架設予定の橋のイメージ。3Dプリンターで製造しやすいサイズに分けて製造し、結合させる（資料:上はMichiel van der Kley／Pim Feijen、下はBAM Infra）

実物大の試験体を使った荷重試験の様子。アイントホーフェン工科大学のテオ・サレット教授が性能試験を監修した（写真:BAM Infra）

つくりにくい。3Dプリンターであれば、そのような制限はない。

橋は39個の部材に分けて印刷した後、現場の近くで組み立てる。20を超える桁の部材には、完成後に1径間（橋脚間やその距離）ずつ鋼材を通し、鋼材を引っ張ってプレストレス（圧縮力）を与えて一体化する。

セメント系建設3Dプリンターでこの規模の橋をつくった例がないため、品質や安全性の確認に、従来の基準をそのまま使えないのが難点だ。

そこで、公共事業・水管理局は部材の製作に先立って、中央1径間分の実大試作品と、試験方法の体系化をアイントホーフェン工科大学建築環境学部のテオ・サレット教授に依頼。力を加えてひび割れやたわみの発生量を調べたところ、橋の架設後に想定される荷重の3倍近い重さに耐えられると確認できた。

積層速度の絶妙なさじ加減

層状にモルタルを積み上げていくのは、一見すると簡単そうだ。だが、実際には様々な条件を考慮し、試行錯誤を積み重ねて最適な方法を見いだしている。

例えば、モルタルを積層する速度を考えてみよう。吐出したモルタルの層を、次の層と一体化させるには、すぐに硬化させせず、しばらくはある程度の流動性を保ったままにしておく必要がある。積層時の流動性が不十分だと、層と層の間に空隙が生じてしまい、コールドジョイントと呼ぶ不連続な継ぎ目ができてしまう恐れがあるからだ。この継ぎ目は見た目が悪いだけでなく、ひび割れを誘発し、構造物が劣化することになる。

一方で、モルタルの硬化があまりに不十分な状態で積層を続けると、上の層の重みで下の層が変形して形が崩れてしまいかねない。従って、モルタルが硬化を始めるまでの時間を計算に入れて、プリンターのノズルが動く速度や移動経路を細かく調整する必要があるのだ。

しかも、モルタルの状態は、配合する添加材の量や水の温度のほか、気温や湿度などでも変わってしまうほど繊細である。バムインフラはモルタルを提供しているサンゴバン・ウィーバー・ビーミックス（Saint-Gobain Weber Beamix）と共同で、ミキサーやノズルなどにセンサーを取り付けてデータを分析

積層したモルタルの表面に凹凸が残っても、内側の層間に隙間はなく、一体化しているのが分かる（写真：日経コンストラクション）

し、最適な条件を探ってきた。

サンゴバン・ウィーバー・ビーミックスでマーケティングマネジャーを務めるマルコ・ヴォンク氏は、「ポンプ内で圧力が加わっている間は流動性が高くなり、ノズルから吐出されて減圧するとゲルのように固まる、特殊なモルタルを開発した。実は、原型となる材料は1990年代には開発してあった。当時は、設計やロボット制御の技術が成熟しておらず、普及には至らなかったが」と語る。

ちなみに、物体に力を加えた際に流動性が一時的に低下し、放置すると元に戻る性質を「チキソトロピー性」と呼ぶ。印刷に使う材料は、プリンターから吐出された後に形を崩さないよう、この性質を備える必要がある。

また、材料がノズルから途切れずに吐出できるかを見る指標は「押し出し性能」と呼ばれ、材料の流動性だけでなく、ノズルが動く速さや向きなどにも影響を受ける。

そして、材料が自重で崩れることなく、どれだけ上に積層できるかを指すのが「ビルダビリティー（積層性）」。時間経過に伴う材料の圧縮強度などによって変わってくる。

24時間施工も夢じゃない

環境問題に対する意識は世界一ともいわれるオランダ。同国政府は建設用3Dプリンター技術が環境問題などに貢献できるとして、採用に積極的な姿勢を見せている。前述のように、型枠の制限がないという特長を生かせば、従来よりも斬新で、しかも合理的な設計を実現できる。材料の無駄を減らし、二酸化炭素の排出量や廃棄物量を削減する効果が見込める。

3Dプリンターの活用によって見込まれるメリットには、工期の短縮や省力化などもある。手作業を中心としてきた建設現場の機械化による生産性向上への期待も大きい。

バムインフラの工場では現在、長さが1メートル弱の橋の部材を1つ製作するのに、約1日を要する。だが、将来は材料の練り混ぜからロボットによる製造までの工程を完全に自動化して、大幅な時間短縮を図る考えだ。

「1日24時間、休みなく製造を続けられるようになれば、橋を丸ごとつくり上げるのに1週間もかからない。いずれは価格競争力で従来の工法を上回る場面が確実に出てくる」。バムインフラでプロジェクトリーダーを務めるピーター・バッカー氏は、3Dプリンターがより実用的な技術となる未来を見据えている。「1年目は利益が出ないかもしれない。だが将来、確実に伸びる技術だ。こう会社を説得して、3Dプリンター工場の開設にこぎ着けた。建設会社では珍しいだろう。デジタル化やロボット技術の経験を早くから積んでおけば、新しい市場を開拓できると信じている」（ピーター・バッカー氏）

建設3Dプリンターのインパクト

橋や住宅を自在に印刷する──。少し前まで、夢の技術だとみられていた建設3Dプリンターは、オランダ・バムインフラの例が示すように、急速に実用化に近づいている。

米南カリフォルニア大学のバロク・ホシュネビス教授が、セメント系の材料を積層して建物をつくる構想を打ち出したのは90年代後半のことだ。その後、欧州を中心に研究開発が活発化。2010年代に入って建設業界の巨大企業による投資が増えていき、資金を調達したスタートアップ企業がしのぎを削るようになった。現在は、セメント系の材料だけではなく、金属系の材料を用いた建設3Dプリンターも出てきている。

なぜ、これほど建設3Dプリンターに注目が集まっているのか。ここでいったん、建設3Dプリンターが、建設業におけるものづくりの在り方、建築や都市空間の多様性に与えるインパクトを整理しておこう。

建設3Dプリンターを活用するメリットを考えたときに、第一に挙げられるのが、建物や橋などの設計の合理化やデザイン性の向上だ。

3Dプリンターであれば、デジタルツールを駆使して生み出したデザインを、そのまま印刷できる。人手で施工するには手間やコストが掛かりすぎて現実的ではなかった曲面や空洞なども、簡単に施工できるようになる。施工技術の制約で実現できなかった斬新なデザインが可能になり、より多様で豊かな都市空間を生み出すことにつながっていく。現代の都市をかたちづくっている、柱・梁でできた四角い建物は、いずれ過去のものとなるかもしれない。

どんな形であっても製造できるので、強度を保ちつつ材料の使用量を極限まで減らす、といった合理的な設計も可能になる。建物などを大幅に軽量化できれば、運搬に使うクレーンも小型のもので済むし、建設コストに占める比率が大きい基礎工事や地盤改良工事などの簡素化も期待できる。セメントなどの使用量を減らせれば、二酸化炭素の排出量削減にも貢献できる。現地で印刷すれば、資材の輸送に伴う環境負荷も軽減できる。輸送の無駄を減らすことは、物流業界で深刻化している人手不足の解決にもつながる。

完全自動化によって、1日中休まずに製造を続けることもできるようになるので、建設3Dプリンターが普及すれば建設コストが下がるとの期待は大きい。特に曲面などを含む複雑な形状の建物などをつくる場合は、従来よりも資材費や人件費を抑えられる可能性が高い。人が施工するのと違って、品質が安定しやすいのもメリットだ。

18年3月には、米国のスタートアップ企業であるアイコン（ICON）が、小規模な住宅

米アイコンが3Dプリンターで24時間以内に建設したという小規模な住宅（写真:Regan Morton Photography）

を３Ｄプリンターで24時間以内に建設したと発表した。ほぼモルタルだけでできたこの住宅は、発展途上国の低所得者への提供を想定したものだ。建設コストは４０００ドル（約43万円）と格安。地震が少ない地域で、住宅を安く素早く整備する手段として注目を集める。

このように、建設３Ｄプリンターで、複雑かつ合理的なデザインの構造物を安く、早く施工する技術を確立できれば、つくり手の都合ではなく、真にユーザーが望むデザインや、環境負荷を減らした構造物を実現できるようになる。

４３００億円市場に動き出す世界

建設業の特徴として語られることが多いのが「単品受注生産」だ。その言葉通り、発注者の要望に応じて毎回、異なる機能や形状、空間を持つ大型の構造物を生産しなければならない。これは「少品種大量生産」を基本とする製造業との最大の違いでもある。

この特徴がネックとなり、機械化や自動化による生産性の向上が進まず、製造業との間で生産性に大きな差がついてしまった歴史がある。３Ｄプリンターは、このような建設業の特殊性を乗り越えるうえで鍵となるテクノロジーの１つだと言える。

デジタル技術の発展に伴い、建設３Ｄプリンターの市場はまさにこれから急速な拡大が予想される。調査会社の米スマーテック（SmarTech）は、27年に全世界で約40億ドル（約４３００億円）規模に成長すると試算しているほどだ。

現在ある建設3Dプリンターは、産業用ロボットアームを用いたタイプと、門形の2種類が主流となっている。門形はプリンターの幅や高さによって製造できる構造物の大きさが制限される。一方、ロボットアームはプリンターの位置を変えやすいので、造形の自由度が高い。

プリンターの価格は、ロボットアームタイプの方が高い傾向にあるようだ。販売価格を公開している企業の資料によると、最も安いものでも約2000万円。上位機種では1～2億円に上るものもある。プリンター本体が安価でも、専用のモルタルをセットで購入しなければプリントできない製品もある。

ただ、建設3Dプリンター関連ビジネスは、機械や材料がメインではない。むしろ、産業用ロボットアームを動かすためのソフトウエアが主要な位置を占めると言えるだろう。

例えば、後述するオランダのスタートアップ企

▶プリントサービスとソフトウエアを中心に拡大する見通し

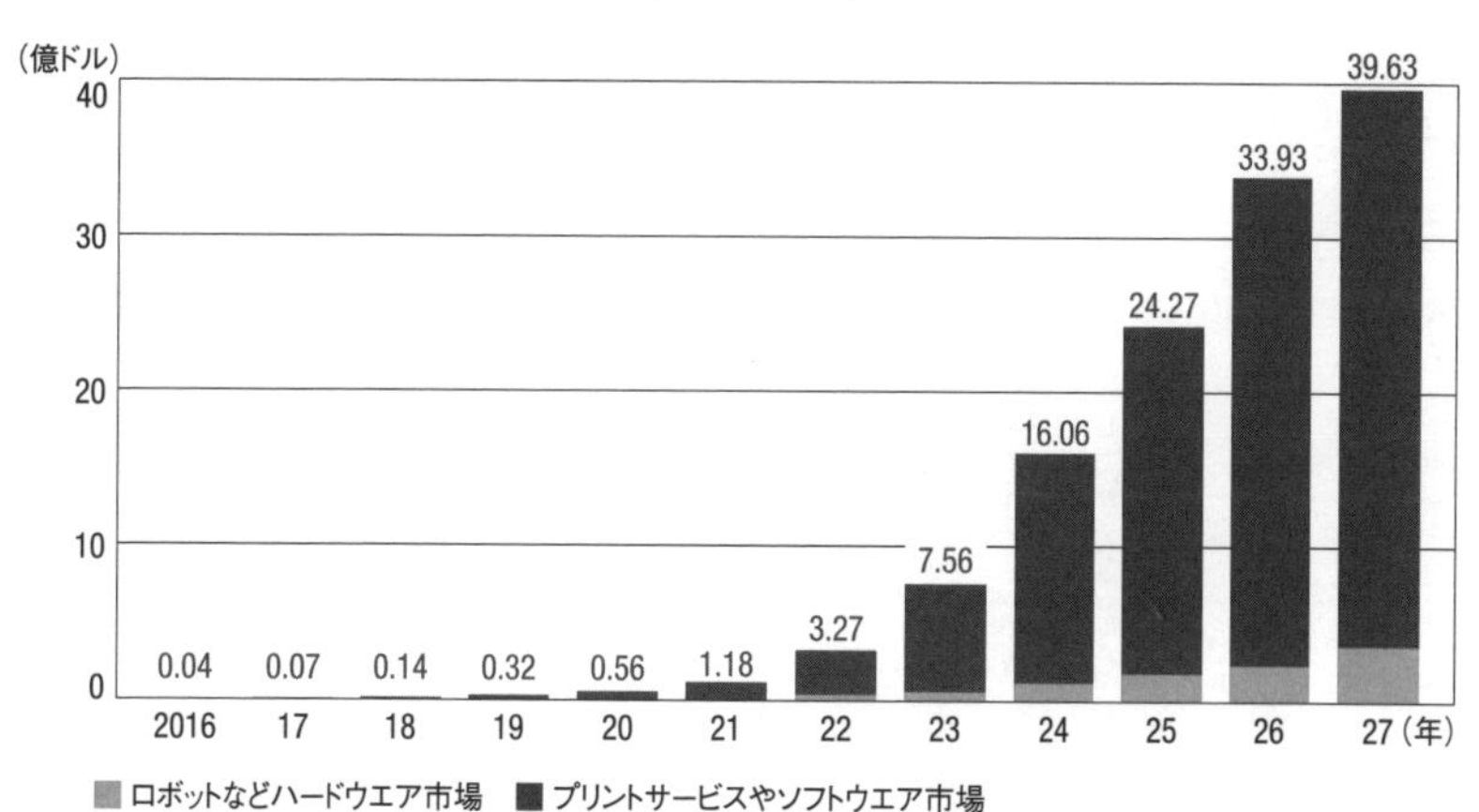

米SmarTechによる建設3Dプリンターの市場予測（資料:SmarTech）

業、ＭＸ３Ｄの強みは、まさに３Ｄプリンターを制御するソフトウエアにある。既存の産業用ロボットアームと溶接ワイヤ、そしてこのソフトウエアをそろえれば、誰でも建物や橋を製造できるようになるというわけだ。彼らはハードとしてのプリンターを売るのではなく、建造物の「印刷」というサービス、そのためのソフトウエアを建設会社などに提供して、収益を上げようともくろんでいる。

覇権を握るのは中国？

建設３Ｄプリンターの開発で、最も存在感を示している国はどこか。今のところ中国だとみられる。３Ｄプリンターでつくった構造物の、世界最高あるいは世界最長の記録を、いずれも中国が独占している。上海に本社を置くウィンスン（WinSun）は、15年に３Ｄプリンター製の5階建て集合住宅を公開し、「世界最高」を宣言している。この集合住宅は展示用とみられるが、鉄筋などで３Ｄプリンター製の壁を補強して「中国の建築基準に準拠した」と説明している。19年1月には、清華大学の研究チームが３Ｄプリンター製の歩道橋を完成させたと発表。長さ約26メートルのアーチ橋で、世界最長を記録した。

ただし、他国も国を挙げて研究開発に乗り出している。欧州ではオランダ以外にも、例えば英国が17年、３Ｄプリンター技術に関して、18～25年にかけての国家戦略をまとめた。ラフバラー大学を中心に、産学連携の技術開発が進んでいる。スイスでは14年に、スイス連邦工科大学チュー

世界最長の3Dプリンター製歩道橋（写真:清華大学）

中国で2015年に完成した3Dプリンター製の5階建て集合住宅
（写真:WinSun）

リッヒ校が中心となり、建設のデジタル化に関する専門の国立研究センター「ｄｆａｂ」を設立。３Ｄプリンターを含む多様な研究開発を、民間のパートナーと進めている。

米国では国防総省が、軍の兵舎や臨時橋梁などを３Ｄプリンターで製造する研究開発を進めている。米航空宇宙局（ＮＡＳＡ）は14～19年にかけて、３Ｄプリンターで火星に住居を建設する技術のコンテストを開催した。

建設分野のデジタル化に熱心なシンガポールでは名門・南洋理工大学が３Ｄプリンター技術に特化した研究所を16年に開設し、建設業への応用にも取り組む。シンガポール政府は国立研究財団を通じて、研究所に10年間で４２００万シンガポールドル（約33億円）を超える出資を行う計画だ。

アラブ首長国連邦では、30年までにドバイの新規建造物の25％を３Ｄプリンターで建設することを目標に掲げる。21年までに３Ｄプリンターに対応した建築基準を整備する予定だ。

では、日本はどうだろう。スーパーゼネコンと呼ばれる大手建設会社がこぞって研究開発に乗り出しており、小さな橋やあずまやなど、ちょっとした構造物をつくることは既に可能になっている。ただし、施工性やコストについては、まだまだ従来の工法に圧倒的に分があるというのが実情だろう。耐震性、耐久性の確保といった課題の解決も望まれるところだ。

▶建設3Dプリンター業界地図

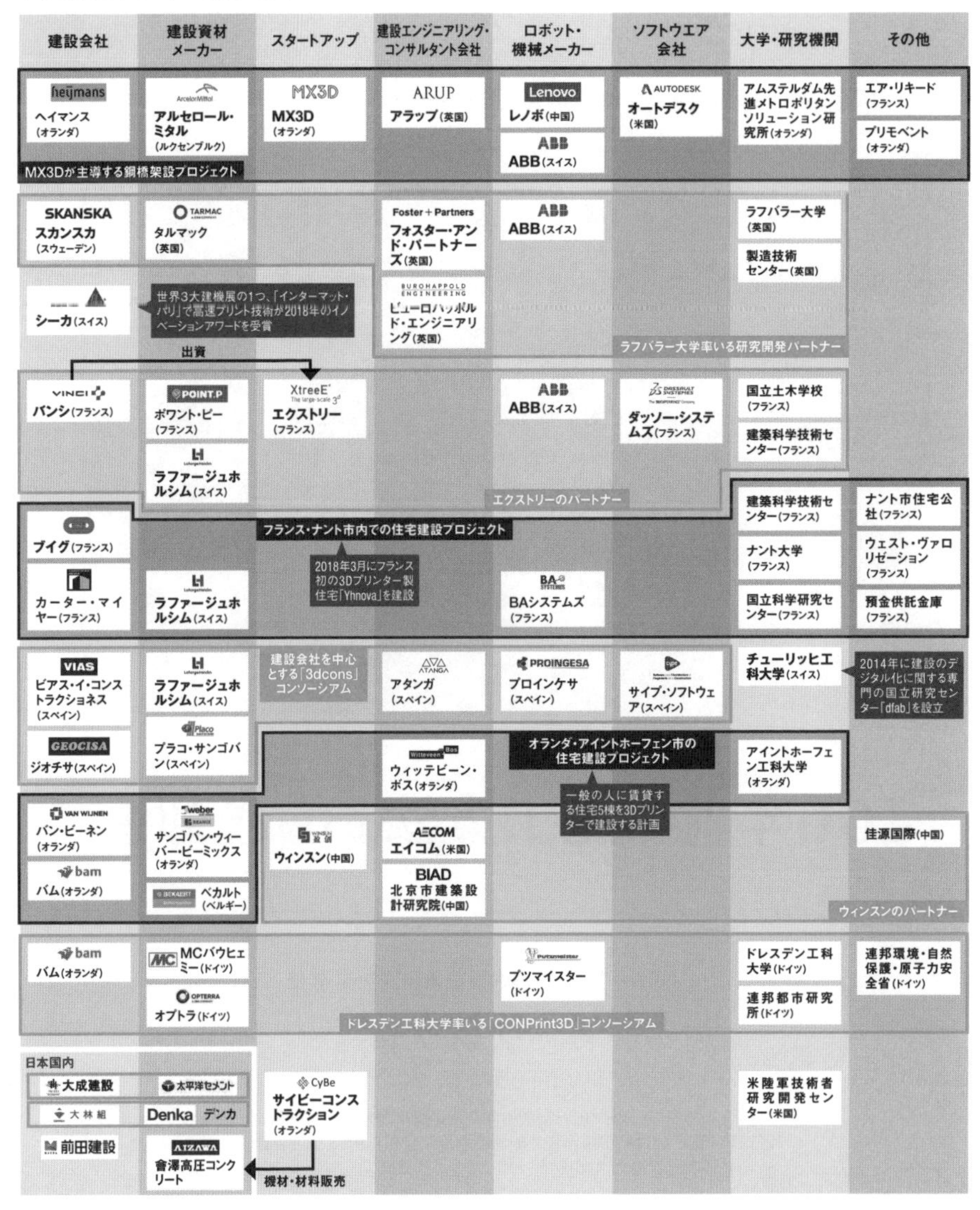

2019年6月時点で入手可能だった報道発表資料や取材を基に作成。研究開発の主な提携関係、特定プロジェクトにおける主な協業関係を示した（資料：日経コンストラクション）

INTERVIEW

100年前の施工方法から脱却を

アイントホーフェン工科大学建築環境学部 教授

テオ・サレット

THEO SALET

1990年にアイントホーフェン工科大学建築環境学部で博士号を取得。2012年に同大学建築環境学部の非常勤講師に就任。19年から同学部教授および学部長。専門はコンクリート構造学(写真:日経コンストラクション)

――建設3Dプリンターの可能性をどのようにみていますか。

環境負荷の軽減や生産性の向上、多様化する需要への対応。建設業が直面している課題を解決するには、産業全体のデジタル化が不可欠です。建設3Dプリンターには、その流れを加速させる力があると思います。構造物の設計では、既にBIM（ビルディング・インフォメーション・モデリング）などが浸透し始めています。にもかかわらず、コンクリート構造物の工法は100年前からほとんど変わっていません。効率化の余地は大きいはずです。

当然、一筋縄ではいきません。3Dプリンターで積層したモルタルは一般的なコンクリートと同じように、圧縮に強くて引っ張りに弱い特徴がある。圧縮力で力を伝えるアーチ構造にしない限りは荷重を支えられず、構造物としての使い道がほとんどありません。

そこで、3Dプリンターでつくった構造物をどのように補強するかが重要になります。17年にオランダのバムインフラ社と共同で架設した3Dプリンター橋では、複数の桁部材に鋼材を通し、プレストレスを導入して一体化する方法を採用しました。さらに、3Dプリンターのノズルを改造し、モルタルを積層しながら中央に鋼製のワイヤを埋め込めるようにしたのです。我々はこのほか、合成繊維や鋼繊維を使ったコンクリート、モルタルの補強にも取り組んでいます。実は、3Dプリンティング技術と繊維補強はとても相性がいい。

――相性がいいというと？

繊維材料は、モルタルを積層しながら、必要な箇所に必要な量だけ配置できるメリットがあります。繊維の分布を製造過程で全て記録することも可能になるので、どんな種類の繊維をどのように配置するのが最適なのか、データに基づいて考えられるようになるのです。

いずれは、建設現場に3Dプリンターを設置して、部材や構造物を必要に応じて構築できるようにしたい。現状の技術で、一定の品質を確保するには、気温や湿度を自由に調整できる屋内の工場でプリント作業をする必要があります。しかし、これでは従来からあるプレキャスト工法（工場であらかじめ製造した部材を建設現場に運んで組み立てる工法）に対して優位性を示しにくいでしょう。

屋外でプリントするには、ロボットが自ら、周囲の環境に合わせて混和剤などを適切に調整する必要があります。AIなどを利用した最先端の制御技術を取り入れることはもちろん、地道なデータの蓄積も欠かせないテーマです。

2017年10月に3Dプリンター製の橋を架設した様子（左）と、その内部の模式図（右）。橋軸方向に鋼材を通して緊張し、複数の部材を一体化した（資料:アイントホーフェン工科大学）

CHAPTER 4

2 スタートアップのプリント革命

建設3Dプリンターの実用化に取り組むプレーヤーは様々だ。建物や橋などをつくる建設会社、設計事務所、セメントなどの材料メーカー、大学。なかでも、3Dプリンターの未来に可能性を見いだし、建設業界に新風を吹き込もうとするのがスタートアップ企業だ。その技術を取り込もうと、世界最大規模の建設系企業も協業や出資を申し出るほど。注目のスタートアップの戦略を追いながら、世界の潮流をもう少し具体的に探ってみよう。

XtreeE　フランスの巨人、バンシなどと協業

年間5兆円超を売り上げる欧州最大手の建設会社バンシ（Vinci）が、3Dプリンター技術の「お墨付き」を贈ったスタートアップ企業がある。バンシのお膝元であるフランスで2015年に創業したエクストリー（XtreeE）だ。17年11月、バンシのグループ会社がエクストリーへの出資を明らかにした。

エクストリーは、モルタルを積層するタイプの3Dプリンターで、高さ4メートルの支柱や大型のパビリオンなどを印刷した実績を持つ。バンシのほか、セメント大手のラファージュホルシ

ム（スイス）、産業用ロボット大手のＡＢＢ（スイス）、ソフトウエア大手のダッソー・システムズ（フランス）といった巨大企業と提携し、現在も３Ｄプリンターを使った複数の建設プロジェクトを手掛けている。

エクストリーの強みは、高い製造品質と設計力だ。３Ｄプリンターに適したかたちに設計するデジタルデザインについても一部、自社で手掛ける。「製造と設計、両方の技術を磨かなければ建設３Ｄプリンターの発展はない」。エクストリーのゼネラルマネジャーを務めるジャン・ダニエル・クン氏はこう言い切る。プリント技術だけが先行しても、そのポテンシャルを引き出せる設計力が伴わなければ、以前からあるプレキャストコンクリートと比べたメリットが小さく、導入が進まないからだ。

さらに、エクストリーは長期的な目標として、３Ｄプリンターに関するデータを統合するプラットフォームの構築を掲げる。設計者や資材メーカーとのやり取りを１つの基盤に統合し、顧客が欲しい時に、欲しい形の構造物を調達できるような体制を目指す。

同社はこの仕組みを交通分野で話題のＭａａＳ（モビリティー・アズ・ア・サービス）になぞらえ、「ＰａａＳ（プリント・アズ・ア・サービス）」と呼ぶ。実現すれば、顧客が設計者や資材メーカーと個別に受発注のやり取りをする必要がなくなり、手続きを簡略化できる。顧客が部材を選びやすいように、設計データのライブラリーも整備する計画だ。

エクストリーは実現に向け、製造拠点の開拓を進めている。25年までに世界各地に66の協力会社を得る目標を打ち出している。

日本企業との協業も既に始まっている。エクストリーは17年秋、日本の大手繊維会社クラボウと協業を開始した。クラボウは建設3Dプリンターを使った事業を検討中で、エクストリーの機材を国内の工場に導入。建物の外装材や景観材料など付加価値の高いセメント系製品の領域で事業展開を狙う。

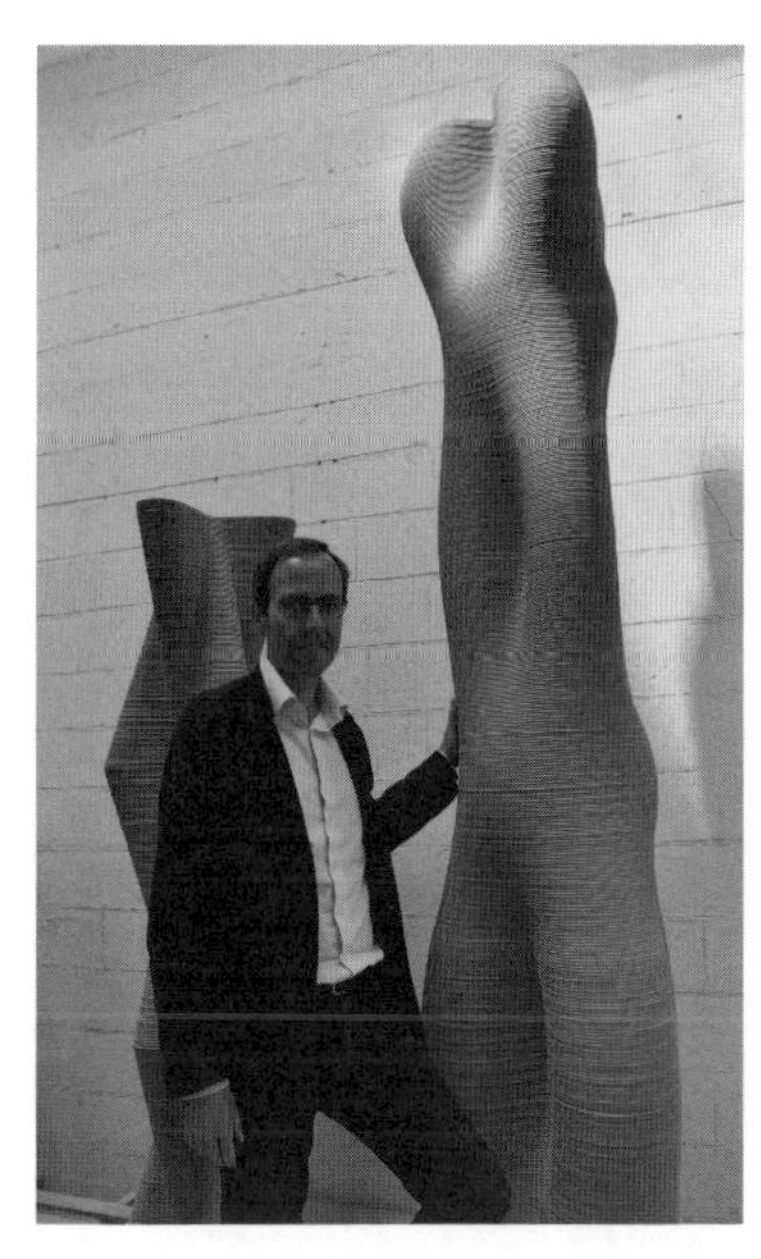

エクストリーのジャン・ダニエル・クン氏。180cm近い氏の身長を軽く超える高さまでモルタルの積層に成功している（写真：日経コンストラクション）

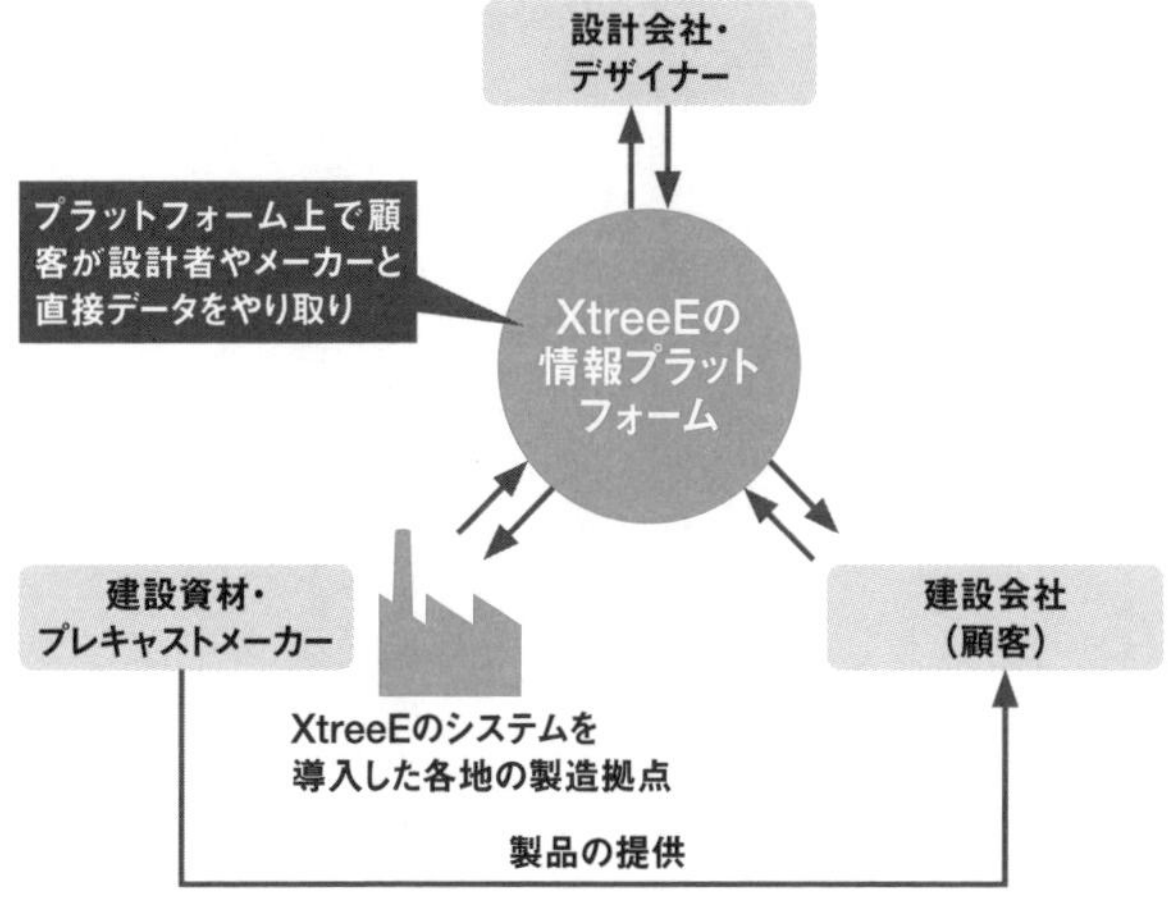

XtreeEが構築を目指すプラットフォーム（資料：日経コンストラクション）

CyBe Construction 現地製造による合理化で先行

「セメント系3Dプリンターで建設業を再定義する」。13年に創業したサイビーコンストラクション（CyBe Construction）は、高い目標を掲げる。コンクリート製品を従来よりも早く、安く提供する技術として3Dプリンターに着目し、創業からわずか3年で機材と専用のモルタルを販売できるまでに技術を磨き上げた。

創業者のベリー・ヘンドリックス最高経営責任者（CEO）は、父親が営む建設会社で施工管理をしていた経歴を持つ。「1つの建物をつくるのに膨大な時間と人手を費やす仕事の進め方に疑問を抱いていた」とヘンドリックスCEOは当時を振り返る。ちょうど、米国で話題になり始めた建設3Dプリンターに可能性を感じて起業した。

技術の核となる材料の開発には2年を要した。ヘンドリックスCEOが特に重視したのは、モルタルが固まって強度を発現するまでの時間だ。高速で積層しても自重で崩れないよう、数分以内に硬化を始めることを最低条件に、手当たり次第に世界中の材料メーカーに問い合わせ、今のモルタルの原型を見つけ出した。それは、ある企業が小規模な補修工事向けに開発したものの、引き合いが少なく、お蔵入りになりかけていた製品だった。

そこから改良を重ねた現在のモルタルは、積層して3分以内に硬化を始め、およそ24時間で20N／㎟の圧縮強度を発揮する。価格は一般的なモルタルの3倍近くと割高だが、「工期を半分以下にすれば、コスト面でのメリットは確保できる」（ヘンドリックスCEO）

サイビーコンストラクションのベリー・ヘンドリックスCEO。3Dプリンターを建設現場に持ち込むうえで、「建設会社で働いた経験が生きることが多い」と話す（写真：日経コンストラクション）

サウジアラビアの住宅の壁をプリントする様子。風じんを防ぐために建設現場に仮囲いを設けてある
（写真：CyBe Construction）

16年以降、サイビーコンストラクションは開発した3Dプリンターとモルタルを大型の建設プロジェクトで活用してきた。18年秋には、サウジアラビア初の3Dプリンター住宅の建設を担当した。建設現場に3Dプリンターの機材を持ち込み、1週間で48個の部材のプリントを完了。プリンターをクローラーに載せ、設置場所を変えながら住宅の壁面を築いた。

3Dプリンターを建設現場に持ち込んでその場で部材を印刷すれば、資材の調達などにかける時間を大幅に省略できる。ただし、気温や湿度の変化に応じた品質管理が難しいといった理由で、実践している会社はまだ少ない。サイビーコンストラクションは各国のパートナー企業を通じて技術を世界に広げる展望を描く。「いずれは同じ機材と材料があれば、世界中のどこでも設計データを共有して同じ構造物を再現できるようになる。我々はロボットを売るのではなく、全く新しい建設プロセスを売っていく」。こう語るヘンドリックスCEOの鼻息は荒い。

サイビーコンストラクションとの技術交流をきっかけに、3Dプリンターを導入した日本企業もある。生コンやプレキャス

會澤高圧コンクリートが2020年9月に発表した上下水道不要のトイレ。外装を3Dプリンターで印刷した。左はインド向けのプロトタイプ。右は国内向け（写真:會澤高圧コンクリート）

トコンクリート事業を手掛ける會澤高圧コンクリート（北海道苫小牧市）だ。同社は18年9月、ＡＢＢの大型ロボットアームとサイビーコンストラクションのコントローラーを組み合わせた、セメント系３Ｄプリンターを導入。性能の見極めや課題の洗い出しを進めてきた。今後は、実現場への適用段階に移るという。

同社が計画しているのは、インドを舞台としたバイオトイレの普及事業だ。同国はトイレ事情が悪く、衛生問題が深刻化している。そこで、ＮＧＯ（非政府組織）に協力するかたちで、下水施設が不要なバイオトイレの設置を提案した。３Ｄプリンターで外装を印刷する。「社会貢献を通じて、３Ｄプリンターの有用性を発信していきたい」と、會澤祥弘社長は抱負を語る。

WinSun　5年で150万棟の住宅を建設

03年に中国・上海で創業したウィンスン（WinSun）。15年以降、中国・蘇州の5階建て集合住宅や、アラブ首長国連邦・ドバイのオフィス棟など、３Ｄプリンターによる大型建設プロジェクトを立て続けに発表している。その技術の詳細は明らかになっていないものの、世界中から注目を集める。

17年3月、サウジアラビア政府は5年間で１５０万棟の低価格住宅をつくる事業において、ウィンスンに技術協力を求め、約１・５億ドル（約１６０億円）の契約を交わした。同年5月には、世界的なエンジニアリング会社の米エイコム（AECOM）と建設３Ｄプリンターに関する協力を

曲面の壁を採用した建物の施工実績も多いウィンスン(写真:WinSun)

「MARSHA」の建設イメージ。人手を介さず、火星で調達できる材料を使って建設することを想定した。窓もロボットではめ込む(資料:AI SpaceFactory)

約束。両社は中東を起点に、アフリカやアジアの市場も開拓する展望を描いているようだ。

AI SpaceFactory　火星に家を建てる

米航空宇宙局（ＮＡＳＡ）は19年5月、３Ｄプリンターによる火星用の住居建設コンペの優勝者を発表した。60超の作品を抑えて賞金50万ドル（約５４００万円）を勝ち取ったのが、米ニューヨークの設計事務所、ＡＩスペースファクトリー（AI SpaceFactory）の提案する「ＭＡＲＳＨＡ（マーシャ）」だ。

火星で建設する以上、火星で調達できる材料や再生可能な材料を使う方が好ましい。ＡＩスペースファクトリーは玄武岩からつくった複合材料と植物由来のバイオプラスチックを使用。高さ４・５メートルで卵型のプロトタイプを、人手をほとんど介さずに約30時間で構築してみせた。縦長の構造には、ロボットが火星の地表を動き回る範囲を狭くして転倒のリスクを軽減し、施工速度を上げる狙いがあるという。審査中の圧縮試験では、上からの20トン以上の荷重に耐えられることを確かめた。同社は火星向けに開発した技術を応用し、地球上でも再生可能材を使った建物の建設に乗り出すと発表している。

3 国産3Dプリンターで家が建つ日

海外で躍動する建設3Dプリンターの先駆者たち。では、日本企業の動きはどうだろう。そのムーブメントはまだまだ小さいが、建設3Dプリンターが普及する将来を見据え、研究開発に取り組む国内のプレーヤーは少なからず存在する。

セメント系の建設3Dプリンターで頭1つ抜け出たのがスーパーゼネコンの大林組。2019年8月29日、建設3Dプリンターを活用し、2種類のセメント系材料を一体化して国内最大規模の構造物をつくる技術を開発したと発表した。鉄筋を使わずに、圧縮強度と引張強度を兼ね備えた自由な形態の構造物を製造できる。

同社の技術研究所では同日、完成すると全長約7メートル、幅約5メートル、高さ約2・5メートルとなる「シェル型ベンチ」を3Dプリンターで製造している様子を報道陣に公開。大林組によると、セメント系材料を用いた3Dプリンターによる構造物としては、国内最大規模となる（同社は20年4月、完成したベンチを公表した）。

3Dプリンターの機材には、工場で使用されている産業用ロボットアームを活用。アームの腕が届く最大範囲でベンチを設計した。ロボット自体をレール上で動かせるようにすれば、さらに大型の部材も製造できる。大林組技術研究所長で技術本部副本部長の勝俣英雄執行役員は会見

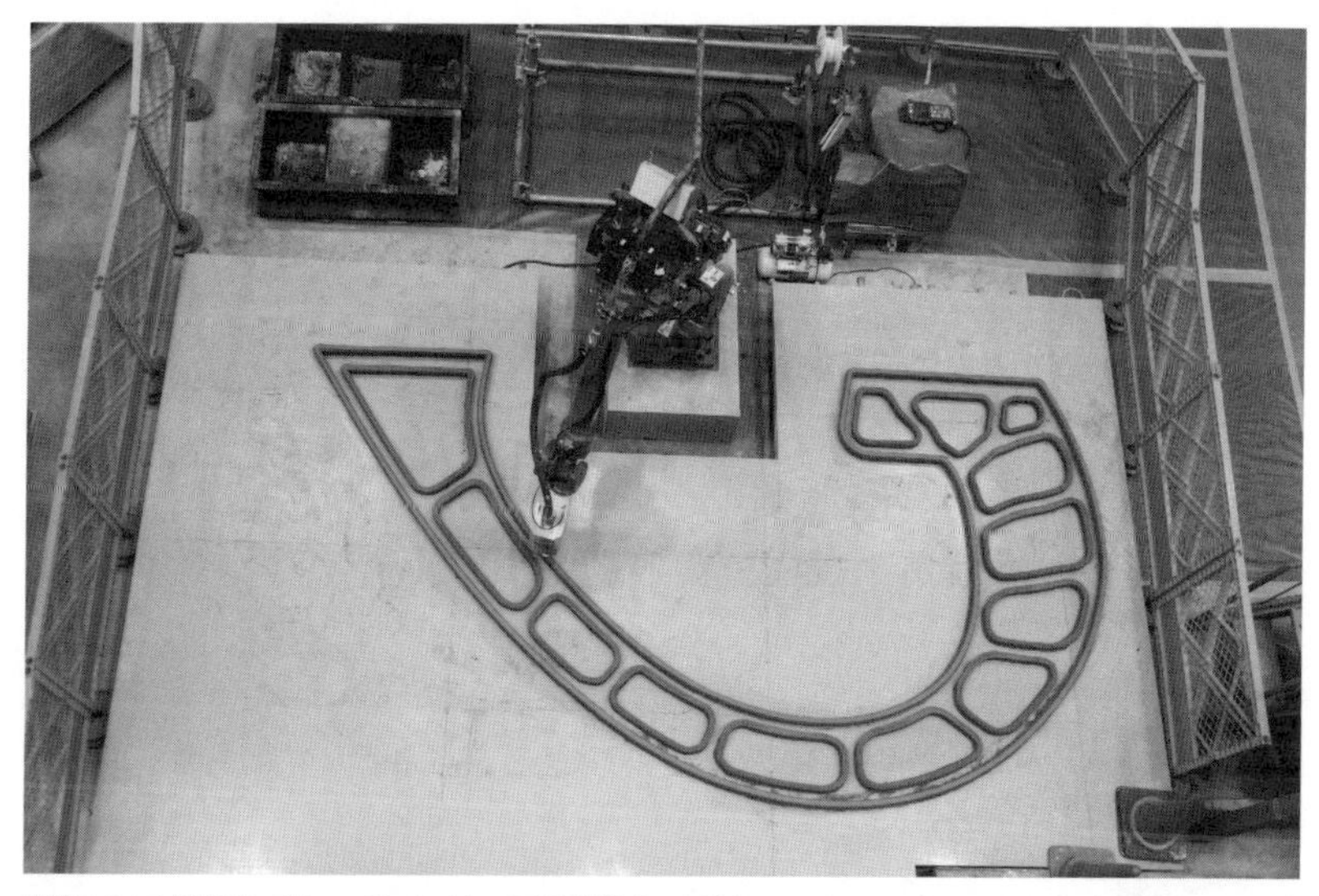

特殊モルタルを積層して「シェル型ベンチ」の部材を製造する大林組の3Dプリンター（写真:日経アーキテクチュア）

完成した「シェル型ベンチ」。鉄筋と型枠を使わずに、曲面だけで構成した（写真:大林組）

で、「技術的には土木構造物や建築物の構造体などを製造できるところまできている」と手応えを語った。

過去には長さ1・8メートルのアーチ橋を試作

大林組は14年に建設3Dプリンターの開発に着手。17年には化学メーカーのデンカ（東京都中央区）と共同開発した特殊モルタルを用いて、3Dプリンターで製造した中空ブロックによる長さ約1・8メートルの小規模なアーチ橋を試作した実績がある。

このときに積み残した課題が主に2つあった。1つは、引張強度が十分に出ないことだ。モルタルのようなコンクリート系の材料は、圧縮方向の力には非常に強いものの、引っ張る力には弱い。そこで、圧縮に強いコンクリートの内部に鉄筋を配置して引張力を負担させたのが、我々が普段から目にしている鉄筋コンクリート（RC）造の構造物だ。ところが、3Dプリンターで構造物を印刷する場合、内部に鉄筋を配置できない。このため、プリンターから吐出するモルタルのみで引張強度を出さなければならないが、これがそう簡単ではなかった。

もう1つの課題は、アームを動かしながら材料を積層させる際の経路の自由度が低いことだ。アーチ橋を試作した17年時点では、部材を製造する際、途中で止めずに一気に特殊モルタルを吐出しなければならず、積層経路は交差することのない「一筆書き」で描けるものに限定されていた。しかし、それでは自由な形状の構造物を印刷できる3Dプリンターの特性を生かしきれない。

そこで大林組は、材料と機械の両面から、この2つの課題の解決に挑んだ。

1つ目の引張強度については、2種類のセメント系材料を用いるアプローチで解決を図った。具体的には、最初に3Dプリンターで特殊モルタルを積層して外殻（型枠）をつくり、そこに超高強度繊維補強コンクリート「スリムクリート」を流し込む方法を取った。スリムクリートは、10年に大林組と宇部興産が共同開発したモルタル材料。細かな鋼繊維を混ぜることで強度を高めており、しかも常温で硬化する優れモノだ。

もう1つの課題だった「一筆書き」の制約を突破するために、3Dプリンター側にも改良を加えている。ロボットアームに材料の吐出を中断・再開できるバルブ付きのノズルを付けたのだ。アーム側からポンプに指令を出すとバルブが閉まる仕組み。これによって、より自由な形状の構造物を3Dプリンターで製造できるようになった。

「3Dプリンターでしかできないデザインを」

シェル型ベンチは計12部材から成り、大きな波のような形状だ。

設計を担当した大林組設計本部設計部教育施設課の松永成雄副課長は、「3Dプリンターでなければ実現できないデザインを意識して、曲面や中空を取り入れた。設計本部の若手社員とスタディーを重ねたものだ」と話す。

3Dプリンターでの製造を前提とする場合、設計のプロセスで3次元データを取り扱うのが基本。例えば今回のベンチの場合はこうだ。まず、構造物のフォルムをＢＩＭ（ビルディング・インフォメーション・モデリング）でモデル化する。これを基に構造上必要な部分のみに材料が配置されるよう「トポロジー最適化」と呼ぶ計算を実施。そのうえで意匠や構造、３Ｄプリンターの制御技術などを考慮しながら細部を詰める。３Ｄプリンターの積層経路も、ＢＩＭモデルから自動で生成できるようにした。

大林組設計本部構造設計部の中塚光一部長は、「中層住宅などであれば、耐震性能なども含めて問題なく製造できる。建築基準法上の手続きも、時刻歴応答解析で構造計算を行い、大臣認定を取得すれば問題ない」と話す。

３Ｄプリンターで特殊モルタルの型枠をつくり、スリムクリートを打ち込む場合の工事費は、曲面型枠と鉄筋、コンクリートによる在来工法の工事費と比較した場合、ほぼ同等だったという。合理的な中空構造にできることで、材料費は約半分で済む。

「そもそも、在来工法では同様の形状をした構造物をつくること自体が難しい。中空部分の曲面型枠の脱型が困難だからだ。３Ｄプリンターなら、曲面や中空が多く従来の技術では実現できない構造体をオーダーメードでつくれる」（大林組技術本部技術研究所生産技術研究部の金子智弥主席技師）

大林組はシェル型ベンチの完成後に暴露試験を実施し、耐久性や保守性などの確認を進める予定だ。勝俣所長は、「小さな懸念事項も全て計測してデータを取る。それには2年は必要だと考えている。そのうえで、まずは自社案件や技術研究所内の施設へ適用していく」と話す。

▶「トポロジー最適化」で材料の配置を決定

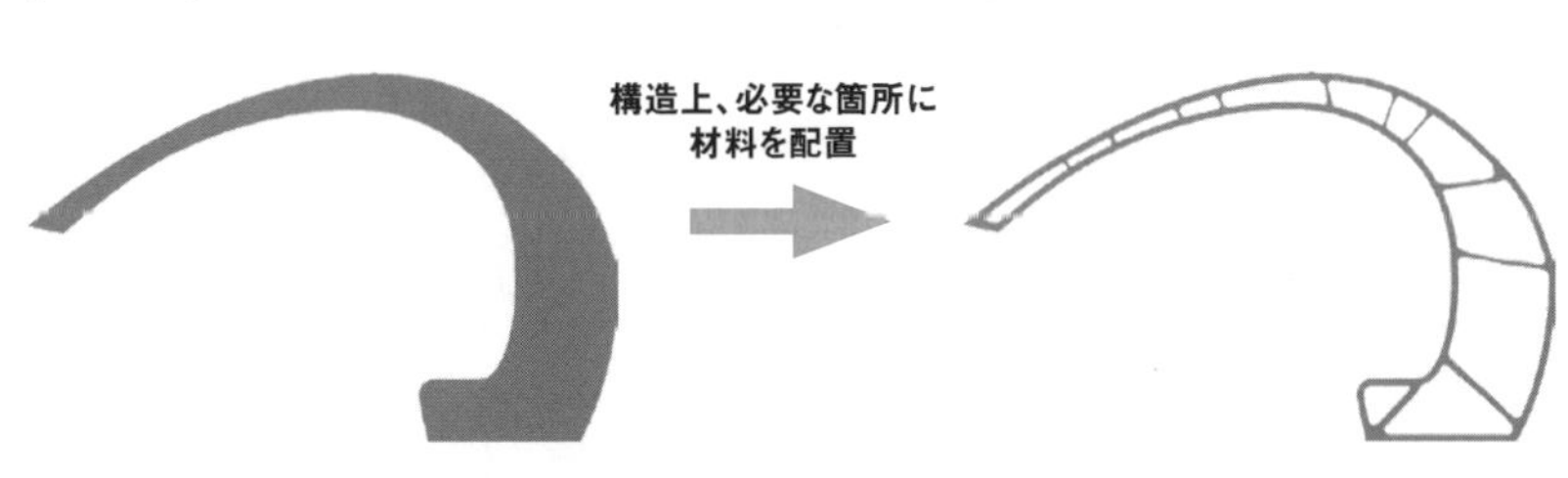

「トポロジー最適化」を用いた内部構造の検討イメージ（資料:大林組）

▶2種類のモルタルで引張強度を確保

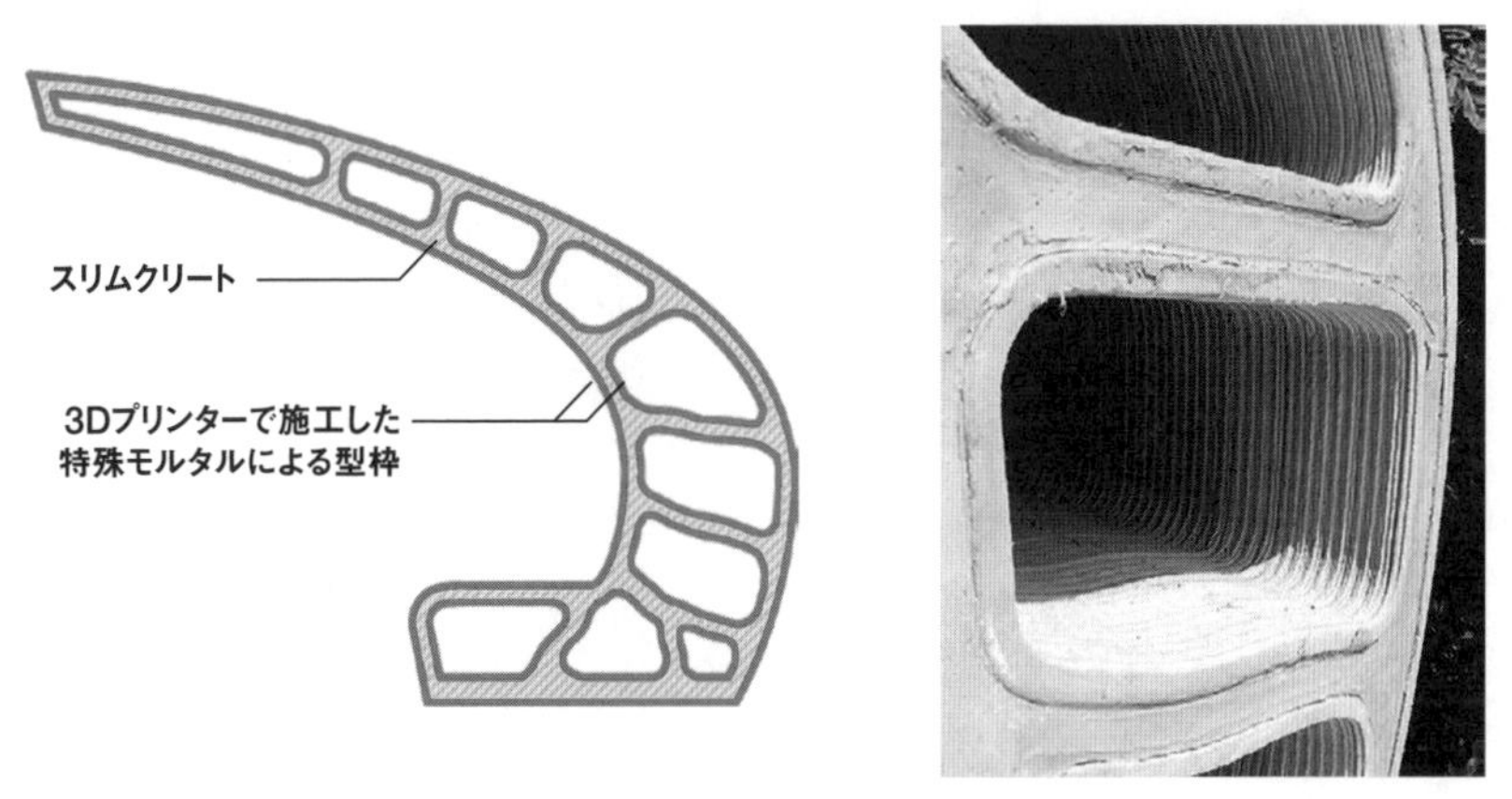

左は特殊モルタルとスリムクリートによる複合構造のイメージ。右は断面の写真。3Dプリンター特有の縄目のような積層痕によって2 種類のモルタルが十分に付着する（資料:大林組、写真:本誌）

大成建設の3Dプリンターもノズルがすごい

大林組以外のゼネコンも負けていない。大成建設は、建設機械レンタル大手のアクティオ（東京都中央区）、太平洋セメント、有明工業高等専門学校と共同で、セメント系の建設3Dプリンター「T－3DP」を開発。18年12月に発表した。

T－3DPは大林組が採用するアーム形ではなく、門形の建設3Dプリンターだ。制御用パソコンで読み込んだ3次元データに基づいて、セメント系材料（モルタル）を1層当たり約1センチメートルの厚さで押し出して積層していく。ノズル部の移動速度は、最速で毎秒50センチメートルに達する。幅1・7メートル、長さ2メートル、高さ1・5メートルまでのコンクリート部材を製作できる。

同社の建設3Dプリンターの開発は15年度に始まった。手始めに積層造形に適したセメント系材料のプロトタイプを開発。16年度には小型の試作機を製作して、積層造形実験を繰り返した。さらに、17年度からは特殊ノズルの開発、18年度からは装置の大型化に挑み、現在の「T－3DP」へつなげていった。

「T－3DP」の最大の特徴の1つは、有明高専と共同で開発した特殊なノズルだ。形状や機構、制御システムなどに工夫を凝らし、2つの仕組みを取り込んだ。1つ目は材料の供給方法によらず、吐出量を一定に保てる仕組み。もう1つは、吐出をやめた際にノズル先端から材料を垂れにくくする仕組みだ。

将来は自走するプリンターで橋脚構築

吐出量を一定に保てるようになったことで、圧送用ポンプとして、スクイーズポンプが使用可能になった。スクイーズポンプとは、建設現場でコンクリートの打設などに用いられる一般的なポンプだ。このポンプは通常、圧送時に「脈動」が伴う。そのまま対策を講じずに3Dプリンターに使用すれば、モルタルの押し出し量に乱れが生じ、吐出形状が安定しなくなる。開発を担当した大成建設技術センター社会基盤技術研究部材工研究室の木ノ村幸士プロジェクトチームリーダーは、「現場での展開を想定して開発を進めた成果だ」と強調する。

さらに、ノズルから材料を垂れにくくする仕組みの採用によって、不連続区間でもノズルを自由に移動できるようになった。この仕組みを用いれば、「一筆書き」以外の形状のプリントや、形状が異なる複数の部材を一度に積層造形することも可能になる。

「T－3DP」で使用しているモルタルは、18年度からアライアンスに加わった太平洋セメントとの共同開発で生まれた材料だ。

ベースのセメント系材料に水硬性無機系の混和材を添加して、流動性と速硬性を両立させた。硬化時間は数十分から2、3時間の間で調整できる。圧縮強度は材齢28日で60メガパスカル（N／㎟）程度にした。こうした特性によって、大型部材の積層造形が可能になった。

大成建設では造形物のさらなる大型化を果たすために、ひび割れリスクを抑える品質管理手法、粗骨材（粒径の大きな砂利など）や繊維・鉄筋による補強方法の確立といった研究課題に取

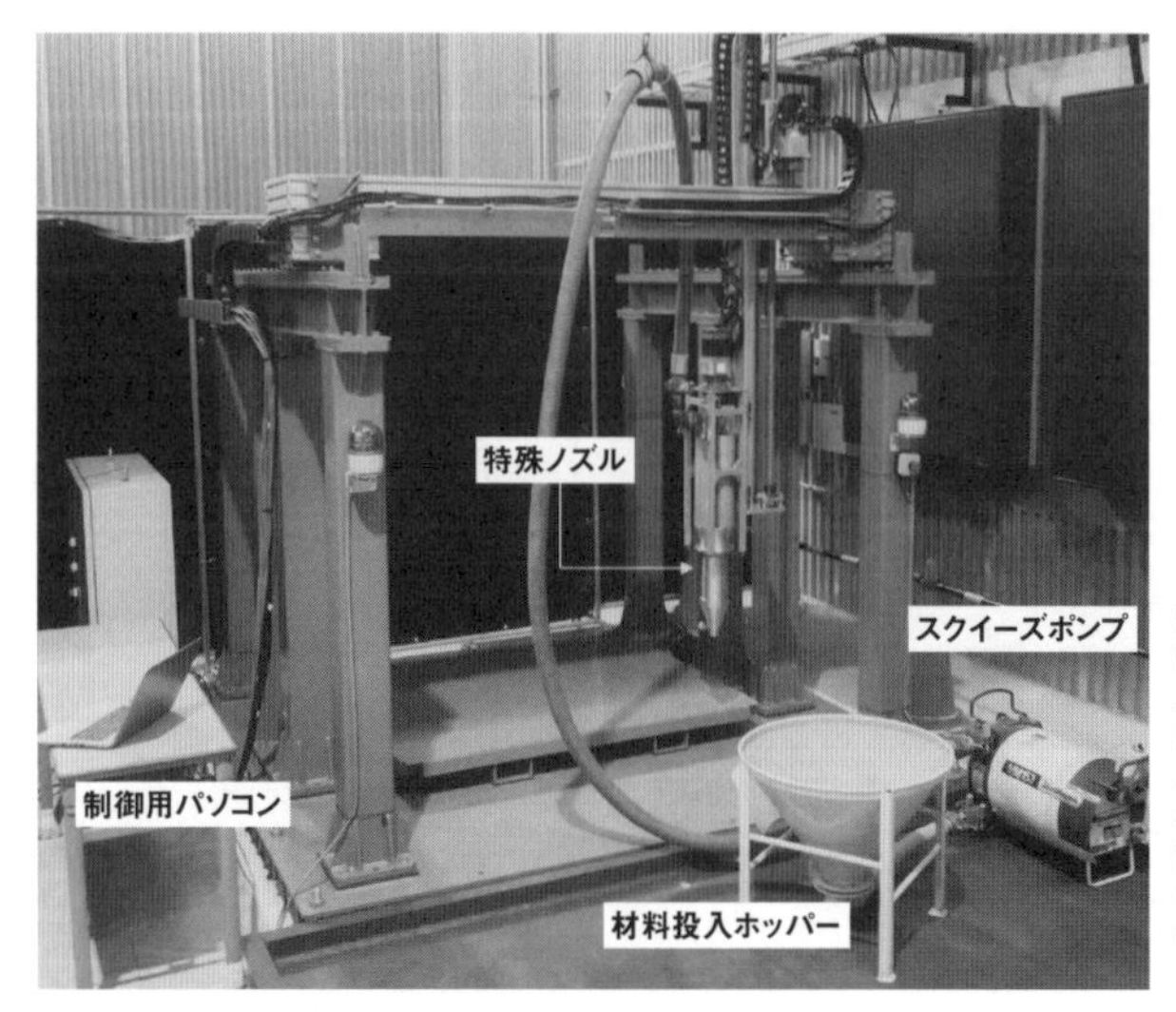

大成建設などが開発した建設3Dプリンター「T-3DP」。モルタルの吐出量を常に一定に保つ特殊ノズルの開発によって、「脈動」を伴う圧送ポンプとの組み合わせも可能だ。製作可能な最大寸法は、幅1.7m×長さ2.0m×高さ1.5m
（写真:大成建設）

▶複数部材の同時製作が可能

[複数部材の同時製作モデル]

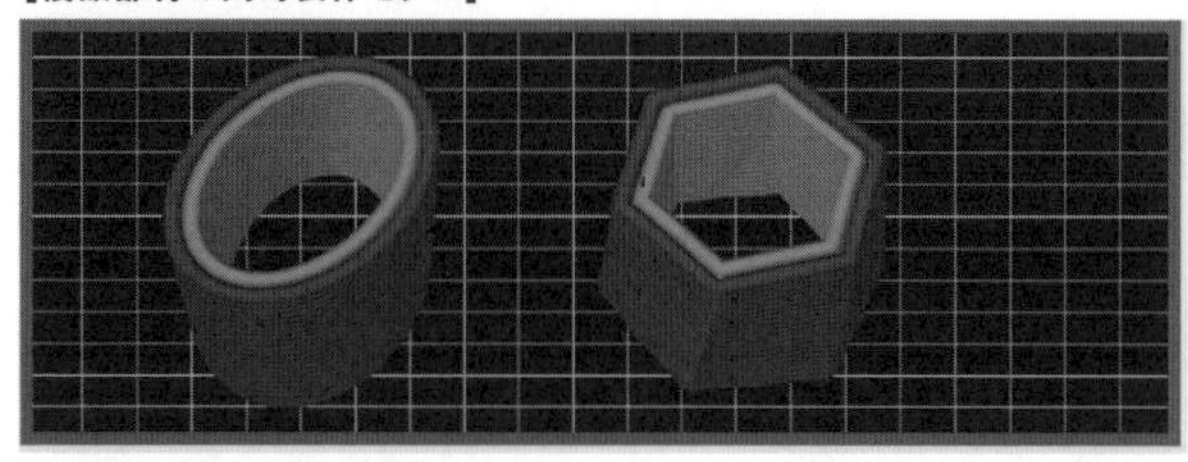

[不連続区間の移動]

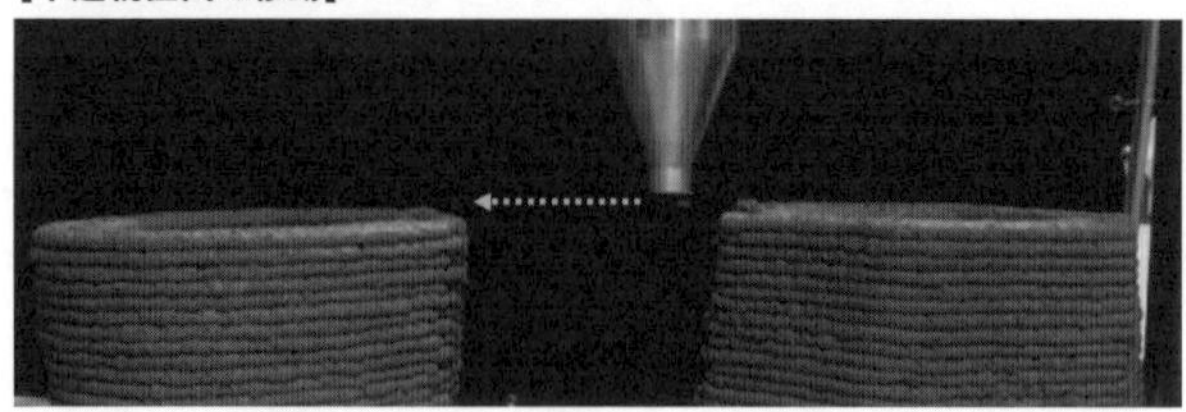

モルタルがノズル先端から垂れないように機構的な工夫が施されているので、不連続区間の移動が可能だ。形状が異なる複数の部材を同時に製作できる
（写真・資料:大成建設）

り組む。「材料に粗骨材を入れるためには、粒径に応じた装置の大型化や耐摩耗性の向上が必要となる。繊維・鉄筋を積層造形の過程にどう入れ込むのかといった問題も、解決しなければならない」（木ノ村プロジェクトチームリーダー）

同社は3Dプリンターが普及すれば、装置や使用材料の価格低下につながるとみる。さらに、複数の3Dプリンターを1人で操作することで生産性向上などが進み、従来工法よりもコストを抑えられる可能性が出てくると期待する。加えて、少量多品種のプレキャスト製品の製作が容易になる見込みだ。型枠が不要な3Dプリンターを導入すれば、型枠の製作費と製作期間が不要となる。このため、少量生産でもコスト低減や工期短縮を実現できるからだ。

木ノ村プロジェクトチームリーダーが実現場への導入例として挙げるのが、橋梁の下部工事（橋脚など橋の下部の工事）だ。足場に設置した軌道上を、複数の建設3Dプリンターが自走しながらコンクリートを積層し、橋台や橋脚を構築する――。大成建設技術センターの丸屋剛副技術センター長は、「3Dプリンターが普及するか否かは、これから数年の取り組み次第。正念場になる」と気を引き締める。

竹中工務店が注目スタートアップ企業とタッグ

産業用ロボットアームの先端に溶接トーチを取り付け、市販の溶接ワイヤを供給しながら肉盛溶接を繰り返し、金属の構造物を「印刷」していく――。スーパーゼネコンの一角を占める竹中工務店は、金属系の3Dプリンターを開発しているオランダ・アムステルダムのスタートアップ企業、MX3Dとタッグを組み、大空間建築物の「接合部」を試作した。建築の接合部とは、柱や梁の継ぎ目のことだ。両社は実プロジェクトへの適用を視野に、研究開発を進めている。

金属3Dプリンターで試作した接合部の重量は約40キログラム、高さは約500ミリメートル。試作品なので、実際の大空間建築物に使用する接合部に比べるとやや小ぶりだ。より大きな接合部を製作する場面を想定し、金属製の外皮を印刷して内部にモルタルを充填するという、異素材による複合構造を採用した。溶接量をなるべく減らし、印刷に要する時間とコストを削減する狙いがある。

溶接ワイヤには、優れた構造強度と耐食性を持つ二相ステンレス鋼向けの製品を使用した。今回は欧州の規格に適合した製品を用いたが、

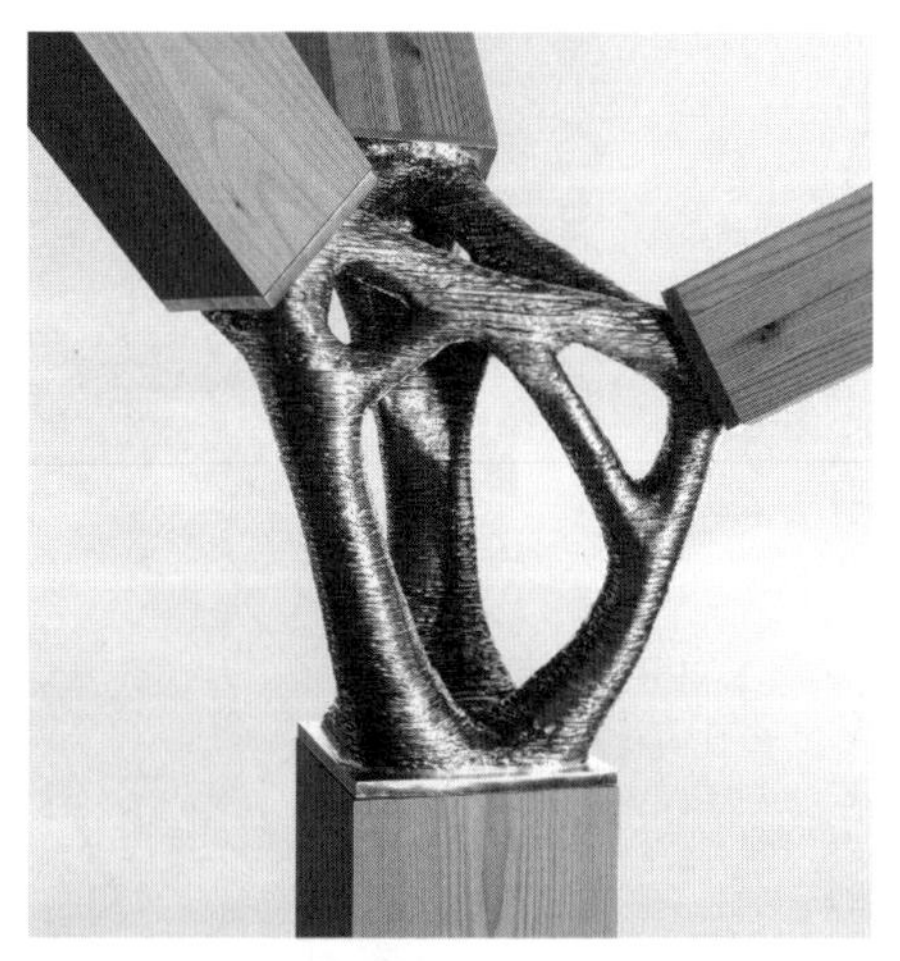
竹中工務店とMX3Dが金属3Dプリンターで製作した大空間建築物の接合部。集成材が4方向から取り付く
(写真:左も竹中工務店、MX3D)

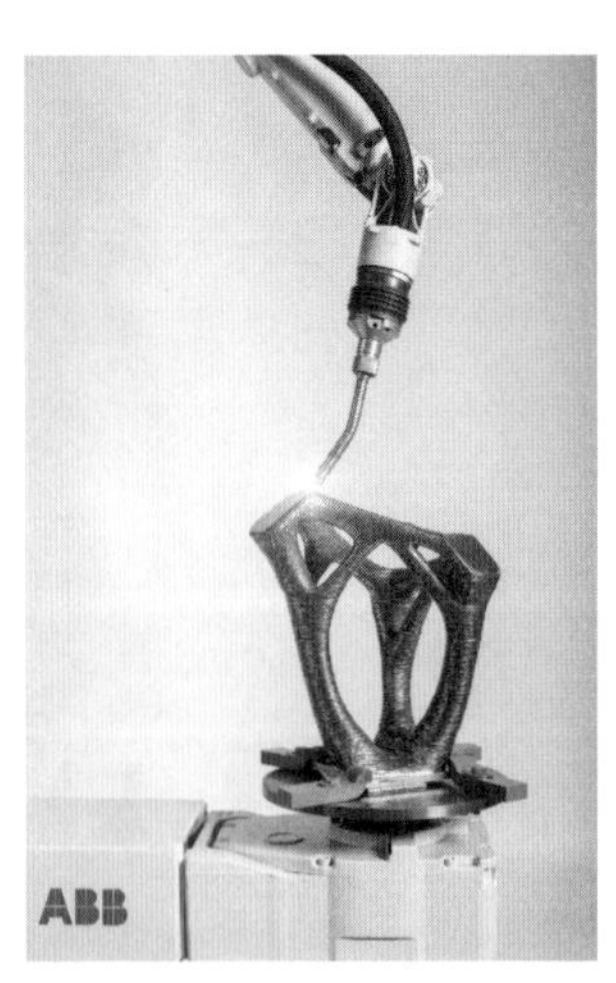

MX3Dが開発した金属3Dプリンターで接合部を印刷する様子

日本産業規格（ＪＩＳ）のワイヤを用いることも可能だ。

ＭＸ３Ｄの３Ｄプリンティング技術はＷＡＡＭ（ワイヤとアーク溶接を用いた金属積層造形技術）などと呼ばれ、金属粉末にレーザービームを照射して固めるＳＬＭ（Selective Laser Melting）という手法と比べて材料の単価が非常に安く、印刷速度も優れる。表面の凹凸が目立つのが難点だが、建築や土木などの大型構造物を印刷するのに向いている。

長さ10メートル超の鋼橋を印刷

ＭＸ３Ｄは18年3月、金属３Ｄプリンターで印刷した長さ12・5メートルの鋼製の橋を発表して話題を呼んだスタートアップ企業だ。曲線を多く取り入れたデザインが特徴のこの橋は、アムステルダムの運河に架ける予定の歩道橋。総重量約4・5トンの鋼材を、4台のロボットを用いて6カ月かけて製作した。デザインはオランダのヨリス・ラーマン・ラボが、構造は英国の世界的エンジニアリング会社であるアラップ（Arup）が担当している。

金属３Ｄプリンターで前例のない規模の橋をつくるには、構造設計や材料に関する専門知識が欠かせない。そこで同社は、社外の協力者を募った。新技術への期待の大きさを物語るかのように、協力者には著名な企業が名を連ねた。産業用ロボット大手のＡＢＢや世界最大の鉄鋼メーカーであるアルセロール・ミタル（ルクセンブルク）、オートデスク（米国）、などはその代表だ。資金集めも難なく進んだ。

「最終的には資金の約70%を、オランダ政府を含むスポンサーから調達できた」と、MX3Dのハイス・ヴァン・デール・ヴェルデン最高経営責任者（CEO）は明かす。

金属3Dプリンターで大型構造物をつくる技術は、他産業からも注目を集める。MX3Dが見据えるのは、産業機械や造船などで使う大型金属部品だ。「同じ部品を大量生産するならば、鋳型製造の方が効率的だ。だが、特殊な形状の部品をオーダーメードでつくるとなれば、3Dプリンターの方が圧倒的に早い」（ヴァン・デール・ヴェルデンCEO）

計算結果は「最適」でも実現不可能

MX3Dの強みは、ロボットを制御するソフトウエアにある。同社は、CADデータを

MX3Dが金属3Dプリンターで印刷した長さ12.5mの鋼橋（写真:MX3D）

読み込んで溶接のパス（溶接継ぎ手に沿って行う1回の溶接作業）を自動生成する機能などを備えた「メタルXL（Metal XL）」と呼ぶソフトウエアを開発している。既存の産業用ロボットと溶接ワイヤ、そしてこのソフトウエアをそろえれば、誰でも建物や橋を製造できるようになるというわけだ。

竹中工務店が、世界的に注目されているMX3Dに連絡を取ったのは18年夏ごろ。同年10月にはプロジェクトに着手し、コンセプトの共有やデザインの協議などを経て、19年11月には製作した接合部をお披露目した。接合部をつくるのに要した期間は、準備なども含めて1カ月ほどだ。

試作した接合部は、大屋根を支える集成材が4方向から取り付く複雑な形状。設計には、大林組もベンチの設計に用いた「トポロジー最適化」と呼ぶ手法を用いた。研究開発を担当する竹中工務店技術研究所先端技術研究部数理科学グループの木下拓也研究主任はトポロジー最適化について、「最も効率的な材料の分布を決定する手法だ」と説明する。必要な強度を満たしつつ材料の使用量を減らして、最適な形状をはじき出せる。

デジタルなデザイン手法を取り入れやすくなる

実は、トポロジー最適化自体は以前からある手法だが、建築設計の領域ではあまり普及してこなかった。計算結果は「最適」でも、現場の技術者からすれば部材の製作や施工に要する手間とコストが高くついて、実現不可能な構造になってしまう場合が多いからだ。

設計した形状をそのまま印刷できる金属3Dプリンターを活用すれば、こうした施工上の制約を取り払い、デザインや構造合理性を犠牲にせずに最適な空間を実現できるようになる可能性がある。「トポロジー最適化やAI（人工知能）などを活用したデジタルなデザイン手法も、これまで以上に取り入れやすくなる」（木下研究主任）

接合部はその象徴的な例だ。これまで鋳鋼（鋳型を用いてつくった鋼鉄製の鋳物）などを用いなければ実現できなかった複雑な形状を、コストを抑えつつ自由につくれるようになれば、架構全体のデザインの自由度も向上し、建物の空間を豊かにして付加価値を高めることにつながる。

木下研究主任は、「デジタルでロボティックな製造技術である3Dプリンターを活用すれば、設計をデジタル化するコンピューテー

金属3Dプリンターで製作した接合部の適用イメージ（資料：竹中工務店）

ショナルデザインと、施工をデジタル化する施工ＢＩＭの橋渡しができる。建築のデジタル化を推し進め、より豊かな空間を生み出したい」と意気込む。ＭＸ３Ｄでリードエンジニアを務めるフィリッポ・ジラルディ氏も、「設計から部材の製作までを一貫してデジタル化すれば、建築の創造性が製造技術の制約から解き放たれる」とする。

竹中工務店は金属３Ｄプリンターによる接合部の実用化に向けて、基礎的な材料試験などを実施済み。品質の確保や設計方法の整備といった課題をクリアしつつ、まずは仮設構造物などを対象に適用を目指す。ロボティクスから溶接、設計に至るまで幅広い領域にまたがるテーマであるため、社外の協業先を増やすことも視野に入れている。

自前主義にこだわらず、海外の有力スタートアップ企業との協業を通じて３Ｄプリンター技術を取り込もうとする竹中工務店のアプローチは示唆に富む。

これまで見てきたように、他の建設会社は自社で独自の建設３Ｄプリンターを開発しているが、ソフトウエアがテクノロジーの核である以上、建設３Ｄプリンターそのものの開発に、ゼネコンが自らゼロベースで取り組むのは、いかにもコストパフォーマンスが悪そうだ。３Ｄプリンターのポテンシャルを引き出す「使い方」の研究に専念する方が、様々な技術をアセンブルして複雑で大規模なものづくりをしてきたゼネコンらしさを、生かしやすいかもしれない。

INTERVIEW

省人化だけで終わらせるな

東京大学大学院工学系研究科 教授

石田 哲也

ISHIDA TETSUYA

1999年に東京大学大学院工学系研究科社会基盤学専攻で博士課程を修了。2013年から現職。19年より日本コンクリート工学会で3Dプリンティングの活用に関する委員会の委員長を務める（写真:日経コンストラクション）

3Dプリンターの技術はロボティクスや材料、建設など、複数の分野にまたがる。海外では異分野の研究者や企業が連携して先進的な技術に取り組み、それに政府が出資するケースが多い。一方、日本は研究予算の規模や政府からの支援が圧倒的に少ない。厳しい環境だが、国内でも3Dプリンターに関して分野横断で議論を進める必要性を感じている。

3Dプリンティングが生産性向上やデジタル化に貢献する技術であるのは間違いない。人手を介さなくても、一定の品質のものを高い再現度で手に入れられるようになることへの期待は大きい。

しかし、国内で技術開発に取り組む建設会社の動向を見ていると、今後5～10年の目標設定に難航している状況だ。建築基準法の縛りが強く、求められる品質の水準も高いので、ニーズを見極めにくいのだろう。

だが、革新的な技術が生まれる時は、必ずしもニーズが先行するわけではない。例えば、米アップルの「iPhone」は消費者のニーズに応えてできたものではなく、ニーズを新たに生み出して大ヒット商品になったと言われる。建設3Dプリンターにも、今までにない構造の可能性を切り開くなど、新たな価値を提供するポテンシャルがある。人による作業の置き換えだけではもったいない。

まずは、課題解決型の技術開発に切り替える必要があるだろう。「できそうだから」という理由で技術開発を進め、後から応用先を探すのでは発展しない。世の中にある課題を先に見つけ、技術の難題を打破していく姿勢が重要だ。（談）

INTERVIEW

設計思想を抜本的に変え、自然との融合を

慶応義塾大学環境情報学部 教授

田中 浩也

TANAKA HIROYA

2003年に東京大学大学院工学系研究科社会基盤工学専攻で博士課程を修了。12年に慶應義塾大学SFC研究所「ソーシャルファブリケーションラボ」を設立し、代表に就任。16年から現職（写真:日経コンストラクション）

　3Dプリンター技術を発展させるには、設計の発想を根本から変える必要がある。特に、今まで触れられなかった内部構造をどのように設計していくかがポイントになるだろう。

　建築設計事務所などが一般的に使っている従来のCADソフトウエアは、基本的にはサーフェス（面）の組み合わせで構造物をかたちづくる。一方、3Dプリンターは材料を「点」や「線」のかたちで重ねて造形していくという点で大きく異なる。そのため、従来のようにCADで描いた設計では、思うように造形できないケースがある。

　3Dプリンターでつくることができるデザインの幅を広げるには、積層でつくることを前提として設計を組み立て直す必要がある。こうしたデザインの手法はDfAM（Design for Additive Manufacturing の略）と呼ばれる。DfAMに対応した設計や構造計算のソフトウエアを整備していくと同時に、新しい発想で設計できる人材の育成も進めていかなければならないだろう。

　現在、私の研究室では3Dプリンターでつくれるデザインの体系化を進めている。内部構造を含めてデザインの最適化を極めると、自然界の造形に近づく傾向があると分かってきた。土木や建築においても、周囲の環境や生態系と親和性の高いデザインなどが、構造物の新たな価値として認められる可能性があるのではないか。

　さらに、3Dプリンターは建設業における複合材料の可能性も広げるだろう。繊維とコンクリートなど、既に実用化されている材料の組み合わせでも、それぞれの最適な配置を設計段階で考えられるようになったら面白い。（談）

第5章

モジュール化の世紀、舞台は現場から工場へ

第5章のポイント

- ▼工期短縮や職人不足対策として、モジュール建築が注目されている
- ▼モジュール化が進めば、建築物は工業製品に近づいていく
- ▼モジュール化とIT、垂直統合モデルで急成長する米カテラのような企業も出てきた

CHAPTER 5

1 モジュール建築の隆盛

2019年6月、鉄筋コンクリートのモジュール（規格化されたユニット）を用いた建築物としては高さ世界一となるツインタワーマンションが、シンガポールのクレメンティー地区に完成した。

フランスの大手建設会社ブイグ（Bouygues）のグループ会社であるドラガージ・シンガポール（Dragages Singapore）が施工した「クレメント・キャノピー（The Clement Canopy）」だ。高さ140メートル、40階建てで、延べ面積は約4万6000平方メートル。505戸を擁する。

マレーシア・スナイのヤードで躯体のモジュールを製作した後に、シンガポール・トゥアスの工場で配管や配線、タイルや塗装、防水処理まで施し、現場に輸送。後は、あらかじめ決めた順番通りに、1899個のモジュールを1日当たり10個程度のペースでレゴブロックのように組み立てた。施工にはタワークレーンを利用し、1個当たり26～31トンもの重量があるモジュールを誤差2ミリメートルで正確に積んでいった。

フロアプランのモジュール化などは、ドラガージのエンジニアリングチームと、シンガポールの有力設計事務所であるADDPアーキテクツ（ADDP Architects LLP）がBIM（ビルディング・インフォメーション・モデリング）を用いて練り上げた。

クレメント・キャノピーのモジュール。1個当たり26～31トンある（写真：下もBouygues）

完成したクレメント・キャノピーの外観。手前の建物とその奥にある同サイズの建物から成るツインタワーマンションだ

モジュール化することで、従来は建設現場で実施していた作業を工場などで進められるので、悪天候の影響で工期が遅れるリスクを減らせる。現場で基礎工事を進めつつ、並行して工場で躯体を製作することができるのも強みだ。このプロジェクトでは予定よりも半年早く、30カ月間で完成したという。工期を大幅に短縮すれば、入居時期を早められるので、デベロッパーのキャッシュフロー改善にもつながる。

工業化によって、品質管理も容易になる。現場に大勢の作業員が出入りする必要がないので、安全性や施工効率も高い。ブイグとドラガージは「廃棄物を70%も削減できる。現場の騒音や粉じんも減らせる」とする。

ドラガージがクレメント・キャノピーの建設に用いたプレハブ工法は、ＰＰＶＣ（Prefabricated Prefinished Volumetric Construction の略）と呼ばれ、シンガポール政府が推進している建築生産方式だ。国が払い下げる土地に住宅を建てる場合、床面積の65%以上に使用しなければならない決まりがある。

シンガポールの建築建設庁（ＢＣＡ）はＰＰＶＣのメリットについて、最大40%の生産性向上、現場の環境改善、品質向上を挙げている。ドラスチックに工業化を進めることで、現場で働く外国人作業員を減らす政治的思惑もあるとされる。

現状では従来の鉄筋コンクリート造の建物よりも8%ほどのコスト増となるものの、採用例を増やせばさらにコストダウンを図れるとみているようだ。シンガポールに進出している日本の大手建設会社も、ＰＰＶＣに関心を寄せている。

マリオットの高級ホテルもモジュール化

工場での作業が柱や梁といった部材の製作のみか、PPVCのように仕上げまで済ませてしまうか、あるいはコンテナを改造するか、工業化の程度や使用する部材などに応じて、プレキャスト工法、プレハブ工法、ユニットハウス、コンテナハウスなどと呼び名は変わり、プランの柔軟性などにも違いが出てくるモジュール建築。かつては簡素で画一的なイメージを想起させるものが少なくなかった。ところが近年は、工場での製作がもたらす高い生産性と、デザイン性の両立を目指したプロジェクトが急激に増えてきた。

世界最大のホテルチェーンである米マリオット・インターナショナルが6500万ドル（約70億円）を投じてニューヨーク市内に

米マリオット・インターナショナルが建設中の「AC Hotel New York NoMad」の完成イメージ（資料:Danny Forster&Architecture）

建設中の「ACホテル・ノマド（AC Hotel New York NoMad）」は、168室を擁する26階建て、高さ約110メートルのモジュール建築だ。完成すれば、モジュール方式を採用した米国で最も高いホテルとなる（19年の計画発表時点では20年秋の開業を予定）。労働者不足などに起因する工期の長期化に対応するため、マリオットは14年からモジュール建築の研究を進めてきた。

ACホテル・ノマドにはラウンジやフィットネスセンター、会議室、コーヒーバーなどを備え、3～4階には屋外アメニティースペースを配置した。客室は5～25階だ。

シンガポールのPPVCと同様に、工場でトイレや浴室などを備え付けて内装や外装の仕上げを施した鉄骨造の客室モジュールを現場に輸送し、タワークレーンを使用してわずか90日間で積み上げる。従来の工法に比べて

ポーランドの工場で製作した「AC Hotel New York NoMad」の客室モジュール（写真:Danny Forster&Architecture）

工期を6カ月間、短縮できるという。

客室モジュールのサイズは短辺が12フィート（約3・6メートル）、長辺が25フィート（約7・6メートル）だ。1フロア当たりの客室数は8つ。ロビーやレストランのほか、建物中央のコア部分（エレベーターや階段室など）は従来の工法で建設することとし、客室のほか屋上のバーなどをモジュール化した。

「部屋のバリエーションを確保しつつ、客室の寸法を一定にしたり、ディテールを類型化したりして大幅なコスト削減を図った」と、設計を担った米ダニー・フォースター&アーキテクチャー（Danny Forster & Architecture）は説明する。

モジュールの製造はポーランドのＤＭＤモジュラー（DMD Modular）が請け負った。ポーランドにある同社の工場で製作したモジュールを輸送し、モジュール建築に強みを持つ米スカイストーングループ（Skystone Group）が施工する。

土地の価格が高く、施工用のスペースを十分に確保するのも難しいニューヨーク市では、現場での作業がシンプルで期間が短くて済むモジュール建築を採用したＡＣホテル・ノマドのようなプロジェクトが市民権を獲得しつつある。

「アフォーダブル住宅」の供給

世界の大都市で課題になっている低・中所得者層の住宅難に対応した「アフォーダブル住宅」

に、迅速な供給が可能なモジュール建築を活用しようという動きも出てきている。

著名な建築設計事務所である米ショップアーキテクツ（SHoP Architects）が米ニューヨーク州ブルックリンに設計し、16年に完成した32階建ての集合住宅「４６１ディーン・ストリート」もその１つだ。

合計３５０個もの鉄骨造のモジュールを付近の工場で製造し、現場で組み立てた。モジュールをうまく組み合わせて、23種類ものレイアウトを生み出している。モジュールを複雑に組み合わせるため、ＢＩＭモデルを用いて意匠・構造・設備間でディテールを調整した。

４６１ディーン・ストリートを手掛けた中高層モジュール建築メーカーの米フルスタックモジュラー（FullStack Modular）は、「アフォーダブル住宅のほか、集合住宅や宿泊施設、学生寮などから成る６３０億ドル（約６・７兆円）の建築市場

不動産会社がオンラインで提供している「461ディーン・ストリート」のバーチャルツアーで、エントランスから建物を見上げた様子（写真:Greystar Real Estate Partners）

をターゲットにしている」とする。

新型コロナ対策にも「出動」

必要な空間を迅速に提供できるモジュール建築の特長は、日本で新型コロナウイルス対策に生かされた。コンテナ建築を手掛けるデベロップ（千葉県市川市）は20年4月末、長崎市に停泊中の大型クルーズ客船の乗員が集団感染した事態を受けて、災害時の利用を想定したコンテナ型ホテル「レスキューホテル」を医療従事者用に提供した。レスキューホテルは、コンテナを利用した客室を災害時などに被災地へ移設し、仮設宿泊所などとして活用する仕組みだ。

20年4月26日に政府と長崎県、クルーズ船会社から出動要請を受けたデベロップは、翌27日に千葉県成田市、28日に栃木県足利市でそれぞれ営業していたコンテナ型ホテルから合計50室分を緊急輸送。29日には長崎市にある三菱重工業長崎造船所の敷地内に到着し、設置工事を始めた。

レスキューホテルには、車輪が付いたシャシーの上にコンテナを載せた「車両型」と、コンテナをシャシーから下ろして地面に固定して使う「建築型」がある。今回出動したのは全て車両型だ。けん引車にコンテナ車をつないで運ぶ。長崎に到着した後も車輪を付けたまま、コンテナを配置した。けん引車ですぐに場所を移動させられるので、コンテナの配置変更は容易だ。

レスキューホテルは普段、コンテナ型ホテル「ザ・ヤード」として営業している。そのため、室内はビジネスホテルそのものだ。ザ・ヤードは建築用コンテナモジュールを利用した1棟1室

トラックで「出動」するレスキューホテル(写真:下もデベロップ)

レスキューホテルのベッドルーム。各コンテナにはエアコンが付いている

形式の宿泊施設で、今回のコンテナは1室の面積が約13平方メートルだ。

コンテナ内には、ベッドやユニットバス、エアコン、冷蔵庫、テレビ、電子レンジなどを備える。キッチンはない。コンテナの外側にはエアコンの室外機が付いており、全室が個別空調になっている。そのため、移設後もコンテナに電力を供給すれば、すぐにエアコンで室温を通常のホテル並みに保てる。

出動の際は上下水道や電気、ガス、通信などの配管や配線を取り外し、室内外の養生をして、コンテナごと現地に移設する。長崎では各コンテナに、上下水道や電気、ガス、通信をそれぞれつないで、順次利用可能にしていった。

デベロップは、建築向けに開発した柱と梁から成るラーメン構造の専用コンテナモジュールを用い、コンテナ建築を提供している企業だ。17年からコンテナ型ホテル事業に進出した。デベロップはレスキューホテルを「宿泊施設が移動して営業している」という考えの下で提供している。そのため料金の概算は、輸送費を除いて通常のホテル1泊分の料金に出動日数を乗じて計算するという。

CHAPTER 5

2 建物は製品に、価値の源泉は工場に

建設産業における価値の源泉は、「現場」から「工場」に移る――。経営コンサルティング大手の米マッキンゼー・アンド・カンパニーは2020年6月に公表したリポート「The next normal in construction（建設産業のネクストノーマル）」の中で、熟練作業員の不足や厳しさを増す安全・環境規制、テクノロジーの進化などを背景として、建設産業で「工業化」が加速すると指摘した。モジュール建築を手掛けるプレーヤーが急成長を遂げ、従来型のゼネコンのプレゼンスが相対的に低下する可能性があると予測したのだ。

リポートでは、かつてオーダーメードでプロダクトを製造していた民間航空機の業界で工業化と標準化が進み、欧州のエアバスと米ボーイングという二大企業の台頭に至った歴史などを引き合いに、建設産業にも同様の変化が訪れる可能性があると示唆している。

建築物が「製品」になる

建築設計事務所や建設コンサルタント会社がプロジェクトごとにゼロベースで建物などを設計し、ゼネコン以下多くの下請け会社、建材・設備メーカー、レンタル会社などの多様なプレーヤー

が入り乱れながら、過酷な労働環境の建設現場で人手に頼って施工を進めるのが現在の建設プロジェクトだ。

一方、工業化が進んだ建設プロジェクトは、モジュールを組み合わせてカスタマイズすることで顧客の要望に対応した設計を行い、これを基に工場で建物のモジュールやプレハブの部材を製造し、建設現場に運んで組み立てるイメージだ。こうした生産方式を、デジタル技術をベースに磨き上げることで、建築物の標準化や製品化が進み、様々な場面でドラスチックな変化が訪れる可能性があるというのだ。

例えば建設会社は製造業を生業とする企業のように、モジュールを製造するためのロボットや設備を備えた「工場」への投資が欠かせなくなるだろう。

また、産業全体でモジュール化や標準化が進めば、これまで他地域や他国の建設市場への参入障壁となっていた「地域性」が薄れていく。すると製造業と同様、同業者との競争を制するにはスケールメリットを働かせて低コスト化を進めることが重要になるため、積極的に国際展開を図って規模を追求する建設会社が出てくるかもしれない。

建築や土木の「製品化」に伴い、顧客を引き付ける「ブランド」がより重要になる。ここで言うブランドには、自動車や航空機など製造業と同様に、品質や信頼性、納期、保証などを含む。

マッキンゼーのリポートでは、既にこのような変化の兆候が表れているという。例えば、北米の新規建築プロジェクトにおけるモジュール建築の市場シェアは、15年から18年にかけて51%も増加した。

▶建設業のバリューチェーンが大きく変化する可能性がある

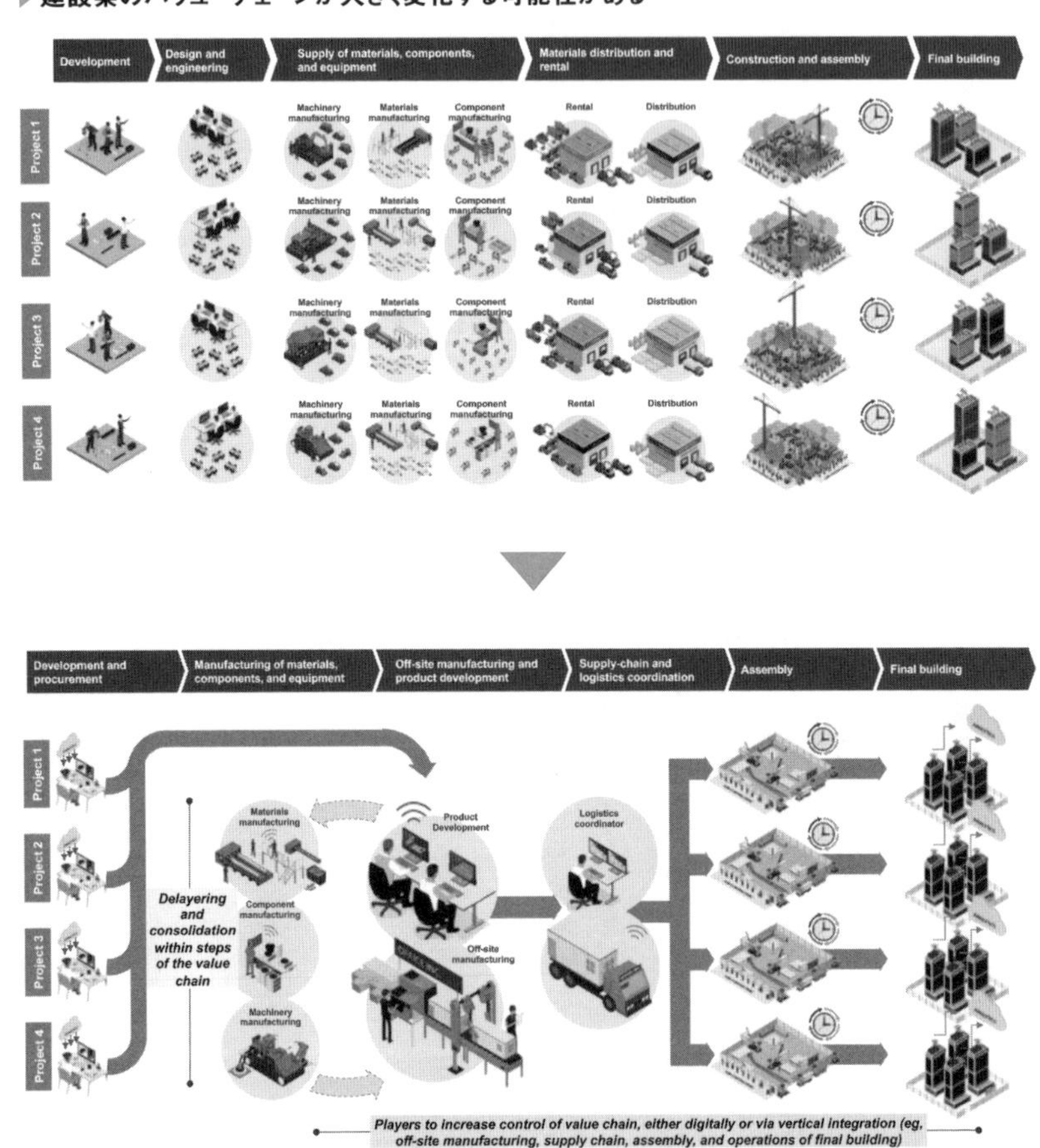

上は現在の、下は未来の建設生産プロセス。現在はプロジェクトごとに多くのプレーヤーが関与するが、将来は規格化や標準化が進み、バリューチェーンの垂直統合が進む（資料:McKinsey & Company）

▶米マッキンゼーが予測する9つの変化

製品ベースでのアプローチ	建築物は標準化された「製品」として提供されるようになる。安全で安定した環境の工場で製造した部材を建設現場に輸送して組み立てるようになる
専門特化	利幅の確保や差別化のために、企業は高層住宅、病院といった自社が優位性を発揮できるセグメントに特化し始める
バリューチェーンの制御と産業サプライチェーンとの統合	企業は垂直統合や戦略的提携などによって、サプライチェーンの統合に動く。BIMなどのデジタルツールの活用がそれを支える
統廃合	専門特化やイノベーションへの投資に対するニーズが高まるほか、建築物の標準化が進むことで企業規模が重要になる
顧客中心主義とブランディング	建築物の製品化や企業の専門特化に伴って、顧客などを引き付けるためのブランディングが重要になる
技術や設備への投資	建築物の製品化に伴って、工場や生産設備への投資が重要性を増す。モジュール化をしていない現場でも、自動化のための設備やドローンなどへの投資が必要になる
人材への投資	デジタル化やバリューチェーンの制御、専門特化などを進めるには人材への投資が欠かせない。特にデジタル人材を獲得するには、将来のビジネスモデルを示して彼らを引き付ける必要がある
国際化	標準化が進むと、競争で優位に立つために規模が重要となる。このため、企業はグローバル化を志向するようになる。ただし、新型コロナウイルスの影響で、グローバル化の歩みが遅くなる可能性がある
持続可能性	気候変動がもたらすリスクなどに対応するために、持続可能性がますます重要になる。資材調達時に環境への影響を考慮する、電動式の機械を使用するといった対応が様々な場面で求められる

（資料:McKinsey & Companyの資料を基に日経アーキテクチュアが作成）

日本ではまだ、建築のモジュール化に向けた動きはさほど活発ではないが、建設現場の事務所などに利用される「ユニットハウス」のレンタル事業を手掛けてきた三協フロンテアが、工場で生産したユニットハウスを生かしてデザイン性の高いオフィスを建設したり、自らホテルの運営に乗り出したりして存在感を増している。同社の20年3月期の連結売上高は前期比9・3％増の457億円。五輪特需もあって16年3月期比で約44％増という急成長を遂げている。

工場への投資を強化して「製造」の技術を磨くゼネコンもある。超高層マンションの設計・施工を強みとし、コンクリートのプレキャスト工法（ＰＣａ工法、工場で製造した柱や梁などのコンクリート部材を使用する工法）に力を入れる三井住友建設は19年5月、ＩｏＴ（モノのインターネット）技術でプレキャスト部材製造工場を管理するシステム「パトラック－ピーエム（PATRAC-PM）」を開発したと発表した。

グループ会社のＳＭＣプレコンクリートが、茨城工場に同システムを導入。超高層マンションなどに用いるプレキャスト部材の生産を効率化する。三井住友建設は、生産状況の可視化やデータの集計・蓄積を通して製造プロセスを可視化し、その最適化を図る考えだ。

このシステムでは、ブルートゥース（Bluetooth）を利用して電波の到達角度からリアルタイムに測位する技術（Quuppa Intelligent Locating System）によってデータを取得する。具体的には、工場建屋の天井に受信装置を、作業者のヘルメットやクレーンなどの測位対象にタグを取り付けて、各部材の製造に要した作業時間、各作業員の移動履歴などを、工程ごとに集める。データ収集の頻度は1秒間隔、位置の誤差は50センチメートル程度だ。

プレキャスト部材の完成後、集めたデータを自動集計して画面に表示すると同時に生産実績として蓄積していく。これにより、作業ごとのミクロな状況から工場全体のマクロな生産状況までの評価、見直しが容易になるという。

三井住友建設は、プレキャスト工場における品質と生産性の向上を目指して、次世代ＰＣａ生産管理システムであるパトラックの開発を進めてきた。「パトラック－ピーエム」はその流れで開発したものだ。同社はプレキャスト工場のオートメーション化や部材の自動化施工を推進する方針を示している。

ソフトバンクが投資するカテラの正体

モジュール化を大胆に取り入れ、ＩＴを活用して急成長を目指す――。建設産業のＤＸ（デジタルトランスフォーメーション）を体現しようとしている企業として世界で最も注目を集めているのが、18年にソフトバンク・ビジョン・ファンドが８億６５００万ドル（約９３０億円）の投資を表明した米カテラ（Katerra）だ。マッキンゼーのリポートも、カテラの存在を強く意識してまとめられている。

「建設業界を再定義するテクノロジー企業」を自認するカテラと、旧来のゼネコンとの根本的な違いは、モジュール化とＩＴの活用をベースに、元請けと下請けから成る「水平分業」ではなく、企画・設計、モジュール化した部材の製造、現場での施工までを自社とグループ企業でワンストップで提供する「垂直統合」によって利益を生み出そうとしている点だ。これまでに設計事務所や建設会社を次々に買収し、垂直統合モデルを実践してきた。

同社は建物の構造部材や窓、浴室などをモジュール化。自前の工場で製造し、現場に輸送して組み立てる生産方式を採用している。カリフォルニア州トレーシーの基幹工場では、壁や屋根トラス、窓などの部材を、ロボットを用いて自動で製造する生産ラインを設けている。同社の製造責任者であるマット・ライアン氏は「30台の固定ロボットと12台の移動ロボットおよび無人搬送車を使用したデジタル製造プロセスが特徴だ」と説明する。

カテラがとりわけ力を入れているのが、二酸化炭素排出量を抑えられる持続可能な構造材料として日本でも普及が始まっているCLT（直交集成板、木の板を繊維方向が直交するように重ねて接着したパネル）。集合住宅などの壁や床に用いる。19年9月23日には、北米で最大の生産量を誇る延べ面積約2万5000平方メートルのCLT工場を、ワシントン州スポケーンバレーにオープンさせている。

デジタルプラットフォームを商用化

垂直統合モデルを実践する建設会社であり、テック企業でもあるカテラを象徴しているのが、同社が19年2月19日、建設会社などに向けて商用サービス化すると発表した「アポロ（Apollo）」と呼ぶデジタルプラットフォームだ。

カテラは米国で最も注目される新興建設会社だ（写真：下もKaterra）

カテラがワシントン州スポケーンバレーに完成させた延べ約2万5000m²のCLT工場。同社はプレキャストコンクリート工場なども保有している

設計や施工といった建設プロジェクトの一部分ではなく、プロジェクトの計画段階から竣工後までを対象とし、サプライチェーン全体のコストや工程、資材、労務などを一貫して管理できるとの触れ込み。API（プログラム同士がデータをやりとりするための仕組み）で、他のデジタルツールと連携することもできる。

アポロには20年6月時点で、「アポロインサイト」「アポロコネクト」「アポロコンストラクト」の3つのアプリが実装されている。

「アポロインサイト」はプロジェクトの初期段階で、資金計画やプロジェクトの実現可能性などを3次元モデルなどで簡単に検証できるアプリだ。計画地の住所を照会するだけで、最適なレイアウトを生成し、コストを正確に見積もることができる。デベロッパーがこれまで数週間を要していた投資判断に要す

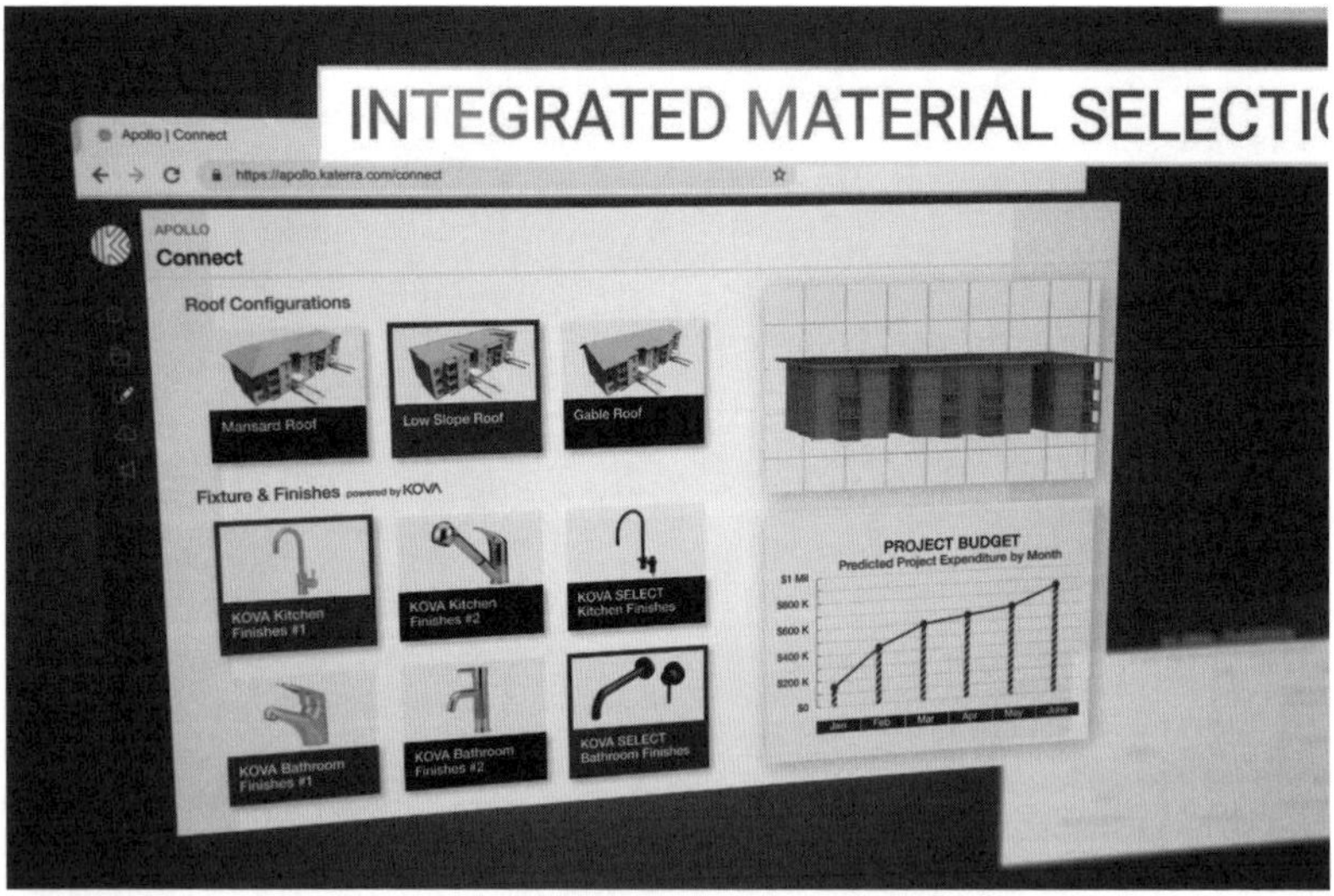

カテラが商用サービス化を発表したデジタルプラットフォーム、アポロ（Apollo）の紹介動画（写真:Katerra）

る時間を、数時間に短縮できるという。

「アポロコネクト」は、設計の調整や工事着手前の準備に使用するアプリ。ＢＩＭと連動し、設計データを基に自動的に見積もりを作成して、サプライチェーンに関わるメンバーに共有できる。「アポロコンストラクト」は、正確な積算や工程計画の作成、スケジュール管理などができる施工管理用のソリューションだ。

カテラは、計画から設計、設計から施工といったプロジェクトのフェーズ間でのデータの引き継ぎが煩雑で不十分なことが、建設業の生産性の低下を招いていると指摘。アポロを用いることでこうした問題を解消できるとしている。

水平分業から垂直統合へ

カテラが採用している垂直統合モデルは、日本のゼネコンにとって、過去に捨て去ったビジネスモデルだ。かつては自社で施工部隊を抱え、直営方式で工事を実施していたゼネコンはその後、経営効率を追求する過程で施工管理に専念し、実際の作業を下請け会社（協力会社）に外注する生産体制に移行した。外注化の進展に伴い、下請け構造の重層化が進み、協力会社との関係性も希薄になっていった。

こうした「元請け─下請け」から成る分業生産体制が、皮肉にも建設サービスのコモディティー化（汎用化、付加価値を失ってどの企業のサービスも顧客にとっては大差なくなること）を招い

▶建設業界では徐々に外注化が進展した

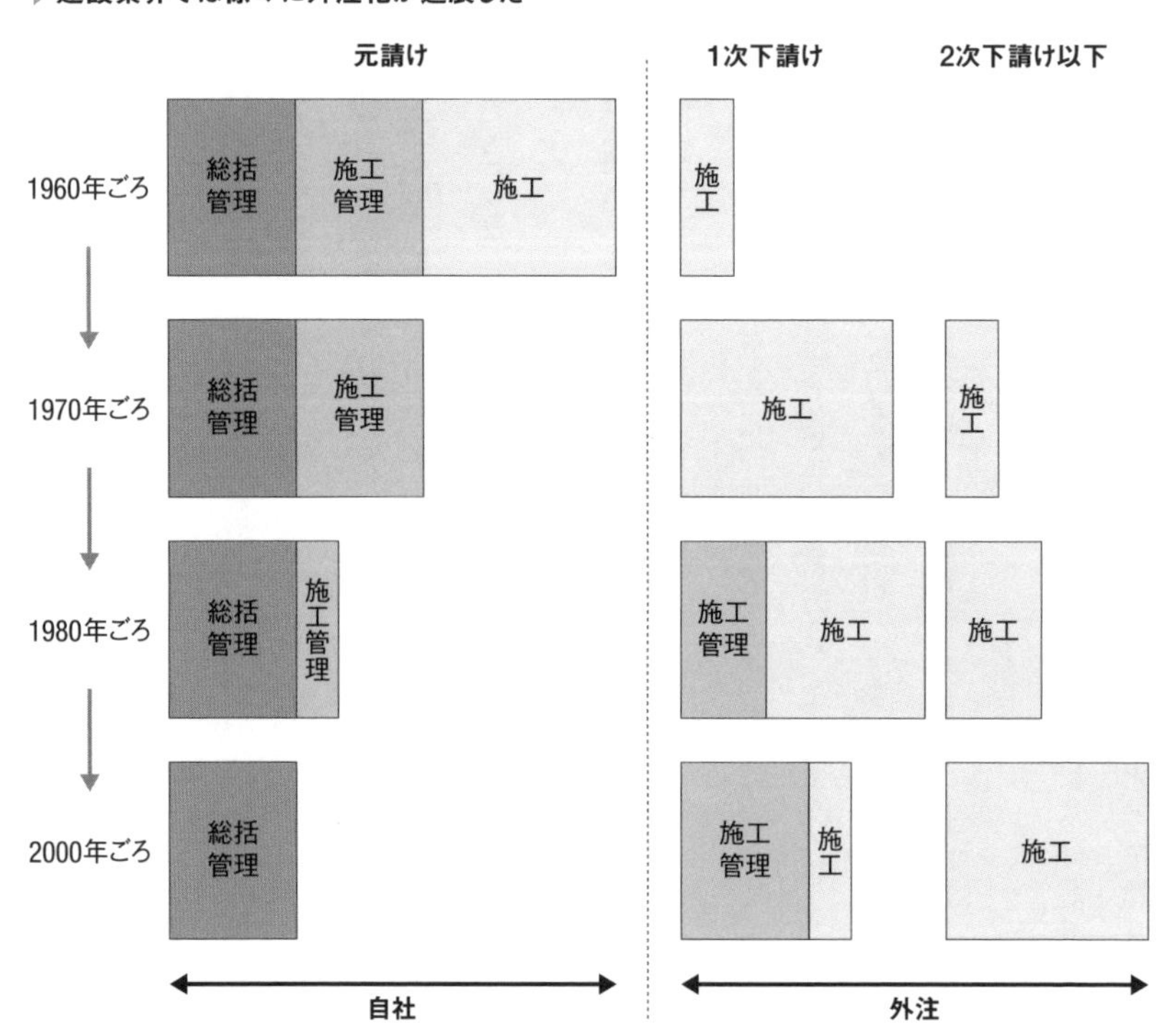

建設経済研究所は2009年のリポートで、外注化の進展に併せて下請け会社の非固定化・重層化が進行し、ゼネコンが競争力を失っていったと分析している（資料:建設経済研究所の資料を基に日経アーキテクチュアが作成）

てきたとの指摘は以前からあった。例えば建設経済研究所は、リーマン・ショックの影響で景気が大幅に悪化していた09年6月に発表したリポートの中で、次のように述べている。

「建設市場拡大が続いている時代には、横並び主義でもゼネコンは存続できた。しかし、今後とも建設投資が大きく伸びることに期待できない中で、我が国の建設産業界は、既に企業間競争の状態に入っており、今後のゼネコン経営のあり方を検討する中で、他社と製品（サービス）の質（バリュー）を差別化できないバリューチェーンの均質化を招く構造的問題を持った分業生産体制を抜本から見直してみてもよい時期にきているのではないかと思われる」

当時よりも人手不足が進行し、新型コロナウイルスの出現によって、いみじくもリーマン・ショック時と似たような厳しい経営環境になりつつある今、こうした指摘やカテラの台頭は示唆に富む。

三菱地所などが木材会社設立

モジュール化と垂直統合モデルによって中間コストを削減する試みを、意外な大企業が実践しようとしている。「丸の内の大家さん」として知られる大手不動産会社の三菱地所だ。

同社など7社は20年7月27日、新たな総合木材会社「メックインダストリー（MEC Industry）」を設立したと発表した。建築用木材の生産から流通、施工、販売までを新会社が一貫して担うことで中間コストを省き、建築物の木質化（内装や外壁などに木材を用いること）に使える新たな建材や、木造プレハブ工法を採用した戸建て住宅などを低価格で供給する。設立から10年で売上高100億円を目指す。

三菱地所といえば、都心の一等地にグレードの高い超高層オフィスビルを数多く有するデベロッパーとして有名だが、近年はCLTのような木材を使用した中高層・大規模木造建築物にも力を入れている。

新会社にはそんな同社のほか、竹中工務店や大豊建設、松尾建設（佐賀市）といった総合建設会社、建築資材などを扱う総合商社の南国殖産（鹿児島市）、建築用金属製品の製造・販売を手掛けるケンテック（東京都千代田区）、集成材メーカーの山佐木材（鹿児島県肝付町）の計7社が出資した。資本金19億2500万円のうち7割を三菱地所が、残り3割を6社が出資している。

従来、木材の調達や製材、加工などの各段階は小規模な企業などがそれぞれ個別に担っており、無駄なコストが生じていた。7社の技術や販売チャネルを活用し、商品開発から製造、販売までのビジネスフローを統合。中間コストを削減した新たなビジネスモデルを確立する。

例えば木材の調達では、伐採して市場に卸してから売却先を探す「プッシュ型」の原木調達スタイルを、伐採前に山林側に欲しい木材を伝える「プル型」の調達スタイルに切り替える。これによって、従来は有効活用が難しかった大径木も活用しやすくなる。

商品開発には、三菱地所のデベロッパーとしてのノウハウを生かし、顧客ニーズを踏まえた商品を追求。従来のような多品種少量生産ではなく、ラインアップを絞り込むことで低コスト化を実現する考えだ。

メックインダストリーの森下喜隆社長（左から4番目）と株主7社の代表者（写真:日経クロステック）

▶製材から販売までを一手に手掛ける

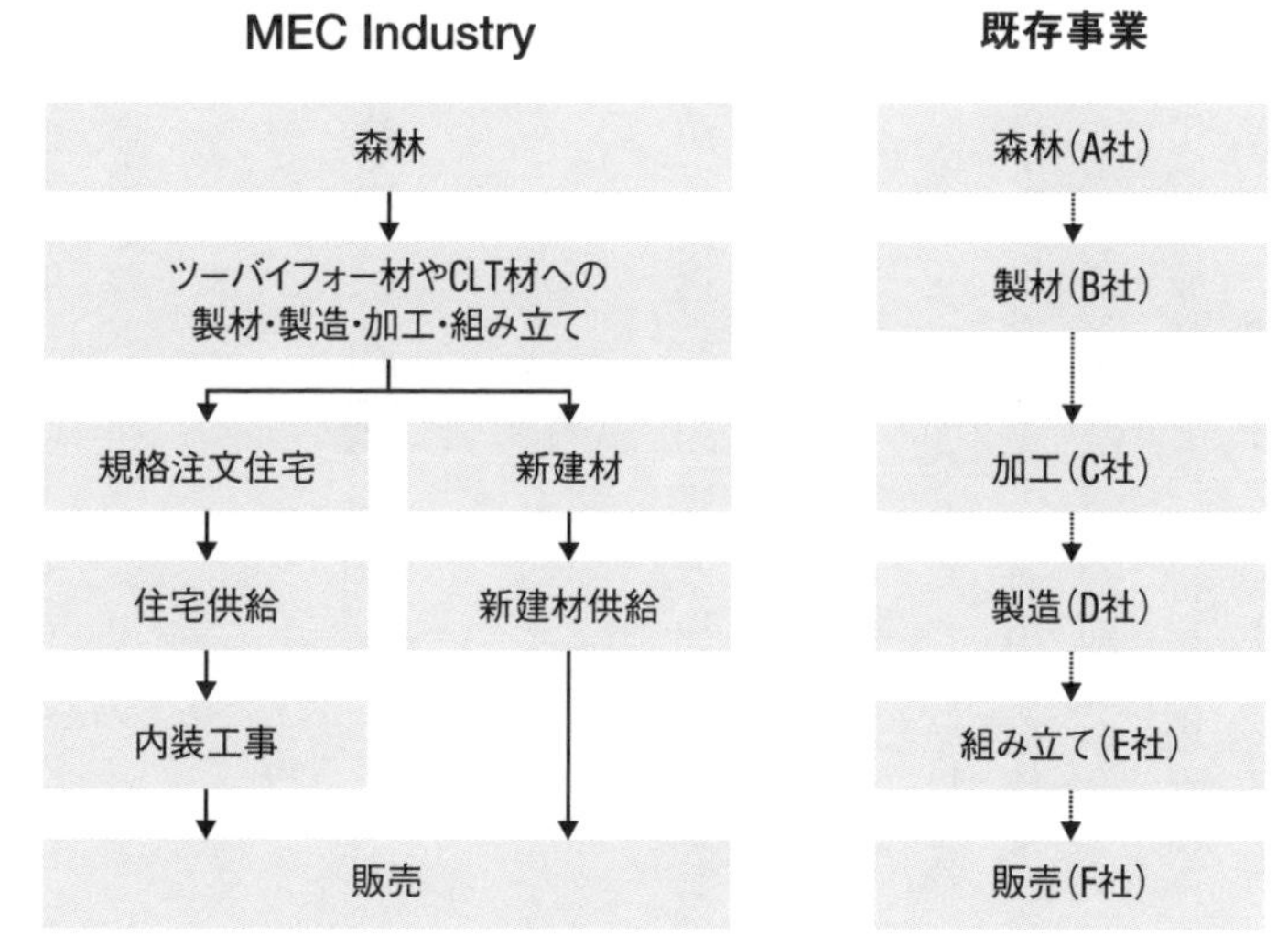

メックインダストリー（左）と既存事業（右）のビジネスフローの比較（資料:MEC Industry）

三菱地所からメックインダストリーの社長に就いた森下喜隆氏は20年7月27日の会見で、「まずは三菱地所がデベロッパーの立場から積極的に木材を活用していくことが、新会社のエンジンになるはずだ。将来的には中高層建築物や大規模建築物での木材利用を実現していく」と抱負を語った。

100平方メートルの木造平屋を1000万円未満で

メックインダストリーでは主に、「新建材事業」と「木(もく)プレファブリック事業」の2つの事業に取り組む。

新建材事業では、鹿児島県や宮崎県、熊本県などから調達した国産材を加工したCLTやツーバイフォー材などを用い、鉄筋コンクリート造や鉄骨造の建物を木質化しやすくする新建材を開発・供給する。

初弾として、三菱地所とケンテックが大豊建設の協力を得て開発した「配筋付型枠(仮称)」を21年4月に発売予定だ。製材木板に鉄筋を取り付けたコンクリート打設用の型枠で、木板をそのまま天井仕上げ材として利用でき、施工の省力化やデザイン性の向上が見込める。

木プレファブリック事業では、工場生産したCLTや集成材などの部材を現場で組み立てる規格型の低価格商品を開発・供給する。メックインダストリーによると、100平方メートル、平屋建ての木造住宅を1000万円未満で販売できるというから驚きだ。

同社の伊藤康敬副社長は、「従来の木造と比べて施工の簡素化が図れる。工期短縮や職人不足の解決にもつながるはずだ」と説明する。戸建て住宅だけでなくコンビニや工場、倉庫などへの展開も視野に入れている。

メックインダストリーは20年8月7日、自社生産拠点となる木材加工施設（鹿児島県湧水町）の建設工事に着工した。21年4月から順次稼働させる予定だ。

CHAPTER 5

3 「プレキャスト」はなぜ普及しないのか

1日に7万台もの車が走る東京の大動脈、首都高羽田線。この道路を管理する首都高速道路会社は2016年、羽田線のうち京浜運河上に構築された「東品川桟橋」と「鮫洲埋め立て部」の計1・9キロメートル区間をつくり直す、大規模更新事業に着手した。1963年に開通したこの区間は、路面と水面の高低差がわずか3メートルしかなく、塩分や干満の影響でひどく劣化していたのだ。

同社はまず、迂回路を建設したうえで上り線を解体し、同じ場所に道路をつくり直すことにした。桟橋の跡地は1・2キロメートルにわたって高架橋とし、埋め立て部については路面を3メートルかさ上げする計画を立てた。下り線も同様の構造にする手はずだ。問題は、工期だった。2020年に予定されていた東京五輪に間に合わせるため、着工から4年で迂回路と上り線を完成させなければならなかったからだ。

そこで埋め立て部のかさ上げ区間に約460メートルにわたって採用したのが、プレキャスト工法（以下、プレキャスト）だった。まるで橋の箱桁のような断面をした幅9メートル、高さ3メートルもの巨大なプレキャスト部材300基を、狭い施工ヤードを縫うようにして運んで地盤に並べ、その上に床版（車両の荷重を橋桁や橋脚などに伝える板）と壁高欄を打設する。「プレキャストを最大限使わなければ、工程が成り立たなかった」と、工事を指揮する首都高速東京西局プロジェクト本部・品川工事事務所の石橋学工事長は証言する。

「アイ・コンストラクション」の主要施策

第5章では主に建築・住宅分野におけるモジュール化の動向を見てきたが、土木分野ではプレキャストの活用が注目を集めている。首都高の事例が示すように、高速道路の橋やトンネルの更新・修繕工事のような通行止め期間の短縮が強く求められる工事では、とりわけプレキャストが盛んに使用されている。

国土交通省が15年に打ち出した、建設現場の生産性向上に関する施策「アイ・コンストラクション（i-Construction）」でも、コンク

写真中央が上り線の埋め立て部で採用したプレキャスト部材。右は上り線の迂回路、左は既設の下り線。左奥は東京モノレール（写真：首都高速道路会社）

リート工事の効率化をＩＣＴ（情報通信技術）活用と並ぶ柱に据え、デジタル技術との相性も良いプレキャストの利用促進を中心的な施策に掲げた。

しかし土木の市場を全体として見れば、プレキャストの普及が進んでいるとは到底言えない。直近5年間でプレキャスト製品に使われたセメント量は、全販売量のわずか13～14％にとどまり、生コンクリートに大きく水をあけられたままだ。何が普及を阻んできたのか、そして解決策はどこにあるのか。順を追って見ていこう。

メリットを評価しづらい積算基準

プレキャストの採用を長い間阻んできた一因が、工期短縮や生産性向上といったメリットを評価しづらい積算基準だ。よほどの理由がない限り、公共事業におけるコンクリート工事は、直接工事費（材料費や労務費など、工事に直接必要な費用）が安い現場打ちコンクリート（建設現場で型枠を組んでコンクリート構造物を施工する方法）で発注されてしまう。

例えば、公共工事における橋の構造形式の選定方法を思い浮かべると分かりやすい。まずは予備設計（線形や構造を決定し、大まかな工事費を算出するための設計）で、現場の条件に合致する形式を、現場打ちコンクリートやプレキャストを含めて10案ほど列挙。それぞれの直接工事費を比較して3案程度に絞り込む。続いて基本設計で、施工方法や工程を検討。最後に足場などの仮設費も算出して最終案を決める。

このように、予備設計の段階では細かい現場条件や施工方法が決まっていないので、直接工事費の比較で優劣を付けることが多い。仮設費などを含めて比較すると、工事全体として見れば安くつくことも少なくないが、ＰＣ建設業協会の西尾浩志技術委員長は、「プレキャストは予備設計の段階で除外されてしまう。基本設計に着手するときには、現場打ちコンクリートの候補しか残っていない」と説明する。

予備設計で仮設費を考慮すれば、プレキャストが最初のふるい分けを突破して採用される可能性が高まる。そこで国交省は、17年4月に地方整備局に宛てた通達で、予備設計で複数案のコストを比較する際、仮設費を加味するよう求めた。同省大臣官房技術調査課の佐藤重孝工事

▶直接工事費はプレキャスト（PCa）が高くなりがち

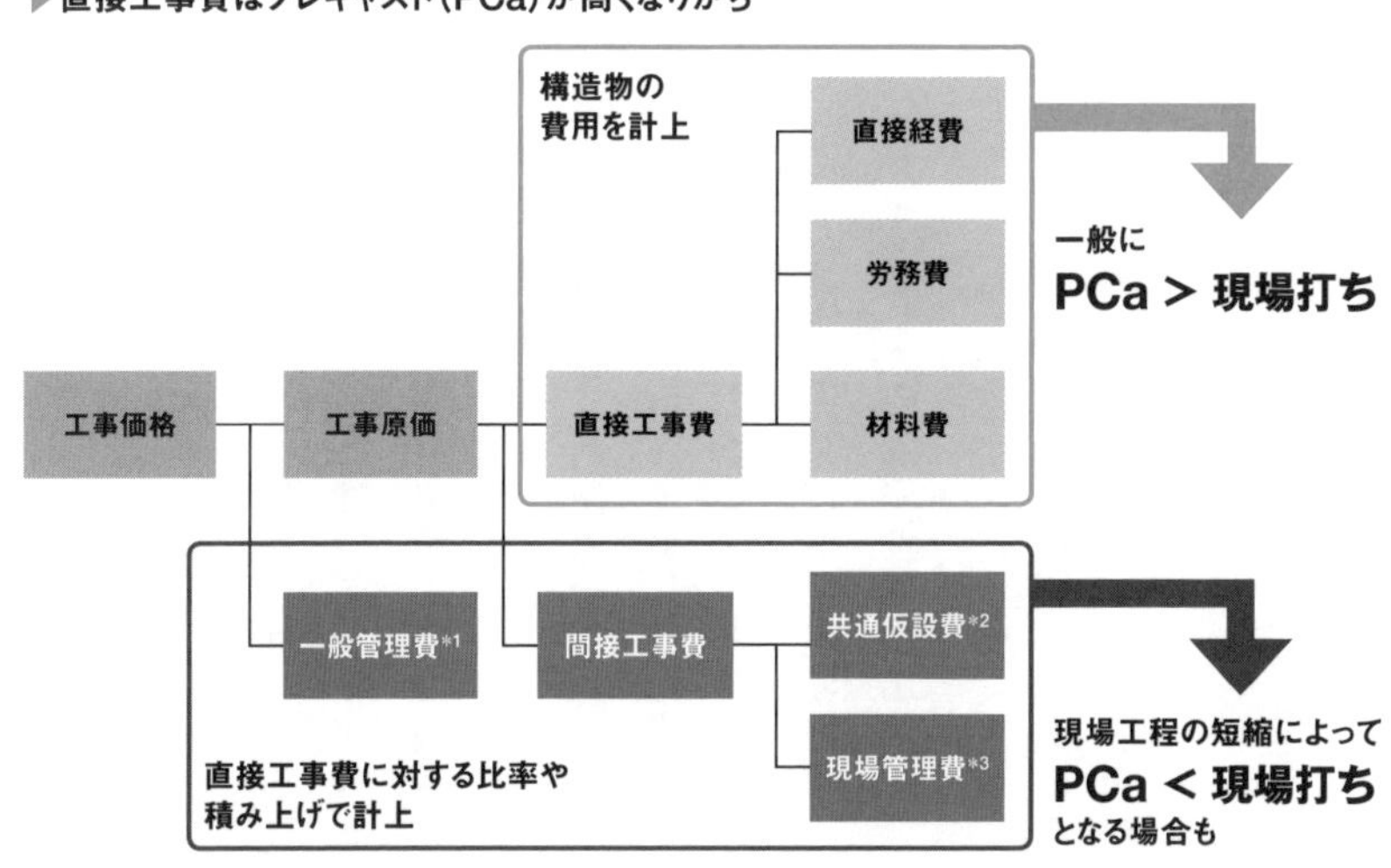

＊1:本社従業員の給与や福利厚生費など　＊2:現場事務所の経費や警備員の配置に要する費用など
＊3:労務管理費や配置技術者の給与など

予備設計では従来、間接工事費のうち、直接工事費に係数を掛けて算出する項目だけ使うことが多かった
（資料：土木学会の資料や取材を基に日経コンストラクションが作成）

監視官は「詳細設計や設計変更のタイミングでプレキャスト化を検討する際も、仮設費を考慮してほしい」と期待する。

一方、プレキャスト業界からは、「生産性向上といったコスト以外の利点も考慮して比較すべきだ」という声も根強い。「橋梁等のプレキャスト化及び標準化による生産性向上検討委員会」(委員長：睦好宏史・埼玉大学名誉教授)は、18年6月に「コンクリート橋のプレキャスト化ガイドライン」を取りまとめた。その中で、仮設費だけでなく安全性の向上や施工中の騒音低減といった効果についても考慮する必要があるとしている。

国交省が開催する「コンクリート生産性向上検討協議会」(会長：前川宏一・横浜国立大学教授)は、コスト以外を評価する際の考え方として、「効率性」という指標を示している。1立方メートル当たりのコンクリート構造物の施工に要する人員に日数を掛けた値の逆数で定義する。高さ5メートルのL形擁壁(100立方メートル)の施工では、現場の作業日数が現場打ちコンクリートの24日から、プレキャストでは3・6日に短縮。プレキャストの効率性は現場打ちコンクリートの5・2倍になると見積もった。

公共工事の発注の前提となる会計法では、コストが安い工法を選ぶのが原則であるため、効率性だけを指標に選定することは難しいが、プレキャストがもたらす効果を適切に評価するうえで重要な視点だ。

設計などの基準類の整備がおざなりだったことも、プレキャストの活用が進まなかった一因だと考えられる。これまでプレキャストメーカーが個別に開発した製品の設計や品質証明の方法は、企業ごとに異なっていた。社内の実験結果などを基に規格化した製品が市場に氾濫。共通の評価基準がないため、発注者や施工者が客観的に性能を比較することが難しかった。

「電化製品などはメーカー団体が性能を保証するのが当たり前だ。プレキャスト製品の業界は、これができていなかった」。道路プレキャストコンクリート製品技術協会の松下敏郎技術委員長は、こう反省する。

同協会は17年10月、ボックスカルバート（箱形のコンクリート構造物）などのプレキャスト製品の設計、製造、品質管理の手法をまとめた「道路プレキャストコンクリート工指針」を発行。指針に基づき、協会各社が保有する製品を審査して品質を証明する制度を確立した。19年度から運用を始めたところだ。

審査では、求められる性能に応じてプレキャスト製品を小型汎用製品、通常型製品、高性能型製品の3つに区分する。例えば、海岸に近い地域での利用を想定する製品は高い耐久性能を満たす必要があるので高性能型製品に該当し、かぶり厚（鉄筋とコンクリート表面までの距離）などが基準を満たしているかどうかを確認する。

松下技術委員長は、「発注者が求める性能を必要十分に満たす製品を提供できる。プレキャストの採用理由も説明しやすくなるはずだ」とみる。

これまで手を付けてこなかったプレキャストの設計方法の体系化も始まっている。土木学会は18年4月、「プレキャストコンクリート工法の設計施工・維持管理に関する研究小委員会」（委員長：渡辺博志・土木研究所先端材料資源研究センター長）を設立。壁高欄や擁壁など構造物ごとの設計マニュアルをつくり始めた。製造や施工管理の方法も盛り込んで報告書をまとめる。

プレキャストの採用拡大に向けて、残る課題は検査体制だ。前出の小委員会で副委員長を務める埼玉大学の睦好宏史名誉教授は、「プレキャストの品質は、接合部が左右する。検査体制などソフト対策を充実する必要がある」と指摘する。製品自体の品質が良くても現場施工の継ぎ手に不備があれば、耐久性は落ちてしまう。国交省や土木研究所は外観の評価手法や立ち会い検査の項目など、検査方法の確立を図る。

COLUMN

「継ぎ手」の開発競争が激しく

劣化した道路橋の床版を撤去してプレキャスト床版に取り換える高速道路の大規模更新事業が活況を呈している。数兆円といわれる市場を少しでも多く獲得しようと、建設会社が技術開発を進めるテーマが「継ぎ手」構造だ。プレキャストは重さや大きさに輸送の制約があるので、構造物が大型化すれば、必然的に部材同士の接合部が生じる。

熊谷組は、ガイアート、オリエンタル白石、ジオスターと共同で、接合部に「コッター式継ぎ手」を採用した床版を開発。17年に初めて実橋に適用し、モニタリングを2年間実施した。十分な耐久性があり、床版の取り換えと継ぎ手の施工にかかる時間を従来の半分に短縮できることを確かめた。

コッター式継ぎ手は、床版パネルの端部に埋め込んだC形の鋳鉄製の金具を互いに突き合わせ、上からH形金具を差し込むだけのシンプルな構造だ。H形金具を固定した後は、繊維を混ぜた専用のグラウト（流動性のあるモルタル）を流し込む。現場打ちコンクリートの打設は不要で、「素人でも組み立てられる」（熊谷組橋梁イノベーション事業部の蔓谷亮太事業部長）

金具をかみ合わせるのに必要な床版の設置精度は、橋軸・橋軸直角方向のいずれも五ミリメートルまで。現場打ちコンクリートで連結する工法に比べて厳密な管理が要るものの、実用的な数値だ。熊谷組は、床版取り換え市場では後発組に属する。蔓谷事業部長は、「工期短縮の要望は多い。まずは市町村の工事などで実績を積んでいく」と意気込む。

コッター式継ぎ手のH型金具を固定する作業の様子（写真:熊谷組）

業界再編の動きも

熟練作業員の不足が深刻化する今、プレキャストのメリットを総合的に評価し、基準などを整備していけば普及への道筋は開けるはずだ。国交省は19年3月、土木設計の基本思想を示す「土木構造物設計ガイドライン」を23年ぶりに改定して、プレキャストの利用促進を明記。産官学を挙げて基準類の整備を始めた。

一方、民間企業側にも動きがみられる。18年10月、プレキャストメーカーが驚くニュースが建設業界を駆け巡った。下水道分野に強いゼニス羽田（東京都千代田区）と、道路分野で安定したシェアを持つホクコン（福井市）の経営統合だ。両社とも、業界内で大手の目安とされる売上高100億円を優に超える。

両社の親会社として新たに設立したベルテクスコーポレーションの土屋明秀社長は、「これまでのように業界内で同じものをつくっているだけでは生き残りは難しい。技術力を高めて差別化を図る」と意気込む。両社はそれぞれ異なる技術分野で強みを持つので、競合は少ない。営業基盤も関東と関西に分かれているので、互いに製品を供給できるメリットもある。

統合後にまず着手したのが、建設会社を通じた販売ルートの開拓だ。同社は19年2月、菊一建設（東京都町田市）に出資。ベルテクスコーポレーションによると、菊一建設は下請け会社として大手建設会社と強いパイプを持つ。土屋社長は、「プレキャスト製品と工法を一体で大手建設会社などに提案できるエンジニアリング会社を目指す」と語る。同一地域に保有する工場の統合

▶プレキャストメーカーの経営統合や子会社化の主な動き

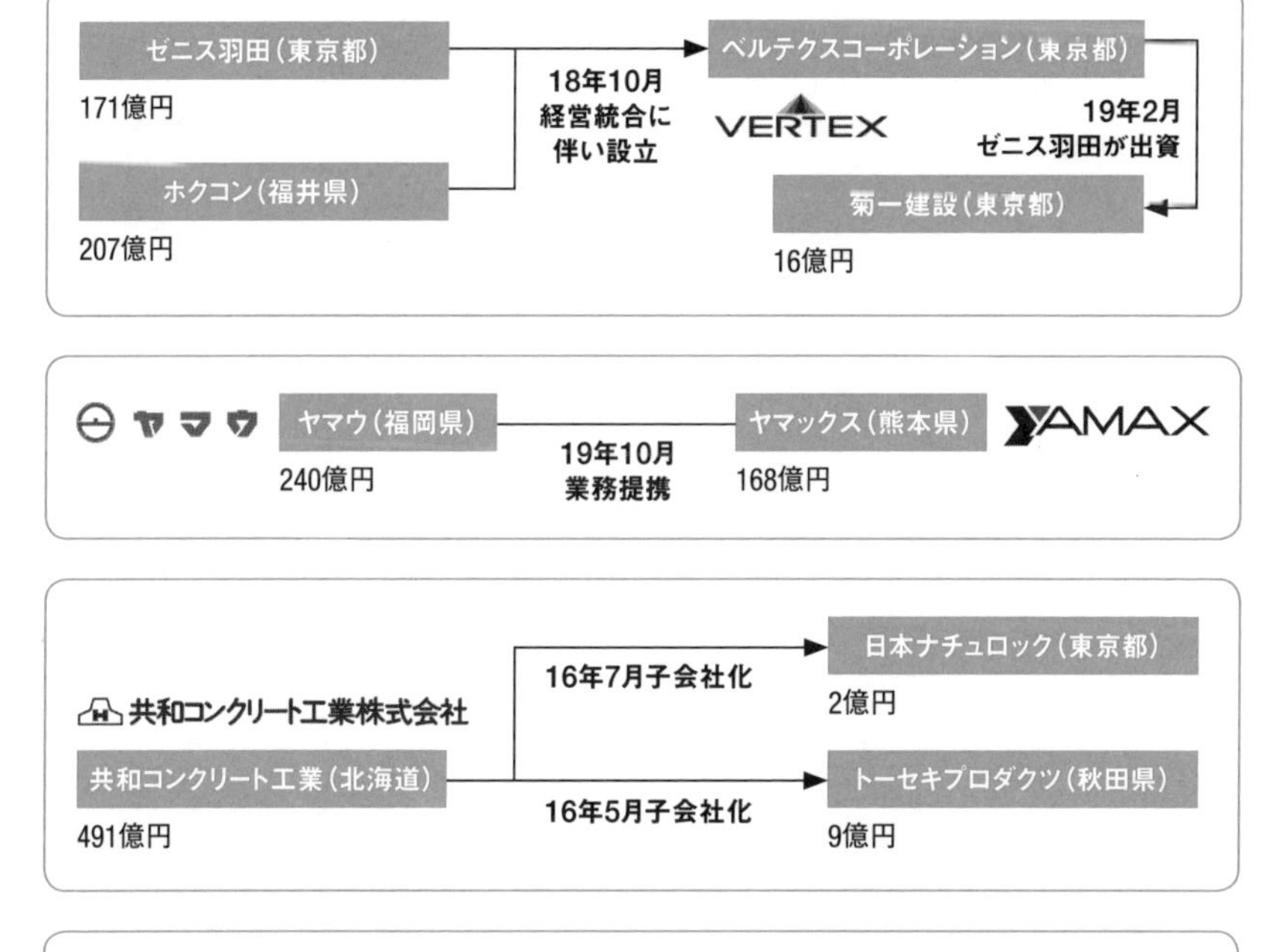

カッコ内は本社所在地。図中の金額は直近（2019年6月時点）の売上高
（資料：取材や各社の発表を基に日経コンストラクションが作成）

など経営の効率化も進め、プレキャストの利用拡大に備える。

後を追うように、19年3月には福岡県を拠点とするヤマウと、熊本県が地盤のヤマックスという九州地方の雄同士が、業務提携の基本合意書を締結したと発表。型枠などを融通し合って、合理化を図る考えだ（19年10月に契約を締結）。

全国に支店や工場を持つ河川分野大手の共和コンクリート工業（札幌市）も業界再編を主導する。道路分野に強いトーセキプロダクツ（秋田県）や環境分野が得意な日本ナチュロック（東京都港区）などを次々と子会社化してきた。共和コンクリート工業の相馬義孝専務は、「特殊な技術を持っている会社や、これまで進出していない地域の会社と組んでいきたい」と話す。

第6章

「建設×ＡＩ」で単純作業を爆速化

第6章のポイント

▼建設産業で、ＡＩによる作業の高速化が本格化している
▼当初は維持管理への適用が多かったが、用途が急速に広がってきた
▼地味でも「使えるＡＩ」を開発しようと各社がしのぎを削る

CHAPTER 6

1 メンテナンスだけじゃない建設ＡＩ

建設・インフラ産業でＡＩ（人工知能）に関する研究開発が目立ち始めたのは、２０１６年ごろのことだ。

機械学習の一種であるディープラーニング（深層学習）が脚光を浴びたことで、建設会社や建設コンサルタント会社も、スタートアップ企業や研究機関と組んで次々に開発に着手。当初はインフラのメンテナンス分野を中心に開発が進んでいった。コンクリートのひび割れを画像認識によって検出するような取り組みがその代表例だ。

その後、建築・土木を問わず、設計や施工管理といった幅広い業務にまで、適用を模索する動きが広がってきた。ＡＩというキーワード自体に新味はなくなったものの、本格的な導入はまさにこれから始まる段階だと言える。

ＡＩには、インフラ維持管理の省力化をはじめ、重機の自動化、施工管理の効率化や高度化などが期待されている。職人不足や長時間労働の改善、安全性の向上など、建設産業が抱え続けてきた課題の解決を図るものが多い。ＡＩによる業務の効率化、高速化に対して建設業界が抱く期待が、いかに大きいかが分かる。これに呼応するかのように、閉鎖的なイメージを持たれがちな建設産業に参入するスタートアップ企業、異業種の大企業などがこの２、３年で一気に増えた。

開発事例が増えるとともに、黎明期に見られた「ドラえもんのように何でもかなえてくれる」というAIへの過度な期待は薄れつつあり、具体的にどんな作業に適用できそうか、各社は吟味を重ねている。

単純作業の高速化に期待

例えば建築の設計については、本書の第1章で紹介したように、竹中工務店とAI開発企業のヒーローズ（HEROZ）が取り組んでいる「構造設計AI」のような事例がある（24ページ参照）。AIによって、構造設計業務の中の単純作業を高速化し、生み出した時間を顧客との対話や創造的な仕事に振り向ける狙いがある。

施工分野では、AIを使った重機の自動化などが盛んになっている（124ページを参照）。このほか、作業員の動きの分析や出来形の確認など、施工管理の効率化にも期待が高まっている。防災にAIを活用する試みも目立つようになってきた。例えば、大手地質調査会社の応用地質は、地形図から土砂災害の潜在的な危険箇所を抽出するモデルを開発している。

建設分野のAIブームは1990年代にもあったが、当時は技術的な限界もあって芳しい成果を残すことはできなかった。それだけに、実用的な建設AIへの期待は高まっている。

以降では、建設生産プロセスの様々な場面への適用が模索され始めた建設AIの開発動向を、設計や施工といったフェーズ別に見ていこう。

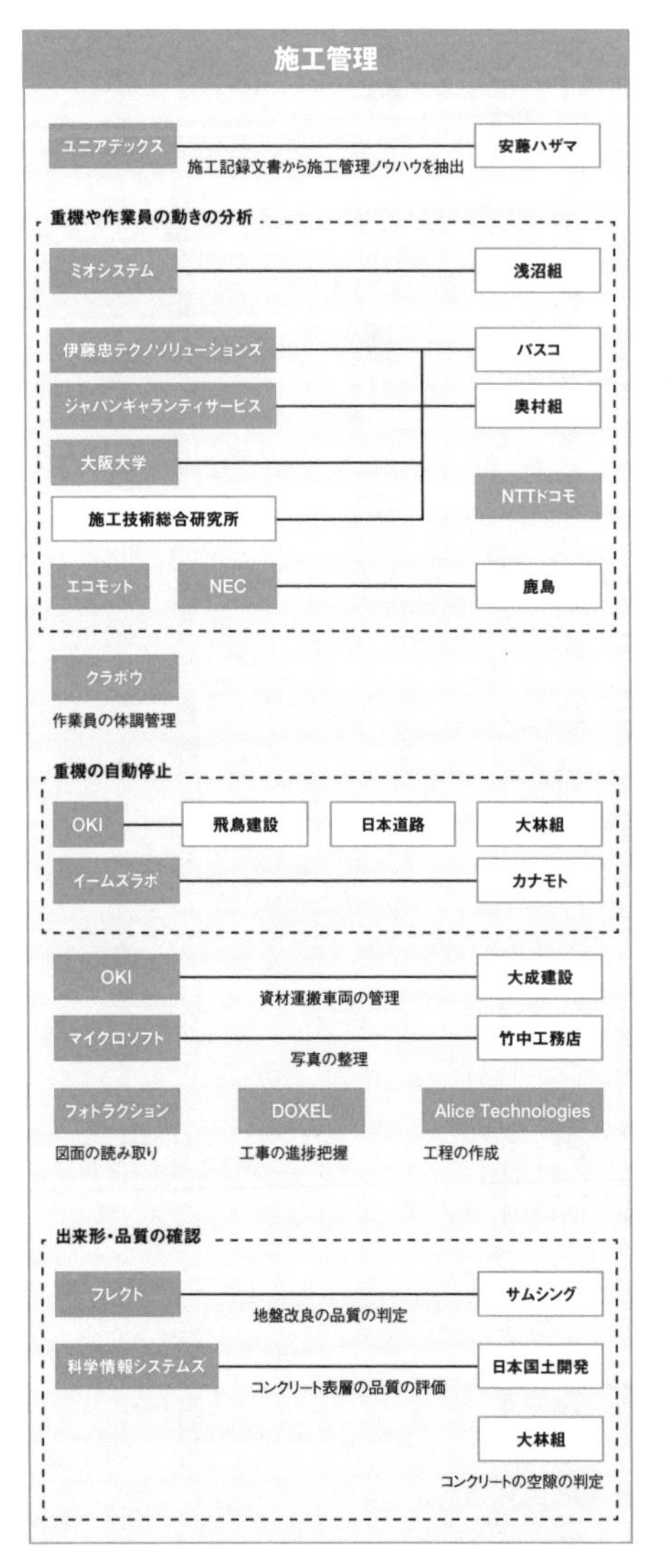

施工管理
ユニアデックス
安藤ハザマ
施工記録文書から施工管理ノウハウを抽出
重機や作業員の動きの分析
ミオシステム
浅沼組
伊藤忠テクノソリューションズ
パスコ
ジャパンギャランティサービス
奥村組
大阪大学
施工技術総合研究所
NTTドコモ
エコモット
NEC
鹿島
クラボウ
作業員の体調管理
重機の自動停止
OKI
飛島建設
日本道路
大林組
イームズラボ
カナモト
OKI
大成建設
資材運搬車両の管理
マイクロソフト
竹中工務店
写真の整理
フォトラクション
図面の読み取り
DOXEL
工事の進捗把握
Alice Technologies
工程の作成
出来形・品質の確認
フレクト
サムシング
地盤改良の品質の判定
科学情報システムズ
日本国土開発
コンクリート表層の品質の評価
大林組
コンクリートの空隙の判定

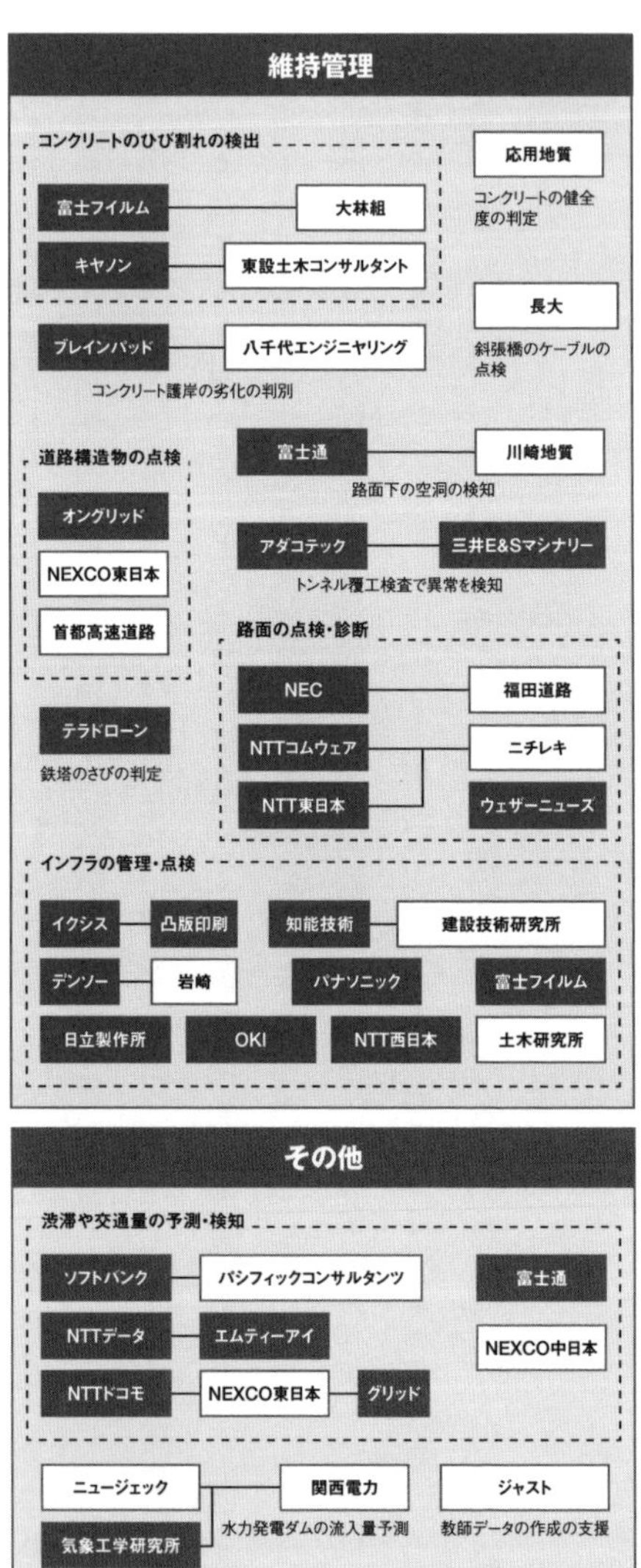

維持管理
コンクリートのひび割れの検出
富士フイルム
大林組
キヤノン
東設土木コンサルタント
応用地質
コンクリートの健全度の判定
長大
斜張橋のケーブルの点検
ブレインパッド
八千代エンジニヤリング
コンクリート護岸の劣化の判別
道路構造物の点検
オングリッド
NEXCO東日本
首都高速道路
富士通
川崎地質
路面下の空洞の検知
アダコテック
三井E&Sマシナリー
トンネル覆工検査で異常を検知
路面の点検・診断
NEC
福田道路
NTTコムウェア
ニチレキ
NTT東日本
ウェザーニューズ
テラドローン
鉄塔のさびの判定
インフラの管理・点検
イクシス
凸版印刷
知能技術
建設技術研究所
デンソー
岩崎
パナソニック
富士フイルム
日立製作所
OKI
NTT西日本
土木研究所
その他
渋滞や交通量の予測・検知
ソフトバンク
パシフィックコンサルタンツ
富士通
NTTデータ
エムティーアイ
NEXCO中日本
NTTドコモ
NEXCO東日本
グリッド
ニュージェック
関西電力
ジャスト
気象工学研究所
水力発電ダムの流入量予測
教師データの作成の支援

▶「建設AI」事例マップ

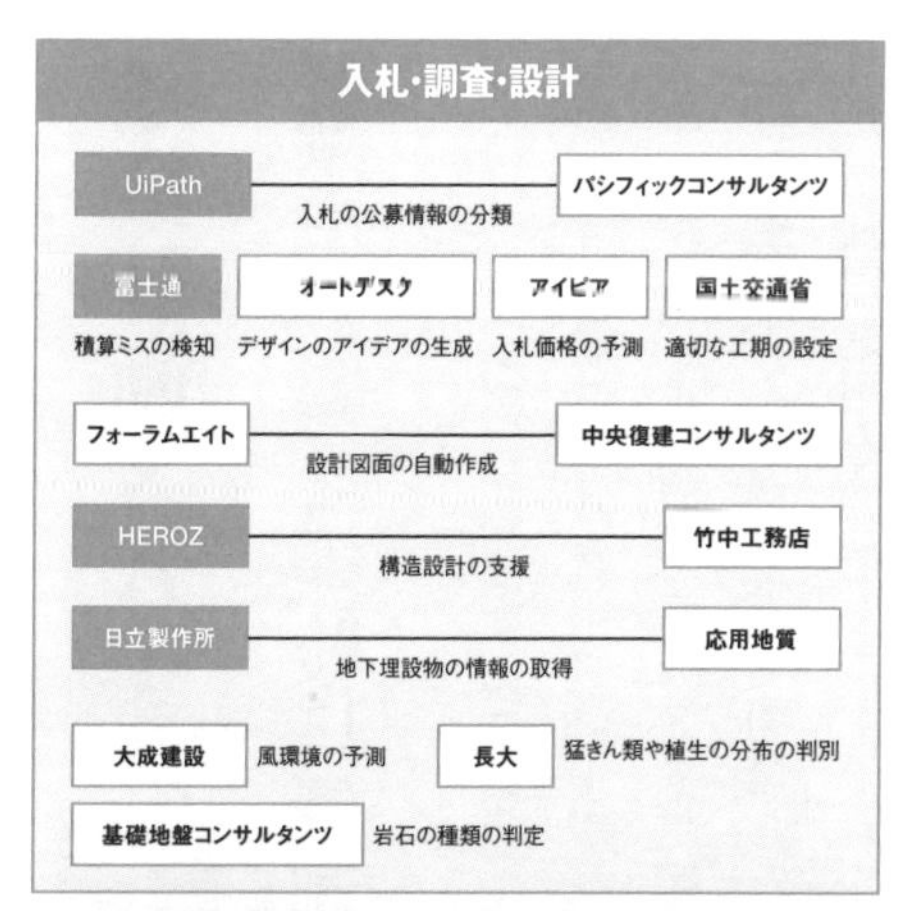

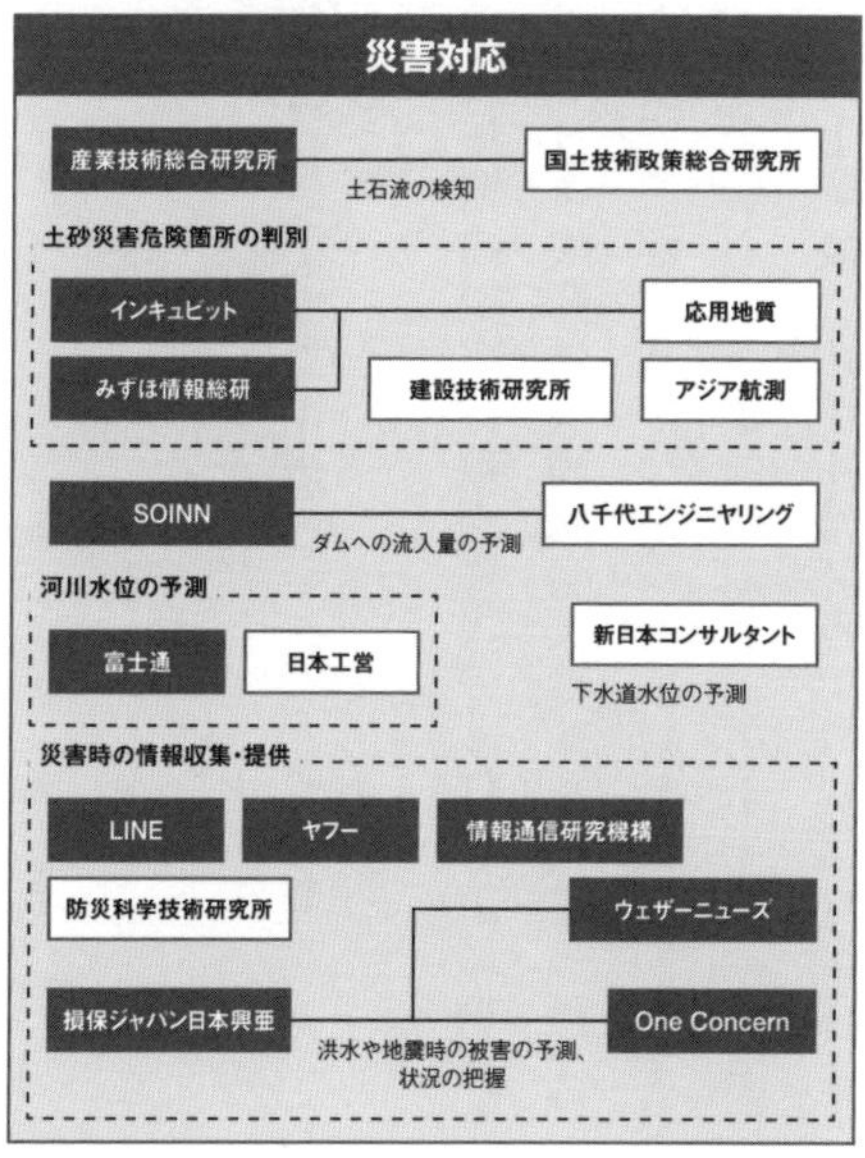

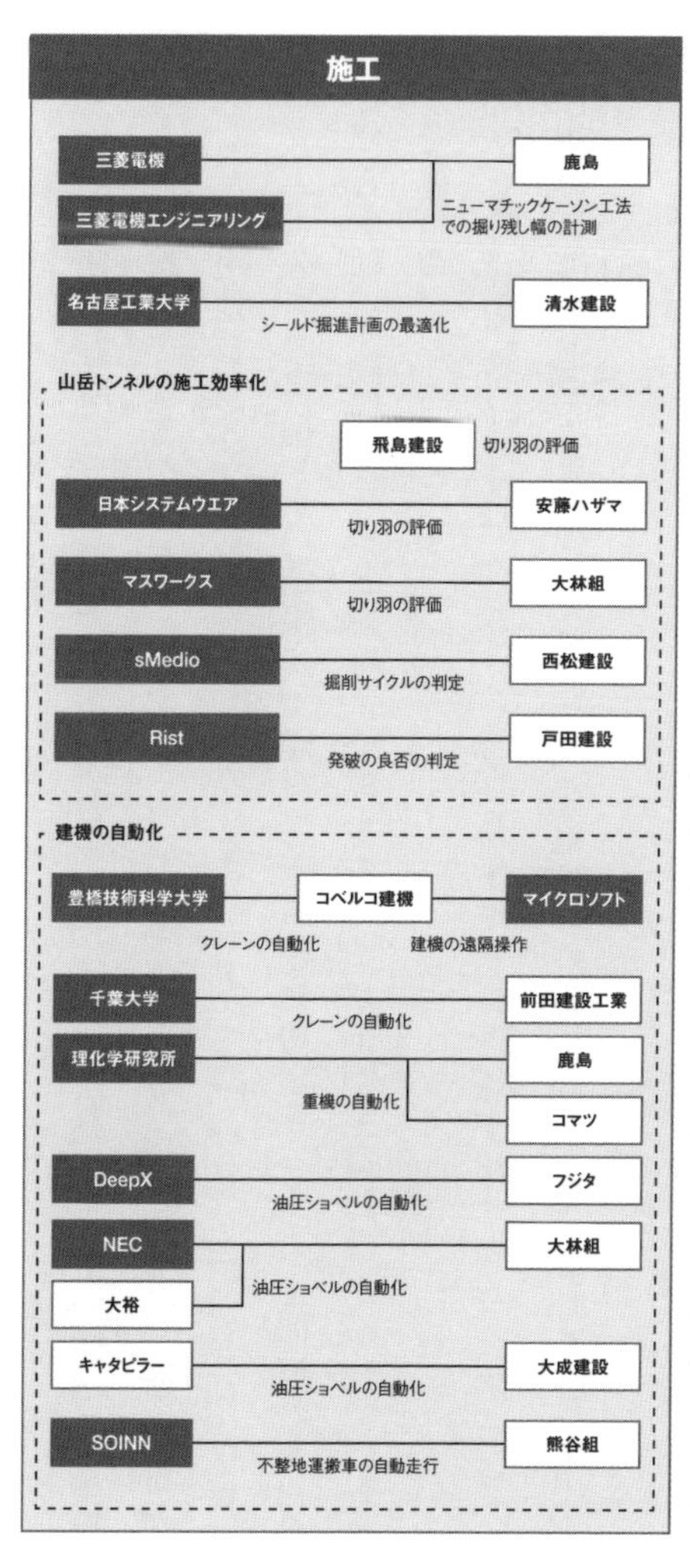

■ 建設産業以外のプレーヤー　□ 建設産業のプレーヤー　── 協業や共同での研究開発

2017〜19年度の各社の報道発表資料や取材を基に作成。AIを用いた研究開発やサービスを分類した。開発に取り組む企業や研究機関の名称と技術の概要も示した（資料：日経コンストラクション）

1 建築計画×ＡＩ

建設費や賃料を瞬時に予測▼スターツコーポレーションほか

「アーキシム（ARCHISIM）の活用で、賃貸住宅の提案件数が従来の4倍以上に増えた」。建設・不動産事業を手掛けるスターツコーポレーションの関戸博高副会長は顔をほころばす。

同社のグループ企業であるスターツ総合研究所が、ＡＩを活用して賃貸住宅の建築計画と事業計画を自動生成するシステムを開発したのは２０１８年3月のこと。アーキシムと名付けて、同年5月から社内運用を開始した。それから約1年後。19年4月時点での提案件数は1万２０００件に達した。17年度の約３０００件から大幅に増えた。

アーキシムの使い方は簡単。土地情報を入力するだけでいい。ＮＴＴ空間情報（現ＮＴＴインフラネット）の地図・地番データベースと、コンピュータシステム研究所（東京都新宿区）の設計エンジン、応用地質の3次元地盤モデルデータをＡＰＩ（アプリケーション・プログラミング・インターフェース）で連携して、法規内で建設できる建物のボリュームや間取りを自動作成する。その過程でＡＩは、建設費や賃料を瞬時に予測する。これまで1週間はかかっていた作業が、たったの15分で終わる。

スターツでは営業職の社員が活用し、土地所有者や不動産投資家への事業提案に役立てている。同社新規事業推進室の光田祐介氏は、「従来は、計画初期の条件整理や建設費の概算などを設計者が行っていた。アーキシムの活用で提案のスピードが増し、クリエーティブな作業に時間を充てられるようになった」と語る。

スターツのＡＩは、機械学習の一種である線形回帰分析を利用している。情報処理システムに大量のデータを入力すると、コンピューターが自ら学習内容を法則化する。すると、未知のデータにも法則を当てはめて、予測ができるようになる。

学習に用いる教師データには、賃貸住宅の設計・施工などを手掛けるスターツＣＡＭが蓄積してきた3年分の建設費データ約１６００件と、不動産仲介のピタットハウスなどで得てきた2年半分の募集掲載データ約２億件、20年分の成約データ約31万４０００戸という膨大なデータを活用した。

ＡＩは、学習した建設費データを基に、延べ面積や階数といった情報からコンクリート

▶アーキシムの導入で提案件数が大幅に増加した

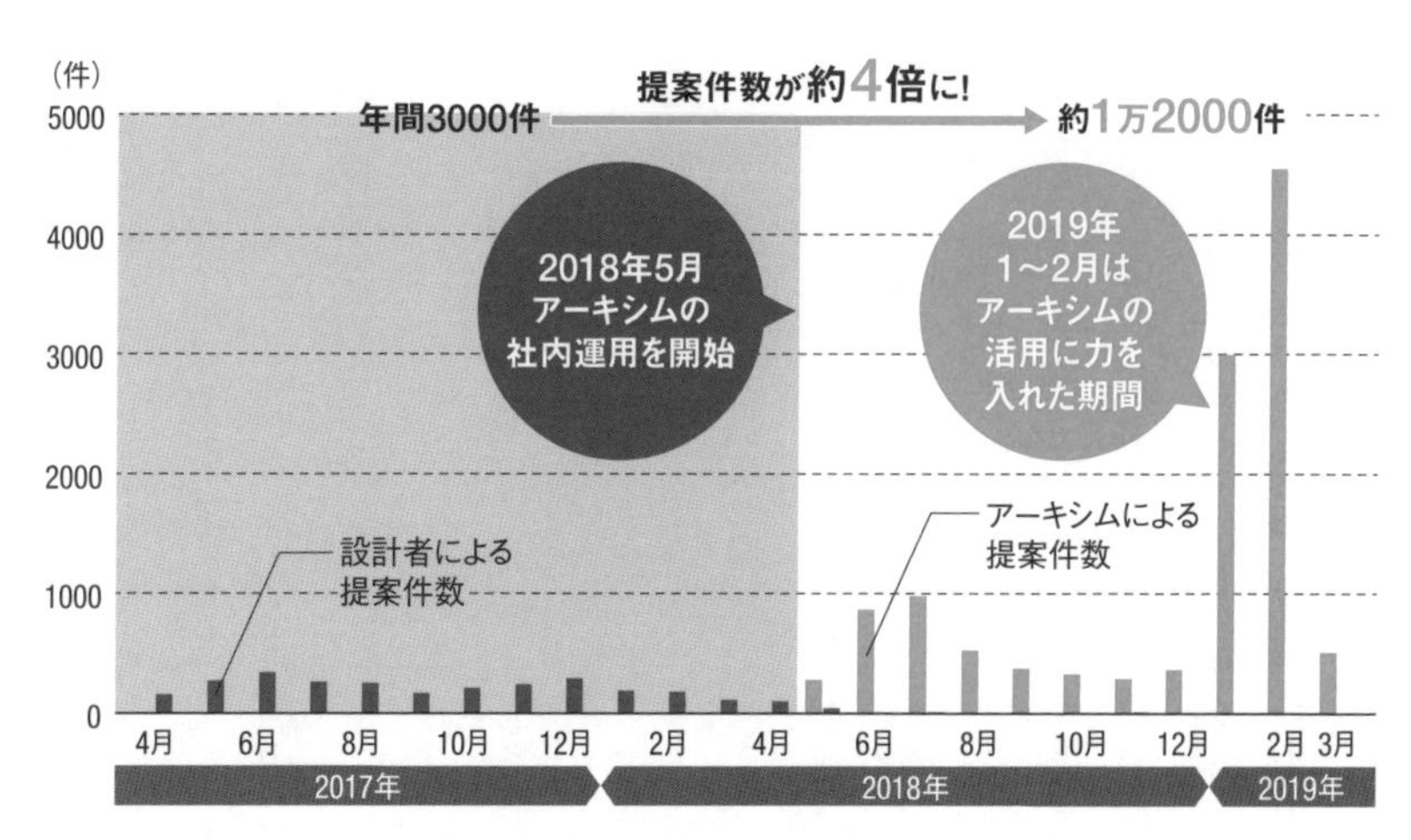

アーキシムの社内運用を開始してから、事業計画の提案数は4倍に増加した。建築の専門知識がなくても、簡単に利用できるようにした結果だ（資料：スターツコーポレーションの資料を基に日経アーキテクチュアが作成）

や鉄筋などの数量を予測して、躯体の建設費を推定する。加えて、募集掲載データと成約データを路線ごとに仕分けして学習させることで、計画地に応じた賃料や空室損失を予測する。

「建設費などを人が予測した場合は、5%ほど誤差が出る。AIの予測結果の精度も同程度で、人が計算した結果と遜色ない」(光田氏)。スターツはアーキシムについて、特許を出願中だ。今後は、より精度の高い結果を予測できるようにシステムの改良を進める。

設計×AI

宅地の自動区割りシステム▼オープンハウス

東京を中心に戸建て住宅分譲などを手掛けて急成長しているオープンハウス。同社はAIを活用した「宅地の自動区割りシステム」を開発した。宅地の仕入れ検討段階で実施する区割りの設計作業を自動化する試みだ。

同社では、仕入れた土地を2~3戸に区割りして販売するケースが多い。この区割り設計を人が行うと、作業の依頼をしてから区割り後の設計図が返ってくるまでにおおよそ1~2日かかっていた。仕入れるか否かを判断するうえで、スピードが重要になる。そこで、区割り設計をAIに任せることで、設計期間を短縮することにした。同社によると、AIを使った宅地区割りの自動設計は世界初の試み。特許を出願している。

同システムは、土地の形状データと、設計の与条件となるパラメーターを入力すると、条件に合った区割りを自動で設計する。パラメーターとして入力する内容は、建築基準法などの法令に関する条件と、自社で定めた条件に基づく。法令関連の条件とは、建蔽率や容積率、接道幅、前面道路の幅など。自社で定めた条件とは、隣の建物との距離や最低限必要な建物、駐車場の面積などだ。区割りする戸数もあらかじめ決めて入力する。

システムはランダムに宅地割りを１００件ほど生成し、それらを評価して最適な案に絞り込む。この作業をＡＩが担うことで自動設計を実現している。評価のポイントは、ルールを満たしていることと、建物のボリュームが最大になることと、各敷地の接道幅が広くて均等である

▶宅地自動区割りシステムの操作画面

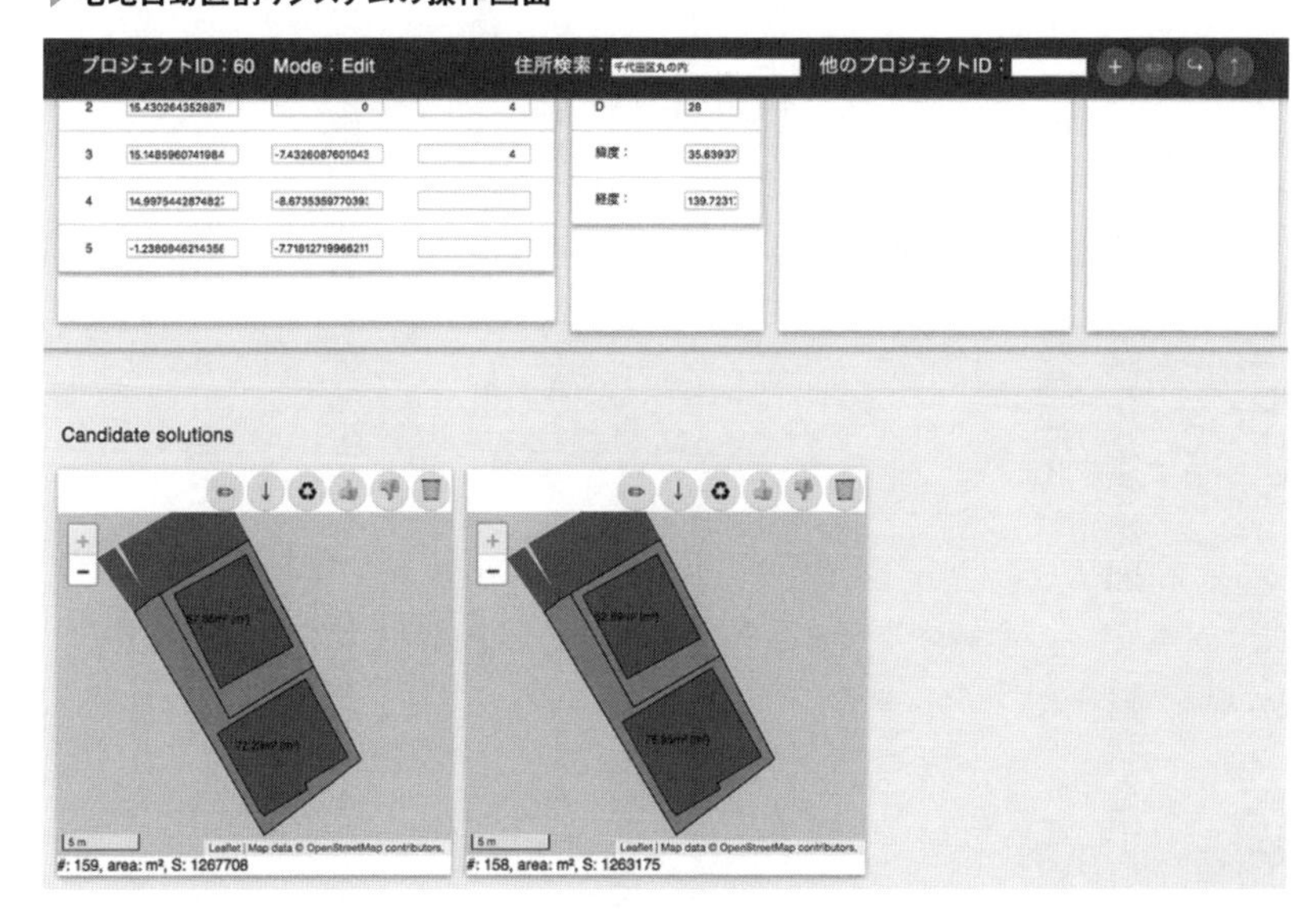

条件を入力するとランダムに宅地区割りの案を生成し、それらを評価して最適な案に絞り込む（資料:オープンハウス）

ことなどだ。

設計者は、システムの案に納得できなければ同じ作業を繰り返す。パラメーターを少し変えて案を出させることもできる。出てきた案の寸法などを見直すことも可能だ。こうして、納得できる案を導き出す。結果はCADデータとしてダウンロードし、設計などの業務に用いる。

「不整形地や狭小地に効率良く建物を配置するには細かな調整が発生する。人が設計すると時間や手間がかかるが、調整を繰り返す作業はシステムの得意とする業務だ」。同社情報システム部ディスラプティブ技術推進グループの中川帝人課長はAI活用の狙いをこう語る。

このシステムにはタイムインターメディア（東京都新宿区）のAIプラットフォーム「進化計算 DARWIN（ダーウィン）」（20年6月に「進化計算 天啓 TENKEI」に名称を変更）を活用している。与えられた課題に対して何億種類ものパターンの中から効率良く多様性のある少数パターンを生成・評価し、最適なパターンを抽出する仕組みだ。

手間のかかる風環境予測を即座に▼大成建設

大成建設はビルの風環境を瞬時に予測するAIを開発した。建物形状データを入力するだけで、風速や風向きをはじき出す。設計の初期段階から風環境に配慮した建物配置・形状を手軽に検討できる。

過去に同社が手掛けた市街地5平方キロメートル分の数値シミュレーション結果から生成した

▶意匠設計者でも簡単に風環境を確認できる大成建設のAI

[AIによる予測結果]

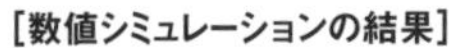

AIにはBIM(ビルディング・インフォメーション・モデリング)などで設計した建物の形状データを入力する。周辺街区については市販の3次元地図データを利用する(資料:下も大成建設)

▶手戻りのリスクを大幅に減らせる

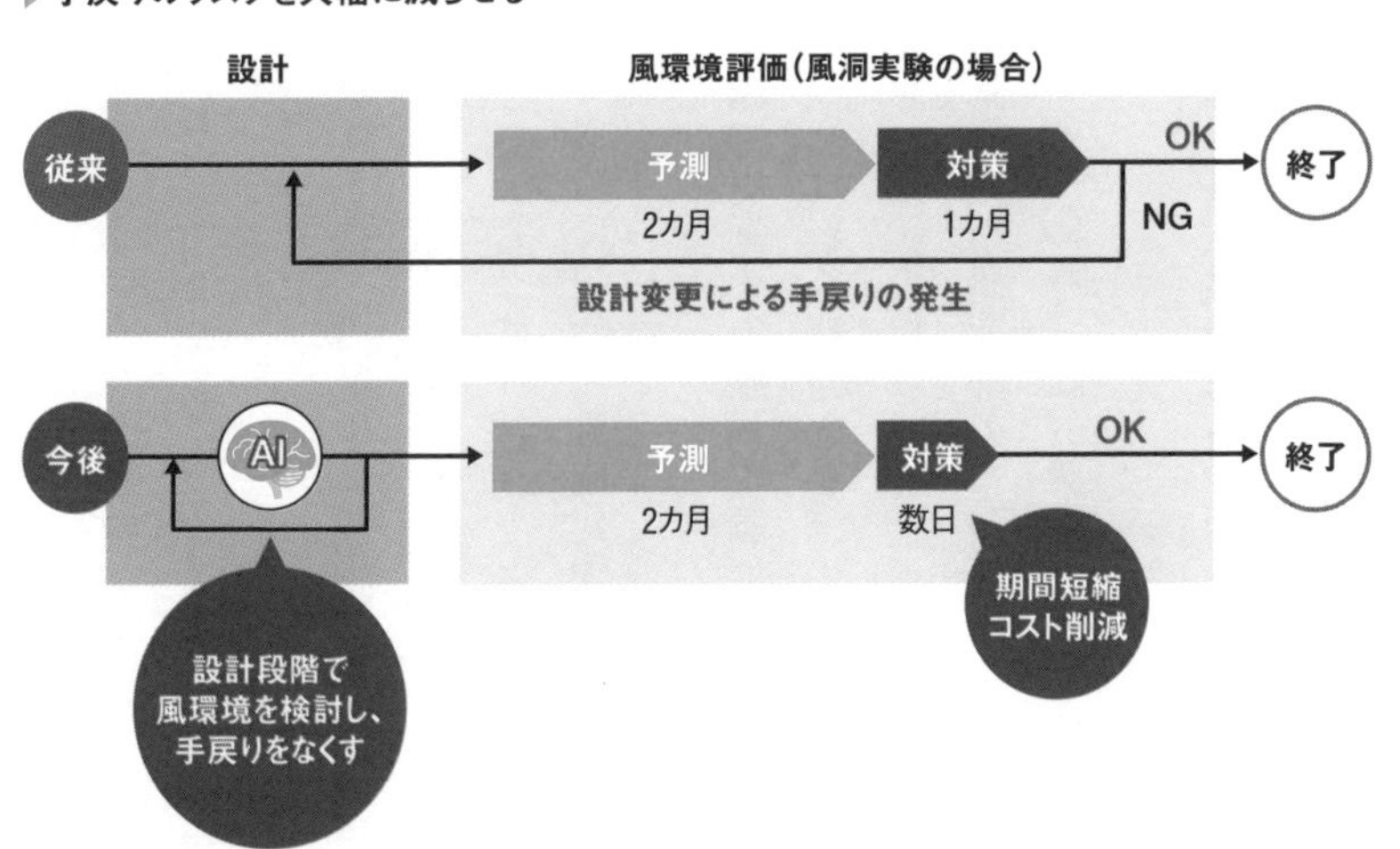

風環境計画のフロー。上は従来の流れ、下は大成建設のAIを活用した流れ。風環境評価後の設計変更や再検討に必要なコストを削減できる

約3200万枚の画像を教師データに、ディープラーニングを実施した。ディープラーニングでは、脳の神経回路を模した情報処理システムであるニューラルネットワークをコンピューター上に幾層も構築し、大量のデータを入力する。すると、コンピューターが自らデータの特徴を学び、未知のデータを認識・分類できるようになる。

こうして建物の配置や形状と風環境の関係性を学習したAIに、設計中の建物とその周辺の市街地の形状を入力すると、歩行者への影響を評価するのに必要な地上1・5メートルでの予測結果をすぐさま出力する。範囲を限定し、予測時間を短縮している。同社技術センター都市基盤技術研究部の中村良平副主任研究員は、「予測時間は入力も含めて数分。計画建物付近では精度の高い結果が得られた」と自信を見せる。

一般に、環境影響評価（環境アセスメント）などの一環で実施する風洞実験には約2カ月、数値シミュレーションには1~2週間程度の期間を要する。せっかく時間をかけて建物を設計しても、風洞実験の段階になって強いビル風が発生すると分かれば、大幅な設計変更や実験のやり直しを余儀なくされる場合がある。同社技術センター都市基盤技術研究部の吉川優チームリーダーは、「風洞実験には1000万円ほどの費用がかかるケースもある。設計変更をすると工程にも大幅な遅れが生じる」と説明する。

AIの活用によって、こうした手戻りのリスクを減らせる可能性がある。同社は今後、AIのモデルに改良を加えて予測精度の向上を図り、社内で設計支援ツールとして活用する考えだ。20年度以降の運用開始を目指す。

AIとRPAが擁壁設計の一部を自動化▼アンタス

果たしてＡＩは、技術者に成り代わって橋などの土木構造物を設計できるのか。結論から言えば、ＡＩ単独で何もないところから設計成果をひねり出したり、コストと施工性のバランスを調整したりするのは、まだまだ難しい。ただし、用途を見誤らなければ一部の設計作業の自動化は可能だ。

デジタル技術の開発などを手掛けるアンタス（札幌市）は、盛り土や切り土の法面（人工的な斜面）を補強する擁壁の設計にＡＩを適用した。コンピューターが繰り返し作業を自動で処理するＲＰＡ（ロボティック・プロセス・オートメーション）と組み合わせ、土木技術者が市販の設計ソフトで作業していた手順を模倣。3日間かかっていた検討を、わずか1時間に削減した。

従来は、現場の地質などを基に擁壁の高さといった初期条件を入力し、円弧滑り面を算出して補強の安全性を判定。そこから経済性や施工性を踏まえて結果を吟味し、何度も計算と修正を繰り返していた。初期条件の精度が高いほど繰り返し計算が短時間で終わるため、熟練の技術と勘が頼りになる。

この一連の作業のうち、初期条件の提案をＡＩに担わせる。100例ほどの過去の設計成果と対応する初期条件を学習させた。

「ＡＩではまだ100％の精度を担保するのは難しいが、正解に近い値の推測は可能だ」と、アンタステクニカルソリューション部の瀬野直樹開発部長は言う。最終的な成果品に盛り込む計

▶AIで擁壁の設計を自動化

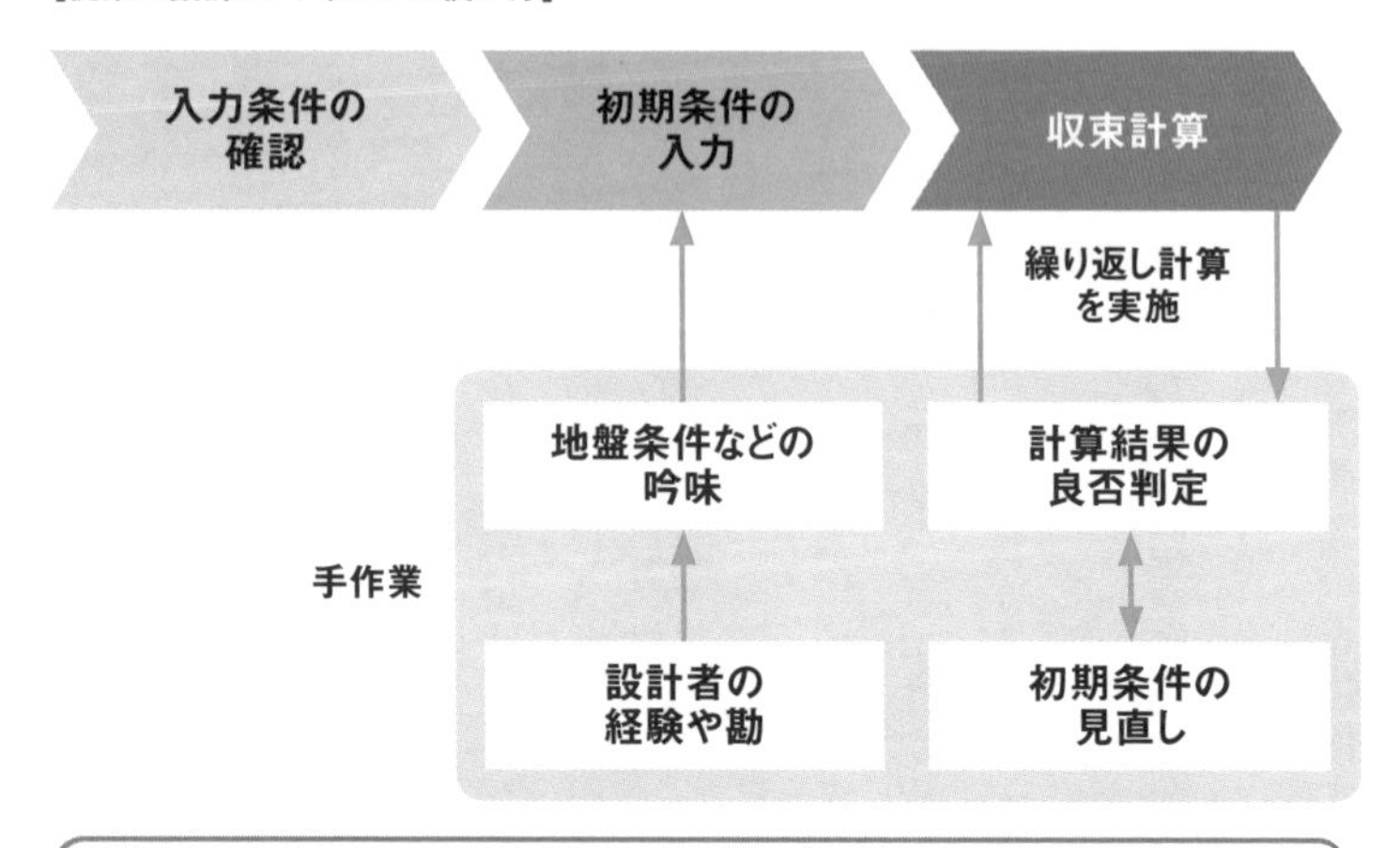

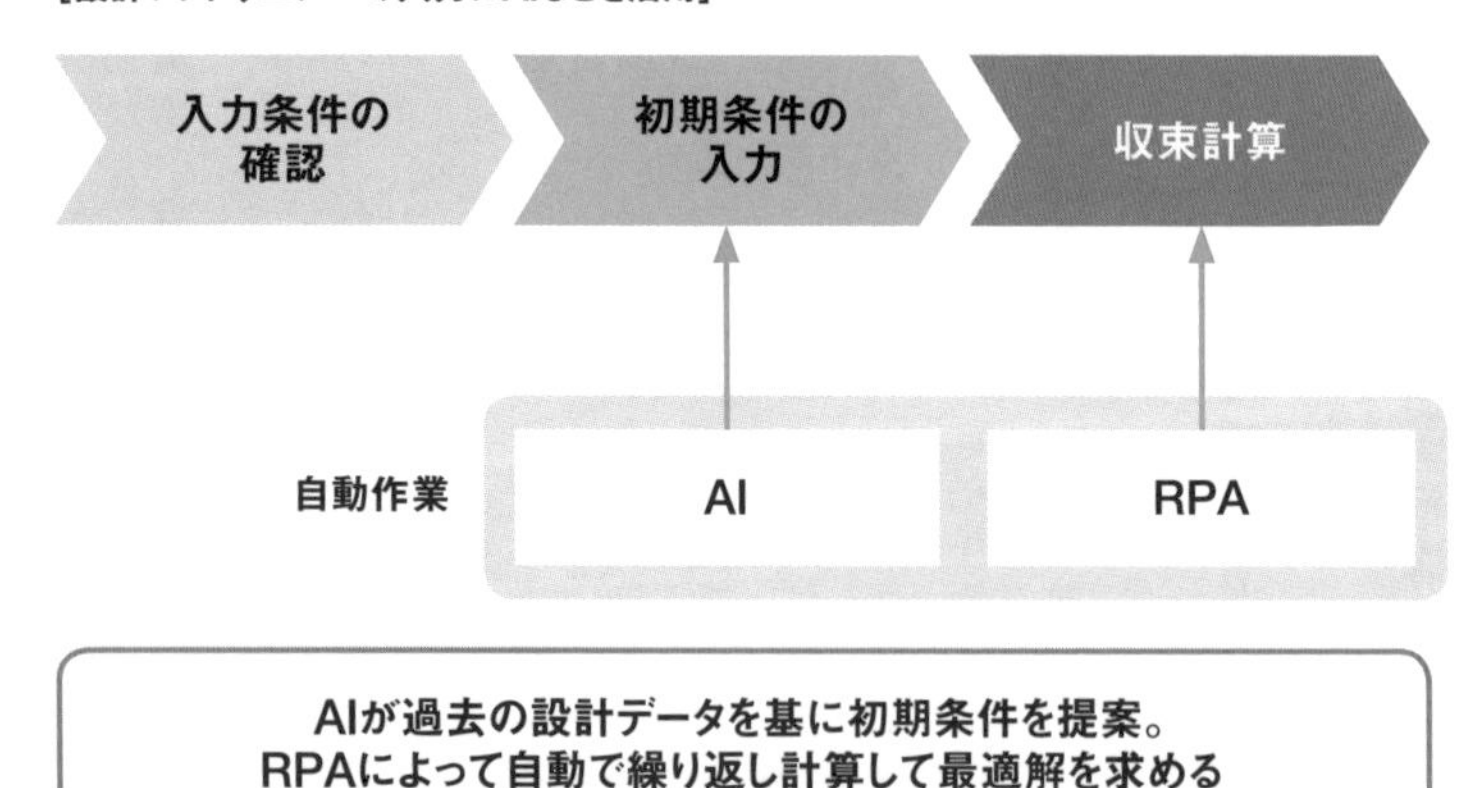

作業を「見える化」するとデジタル技術を使う余地が見えてくる(資料:アンタスの資料を基に日経コンストラクションが作成)

算値は設計ソフトを使うので、完璧な精度を追い求める必要はないと判断した。

他方、設計内容を固めるための収束計算にはＲＰＡを導入。補強擁壁の設置コストなど事前に定めたルールを満たすまで、初期条件を修正しながら自動で計算を続ける。

「設計の自動化には、作業の流れの『見える化』が重要だ。熟練の技術者が必須と考えられていた作業でも、可視化によって自動化の余地が見えてくる」。瀬野開発部長は、こう指摘する。

様々な立地条件や地盤条件の下で繰り返してきた設計業務では、入力値と成果品が大量のデータとして残っている場合が多い。難易度は高いものの、学習させるデータ量が精度に大きく影響するＡＩとの親和性は高い。

施工×ＡＩ

ＡＩが重機を操る▼フジタ、ディープエックス

大和ハウスグループのフジタは17年から、東京大学発のＡＩベンチャーであるディープエックス（DeepX、東京都文京区）と、ディープラーニングによる油圧ショベルの自動化に挑んでいる。

筆者が両社を取材したのは、開発を始めてから約2年がたった頃。ＡＩを搭載した無人の油圧ショベルは、機体前方の地面を掘削するというごく単純な動作ができるようになっていた。

開発を担当するフジタ機械部の川上勝彦上級主席コンサルタントは、「最後の仕上げなど、精

フジタとDeepXが開発したAIが、油圧ショベルを操って地面を掘削する様子。運転席に載っているのは、AIからの操作信号を受けてレバーを動かす遠隔操縦装置だ（写真:フジタ）

▶2つのAIで油圧ショベルをコントロール

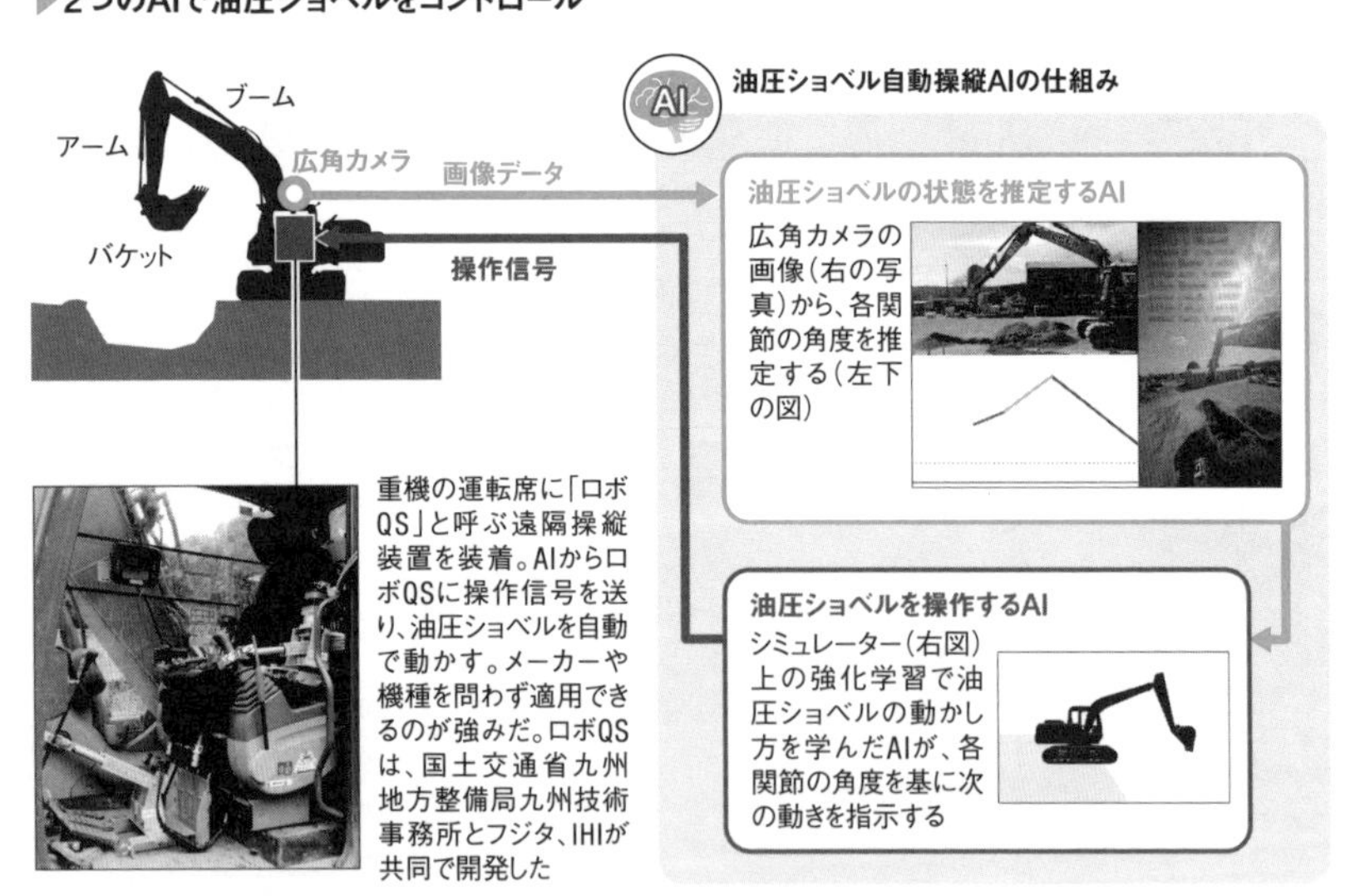

（資料:DeepXの資料を基に日経アーキテクチュアが作成、写真:フジタ）

密な作業までは求めていない。ＡＩが作業の8割方をこなしてくれるだけでも、かなりの効率化につながる」と話す。

重機の「頭脳」に当たるのが、⑴運転席に取り付けた広角カメラの画像から機体の状態を推定するＡＩ、⑵推定した状態を基に次の動きを決め、運転席に装着した遠隔操縦装置に操作信号を送るＡＩだ。

機体の状態を推定するＡＩには、油圧ショベルのブームやアーム、バケットを撮影した広角カメラの画像と、その時の各関節の角度をセットにした数十万もの教師データを与えて、データの特徴を学ばせた。

学習を済ませたＡＩに広角カメラの画像を入力すると、関節の角度を瞬時にはじき出す。高価なセンサーを使用しなくても、カメラさえ取り付ければ事足りる手軽さが売りだ。ディープエックスの冨山翔司エンジニアは、「教師データに用いた関節の角度は、機体を真横から撮影した画像を基に人手で作成した」と語る。

一方、機体を制御するＡＩには、シミュレーター上の「強化学習」で鍛錬を積ませた。強化学習とは、コンピューターが取った行動の結果に応じて報酬（得点）を与え、より高得点を得る方法を自ら学ばせる手法だ。

土をたくさん掘れば高得点を得られるようにすると、コンピューターは数百万回と試行錯誤しながら、効率的な掘り方を習得していく。こうしてつくったＡＩで実際に重機を動かしてみては、改善を重ねている。フジタの川上上級主席コンサルタントは、「まるで子どもを育てるように、皆で『がんばれ』と言いながら油圧ショベルを見守っている。過去に経験したことがない不思議な技術開発だ」と笑みをこぼす。

取材時、同社技術センター先端システム開発部の伏見光主任研究員は、「今後は単純な掘削作業だけでなく、指定したエリアを一定の深さまで掘り下げたり、土砂をダンプに積み込んだりできるようにしたい」と意気込んでいた。両社はその後も開発を続け、20年7月29日には、指定した領域を掘り下げることが可能になったと発表している。ディープエックスは「あらゆる機体に後付け可能なレトロフィットバックホウ自動化システムとして完成させ、現場に導入する」としている。

施工管理×AI

配管などの施工箇所を瞬時に示す▼ダイダン、早稲田大学

建物の規模に比例して、ダクトや配管などの部材の数は増える。建設現場では、紙の図面や電子機器に取り込んだデータと実際の状況を照らし合わせ、部材の施工箇所が適切かをその都度確認しなければならない。

現場の負担を軽減し、誤設置などによる工程の遅延リスクを下げられないか――。空調設備工事大手のダイダン（大阪市）は早稲田大学建築学科の石田航星講師と共同で、部材に取り付けた

ID（部材ID）をカメラの映像から自動認識するAIを開発している。

作業員が部材IDをカメラで撮影すると、AIが自動で文字列を認識。部材の施工箇所や形状を記録した属性データと照合する。この属性データを基に、ダクトなどの施工箇所を3次元モデル上に瞬時に示す。

ダイダンイノベーション本部技術研究所基盤技術課の中野一樹・主管研究員は、「これまでもQRコードで部材の施工箇所を確認する技術はあったが、一つひとつを読み取るのに手間がかかった。AIによってこうした手間を省略できる」と説明する。

AIには、手書きの文字データと、それぞれのデータがどの数字や記号に該当するかをセットにして学習させた。使用した教師データは5万枚以上。学習を済ませたAIは、英数字が並んでいる場合のみ部材IDとして検

▶部材IDをAIが認識して施工箇所を表示

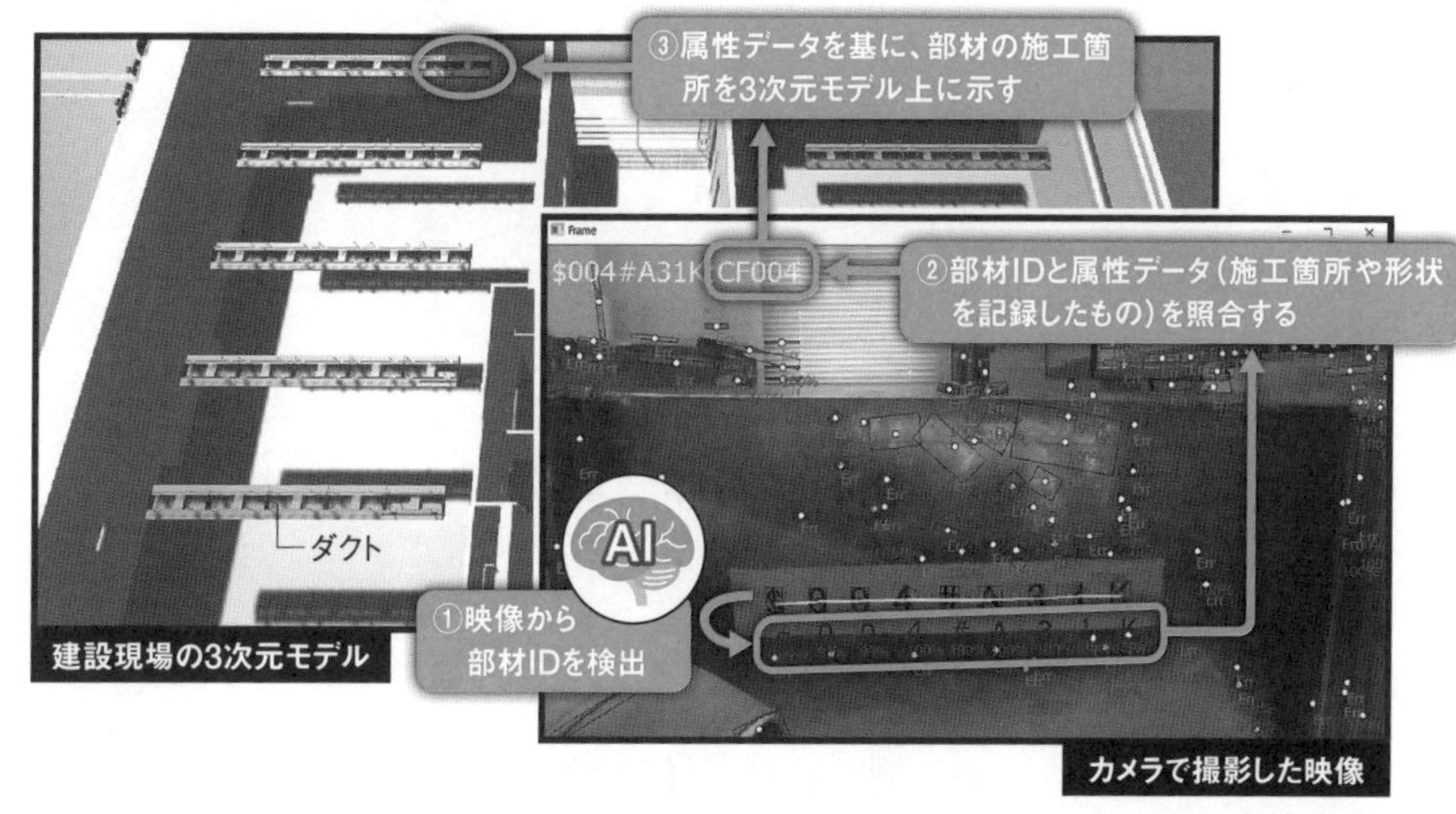

ダイダンと早稲田大学の石田航星講師が共同で開発したAIが、ダクトの施工箇所を表示するまでの流れ。同社四国支店の建設現場では、ウエアラブルカメラを用いて効果を実証した（資料:ダイダンの資料を基に日経アーキテクチュアが作成）

出する。文字のような形をした傷や汚れは検出しないようにした。

ダイダンは、19年5月に竣工した同社四国支店の建設現場で技術を実証済み。部材自体も写真で識別できるよう改良し、BIM（ビルディング・インフォメーション・モデリング、第3章を参照）との連携も視野に開発を進める。

4Kカメラの映像で進捗を確認▼安藤ハザマ、富士ソフトほか

東日本大震災の復興事業の建設現場で、4Kカメラによる高精細な映像を駆使した「映像進捗管理システム」が試行されている。現場の映像を分析してAIで重機の数をリアルタイムに把握し、計画値との差異から施工の進捗を管理する取り組みだ。

実施者は、安藤ハザマと富士ソフト、日本マルチメディア・イクイップメント（東京都千代田区）、計測ネットサービス（東京都北区）、宮城大学の5者から成るコンソーシアムだ。内閣府の官民研究開発投資拡大プログラム（PRISM）の資金を活用した国土交通省の技術公募で採択された。

現場は、津波が押し寄せて壊滅的な被害を受けた岩手県大槌町の海沿い。計画高14・5メートルの防潮堤と、2つの水門を構築している。技術の肝となる定点カメラは、現場の両端に位置する2つの水門の上に、2基ずつ設置した。遠くまではっきりと映り、分析などにも使えるよう、4K対応のカメラを採用した。現場詰め所の会議室や所長室などに設置したモニターで、現場の

AIを使って現場の映像から重機を自動認識している様子(資料:下も映像進捗管理システム開発コンソーシアム)

▶重機の台数を基にした進捗管理

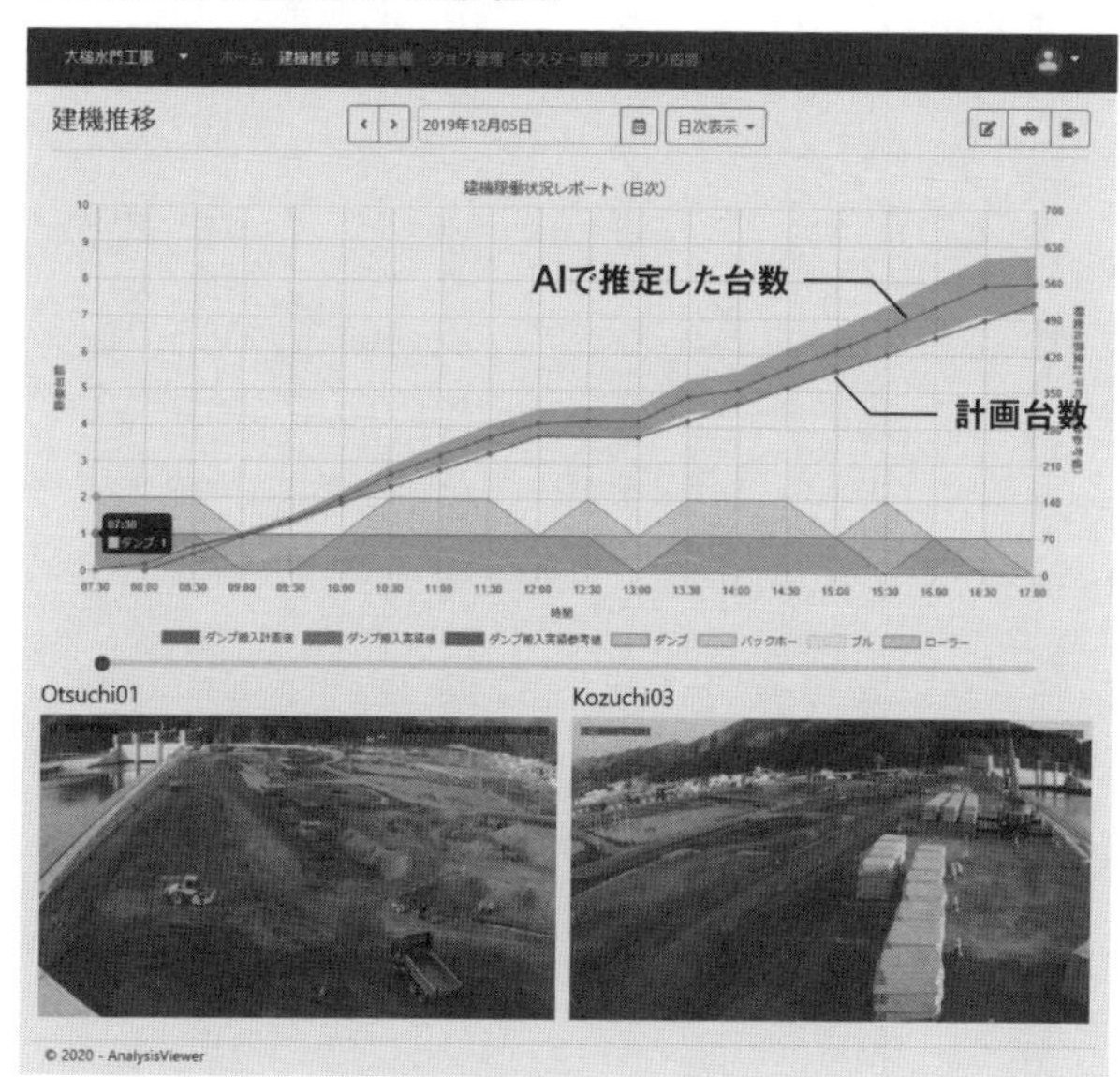

AIで推定した重機の台数が計画台数を上回っていることをグラフで確認できる。グラフ上のある点を選択するとその時間の映像を下に表示する

様子をリアルタイムに確認できる。

ＡＩを用いた重機の自動認識は、次のような仕組みだ。現場内に入ってきた重機を1分ごとにＡＩが認識。現場内での平均滞留時間を加味して、重機の種別ごとの台数をリアルタイムで算出する。この現場では、防潮堤の造成工事に多くのダンプトラックが毎日のように土砂を搬送する。これまで1日に稼働するダンプの数は、日報や週間工程などで振り返るだけだった。ＡＩによる自動認識を使うと、台数の推移をグラフなどで可視化し、計画していた台数に満たないタイミングを即座に把握できるようになる。

重機の台数を表示したグラフと併せて映し出した画像も重要な役割を果たす。過去のある時間帯を指定すれば、その時点における現場の状況を確認できるのだ。「計画値を下回るなど何か問題があった場合に、映像で振り返ることができるのが大きなメリットだ。現場に置かれた被覆ブロックが、重機の通行を妨げていると分かったこともある」。安藤ハザマでシステムの試行を担当する土木技術統括部地盤グループの木付拓磨主任はこう話す。

今や現場に欠かせないＡＩだが、ものにするまでには相当、骨を折ったという。システム開発を担当した富士ソフトＭＳサービス推進室の増田裕正室長は、次のように振り返る。

「重機の動線が複雑で、映る向きが常に変わる。重機同士の重なりなどもあり、全てが学習用データとして使えない。ＡＩによる重機検出は非常に難しかった」（増田室長）。それでもカメラから50～１００メートルの区間において、正答率80～90％の精度で重機を認識できるレベルにまで仕上げている。

「違反常習者」を見逃すな▼オートデスク

ＡＩを活用し、様々なシステムの開発を進める米オートデスク（Autodesk）。同社は、工事の進捗状況などを管理するクラウドサービスを海外で試験的に提供している。サービスの肝となるのが、「コンストラクション・アイキュー（Construction IQ）」と呼ぶＡＩによって、品質や安全に関するリスクを容易に特定する機能だ。

建設現場で働く技術者が、当日の作業をスマホやタブレット端末で入力すると、ＡＩが事故や施工ミス、遅延が発生しやすい作業などを提示する。さらにそれらを、作業員の安全性に関する項目やプロジェクトの品質に関する項目などに分類する。技術者は、ＡＩが提示した結果を参考に作業計画を立てられるため、事故の発生や作業の遅延、工事の手戻りを減らせる。作業後、現場の技術者はその日の報告書をクラウド上にアップロードする。ＡＩは、日々蓄積される情報を学び、提示する内容に反映する。

オートデスク技術営業本部の大浦誠氏は、「海外で提供しているサービスは試作版だが、実際にサービスを利用した企業では、現場の技術者の負担が約20％削減できた」と語る。

ＡＩが提示するのは、危険性の高い作業だけではない。業務の質が悪い協力会社も特定できる。過去の膨大なデータから、下請けの施工ミスの回数や、その後の対応、レスポンスの速さなどを踏まえて、業務の質を判定する。

「作業員がヘルメットを着用していなかった」「機器設置の際に安全性の確保を怠った」といっ

た建設現場の作業員の行為も評価に加味する。

この評価は、当日の作業リスクを現場の技術者が判断するためだけでなく、発注者が施工者を選定する際の判断材料としても使用できる。過去の実績を検索して「前科」を確認することも可能だ。

AIには、現場の技術者が作成した品質管理シートや安全管理シートなどの情報、作業に実際にかかった時間などをセットで学習させた。使用した教師データは3万プロジェクト分、1億5000万件以上に上る。米国の建設会社に協力を依頼し、約2年かけて教師データを作成した。オートデスクは今後、国内でも同様のサービスを始める考えだ。

▶施工ミスや作業の遅延を防ぐ「Construction IQ」

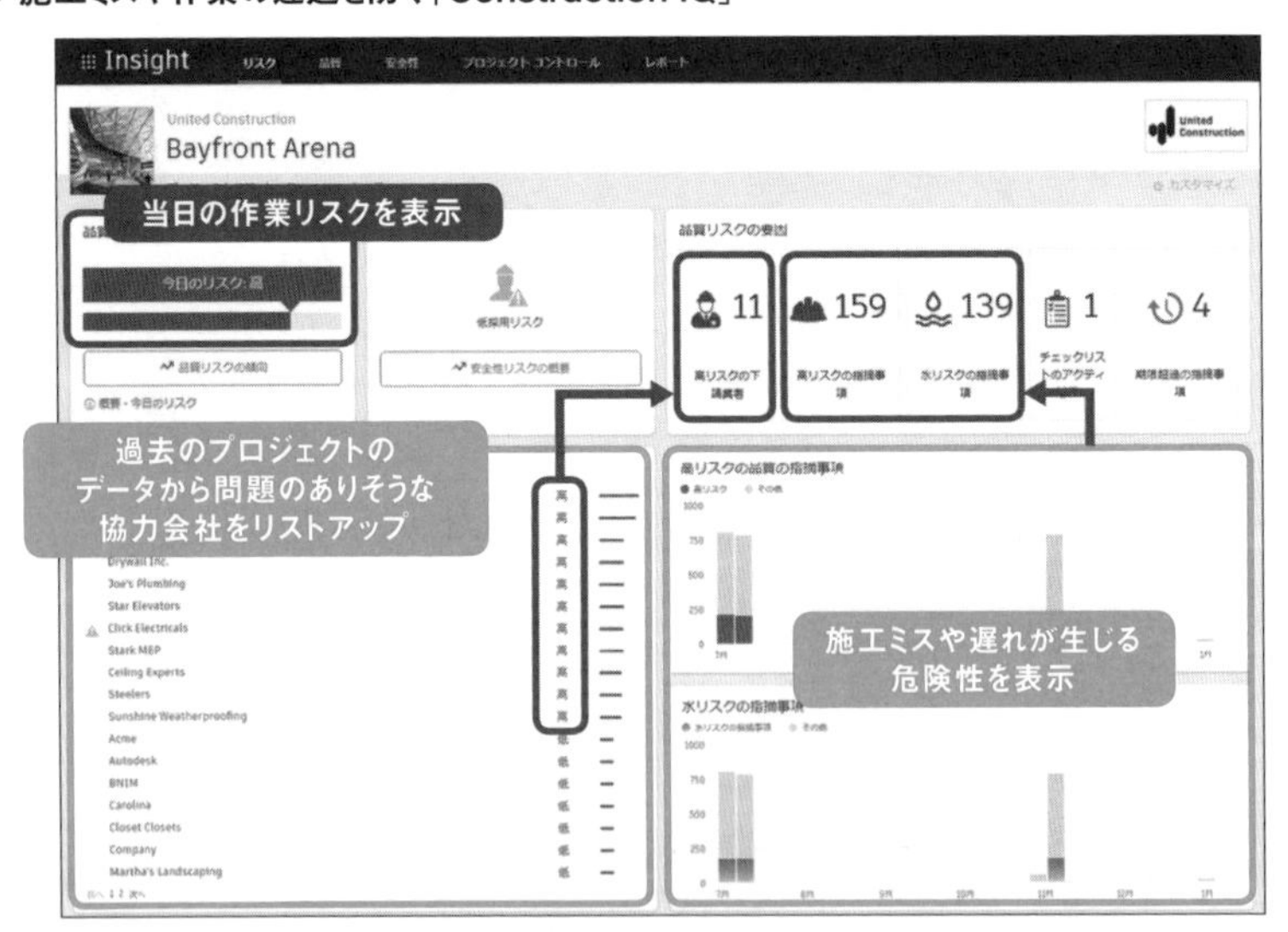

当日の作業のリスクをスマホやタブレット端末で確認できる。AIは、協力会社の実績を総合的に判断し、当日の作業のリスクを表示する（資料：オートデスクの資料に日経アーキテクチュアが加筆）

5 検査×AI

継ぎ手を自動検査▼清水建設、NTTコムウェア

清水建設とNTTコムウェアは共同で、鉄筋のガス圧接継ぎ手の仕上がり具合をAIで自動検査する技術を開発した。作業時間を短縮できるうえ、経験の浅い検査員でも正確に判定できるようになる。継ぎ手をスマートフォンなどで撮影するだけで、「鉄筋継手工事標準仕様書」(日本鉄筋継手協会)が示す外観検査の5項目を判定できる。撮影から検査結果を表示するまでの時間は1カ所当たり20〜30秒。室内実験での正答率は95%だった。

ガス圧接継ぎ手は、鉄筋の接合端面を突き合わせて圧力を加えながら加熱し、つなぎ合わせる方法だ。基礎・躯体工事の継ぎ手の約7割を占める。外観検査では通常、目視と計測器で接合部付近の鉄筋の膨らみなどを測るため、1カ所当たり5分ほどを要していた。

検査に必要なのはアンドロイド(Android OS)を搭載した端末のみ。専用アプリを起動して鉄筋の種類や直径を選び、画面に表示されるガイドに合わせて継ぎ手を撮影するだけでいい。

AIは写真から継ぎ手の輪郭を検出し、標準仕様書に基づいて「膨らみの直径」「膨らみの長さ」「折れ曲がりの角度」「偏心量」「片膨らみ量」の5項目を判定する。不合格であれば、どの項目でどれだけずれているかなど、理由も併せて確認できる。判定には、NTTコムウェアの画像認識AI(Deeptector)を活用した。

建設現場では天候や時間帯によって撮影条件にばらつきが生じやすいため、判定の精度を高めにくい。各条件に応じたデータをＡＩに学習させる必要があるからだ。そこでＮＴＴコムウェアは、背景に左右されず対象物を認識できる「セグメンテーション技術」を採用して精度を高めた。

清水建設は同社が施工中のビルで実証実験を実施し、判定の精度や作業時間、画面の操作性などを、従来の目視検査と比較して検証する。20年度には、工事監理者の育成支援ツールとして研修に取り入れる方針だ。

両社は、ガス圧接継ぎ手以外の検査にもＡＩの適用範囲を広げる考えだ。ＮＴＴコムウェアエンタープライズビジネス事業本部の澤秀雄産業・公共ビジネス部長は、「自治体の橋やトンネルの検査、運輸業界にも展開したい」と意気込む。

▶ガイドに合わせて撮影するだけ

(1)ガス圧接継ぎ手を撮影

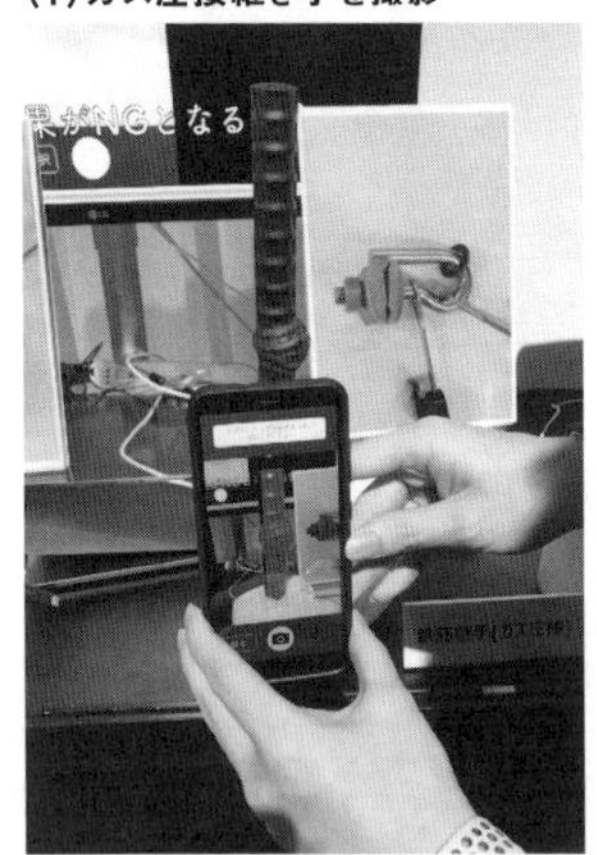

(2)AIが20秒程度で自動判定（左は合格、右は不合格）

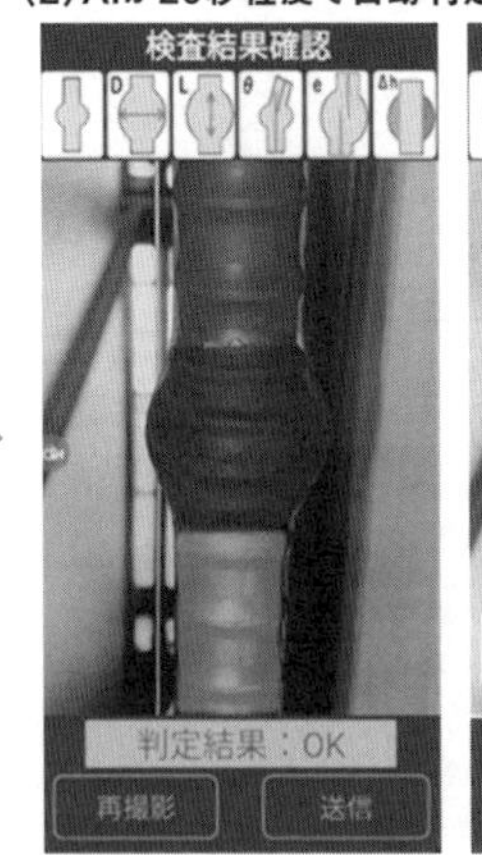

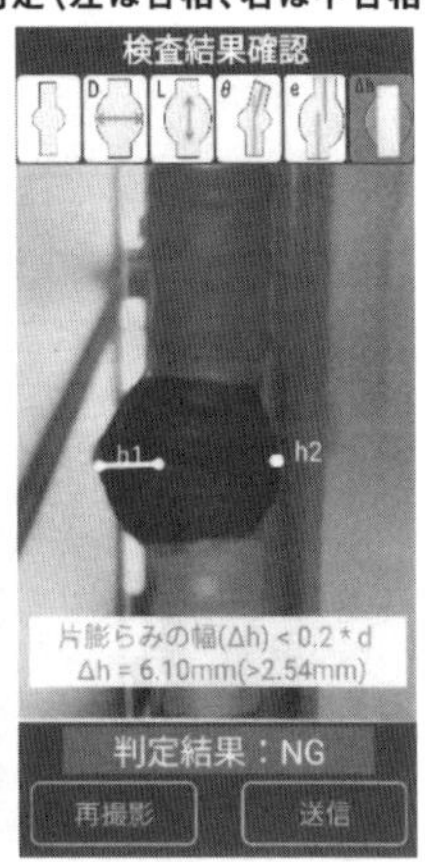

ガイドに沿って撮影することで、画像のばらつきが減り、AIが分析しやすくなる
（写真:日経コンストラクション、資料:NTTコムウェア）

6 点検×AI

構造物の画像診断プラットフォーム▼ジャスト

建物の外壁の写真をアップロードして判定ボタンをタップするだけで、「名探偵ジェイ君」が仕上げ材の種類を言い当てる。そんなスマホアプリをご存じだろうか。開発者は、年間3000棟以上の調査・診断業務を手掛けるジャスト（横浜市）。これまで蓄積してきた調査データと検査ノウハウを生かして自社の業務を効率化しようと、AIを活用するプロジェクト「ジェイブレイン（J-Brain）」を18年に立ち上げた。

AI人材の確保に奔走し、6人のIT技術者を獲得。わずか1年で矢継ぎ早に開発を進めた。仕上げ材判定アプリ以外に、鉄筋コンクリート造の壁のコア抜き可否診断、屋根のさびの自動検出など、調査・診断に使えるAIを複数リリースした。

プロジェクトを率いるジャストの角田賢明取締役は、「部材種別の判定や劣化判定を自動化するAIも開発している。目的に応じたAIをそろえ、業務の効率化につなげたい」と語る。

ジャストのAIはディープラーニングによるものだ。ディープラーニングではAIに効率的に学習させるため、「例題」と「正解」をセットにした教師データを与える。データ数が少なく品質が悪いと、精度も悪くなる。ジャストが1年で様々なAIを開発できたのは、品質の良い教師データをふんだんに用意できたからだ。「検査を熟知した人材を多く抱え、過去の調査データが

豊富にあったからこそ、精度の高い教師データを作成できた」（角田取締役）

教師データを用意できず、ＡＩを活用したくてもできない。データを作成してくれないか――。そんな依頼が複数舞い込んだのをきっかけに、ジャストは19年1月から、教師データ作成サービスまで始めた。さらに19年9月には、構造物のＡＩ画像診断プラットフォーム「ドクターインスペクション（Dr. Inspection）」を発表した。点検で撮影した写真からさびやひびなどの劣化、チョーク跡などの点検対象を自動で抽出できる。

床面のひび割れも自動で▼イクシス

建物の「床」をターゲットにするのが、ロボットの開発・販売を手掛けるイクシス（川崎市）。ひび割れ検知ロボット「フロアドクター（FloorDoctor）」を19年7月に発売した。

▶点検員の腰への負担をゼロに

写真撮影時には、赤色レーザーで撮影範囲を表示するほか、手元のライブカメラで実際の撮影画面を確認できる（資料:イクシスの資料を基に日経アーキテクチュアが作成）

点検員がロボットを押して歩くだけで、撮影した床面の画像からＡＩがひび割れを検出する。大型の物流施設やビルの完了検査、定期検査での活用を想定している。

ロボットの中央に下向きに取り付けたカメラで撮影した画像を、同社が提供するクラウドサービスに自動でアップロードし、ＡＩがひび割れを検出する仕組みだ。ロボットの前輪には移動距離を計測するセンサーを搭載しており、検査の開始地点から撮影場所まで、どれだけ移動したかを記録する。クラウドに施設の図面をアップロードしておけば、センサーの情報を基に、撮影箇所を図面に反映できる。

イクシスビジネス・デベロップメント部門の池田浩氏は、「床の点検業務は人手と時間の確保が難しく、点検員によって精度にばらつきが生じるのが課題だ。フロアドクターなら床面の撮影漏れを防げるうえ、点検員の熟練度に関係なく、一定の精度でひび割れを検出できる」と語る。

イクシスは初年度で50～１００台の販売を見込む。同社は今後、床面以外への応用に加え、自動走行機能の開発を進める予定だ。

ドローン×ＡＩで外装材の劣化を自動判定

▼建築検査学研究所、日本システムウエアほか

「正しい知識を持たない事業者による、ドローン検査が横行している」。そんな問題意識から、建築検査学研究所（神奈川県大和市）と日本システムウエア、ｄｏ（東京都千代田区）の３社は

20年3月5日、「建築検査学コンソーシアム」を立ち上げた。AIやドローンなどのテクノロジーを用いた建物の検査・調査方法を開発し、会員企業に提供していく。

建築検査学コンソーシアムの発起人で、技術統括など中心的な役割を担う建築検査学研究所の大場喜和代表は、「きちんとした手法で必要なデータを取得すれば、経験の浅い調査者でも、高い精度が求められる公共施設などの外壁調査に対応できる」と話す。大場代表は長年、民間の第三者検査・評価機関でドローンや赤外線カメラを用いた建物の外壁調査に携わってきた人物だ。

赤外線カメラを搭載したドローンによる外壁調査では、天候や周辺環境などの影響を受けやすいので、判定に必要なデータの取得自体が難しい。また、赤外線画像から外装材の浮きの有無などを診断するには、豊富な知見や経験が必要となる。

そこで、大場代表の知見と自身で集めた調査データを生かし、システムインテグレーターの日本システムウエアと共同でAIを活用した解析ソフトを開発した。コンソーシアムの会員になった企業は、このソフトウエアが使える仕組みだ。

会員企業に2つのソフトを提供

会員が利用できるソフトウエアは2種類ある。赤外線画像から外装材の浮きを自動解析するソフトと、可視光カメラ画像からひび割れを自動抽出するソフトだ。

赤外線画像AI分析ソフトウエア「サーマルビジョン（Thermal Vision）」は、健全部との温度差で外装材の浮きの有無、浮きのある箇所の面積、浮きタイルの枚数を判定できる。コンソーシアムによると、浮きのある箇所とその面積の自動算出は、全面打診や引張試験といった方法ともおおむね整合が取れている。

赤外線画像は気象条件などを考慮して判定する必要があるため、風速や温湿度、放射率などを調査時に確認しておくことを標準的な検査手法に位置付ける。このパラメーター情報をソフトウエアに入力することで、解析の妨げになるノイズなどを排除しながら精度の高い判定ができるようにした。

ひび割れ判定ＡＩソフトウエア「クラックビジョン（Crack Vision）」は、可視光画像から、幅０・２ミリメートル以上のひび割れを自動で検出する。ひび割れ幅の平均相対誤差はわずか10％程度だ。

ＡＩに学習させる教師データは、ドローンで撮影した赤外線画像が数千枚、可視光画像が約10万枚に及ぶ。信頼性を高めるために人の手による打診調査と組み合わせた判定結果を用いた。

コンソーシアムによると、赤外線と可視光の画像が撮影できる「デュアルカメラ」を搭載したドローンとＡＩによる解析を組み合わせた検査手法の主なメリットは次の２つ。ドローンを使うことで足場を組む必要がなくなるので、１～３週間を要していた点検データの取得が１日に短縮できる。ＡＩによって、データ入力・データ解析・報告書作成が自動化でき、これらにかかっていた業務時間が最大４分の１に短縮できる。

コンソーシアムは、建築検査学研究所を中心に日本システムウエアがＡＩ解析ソフトの開発

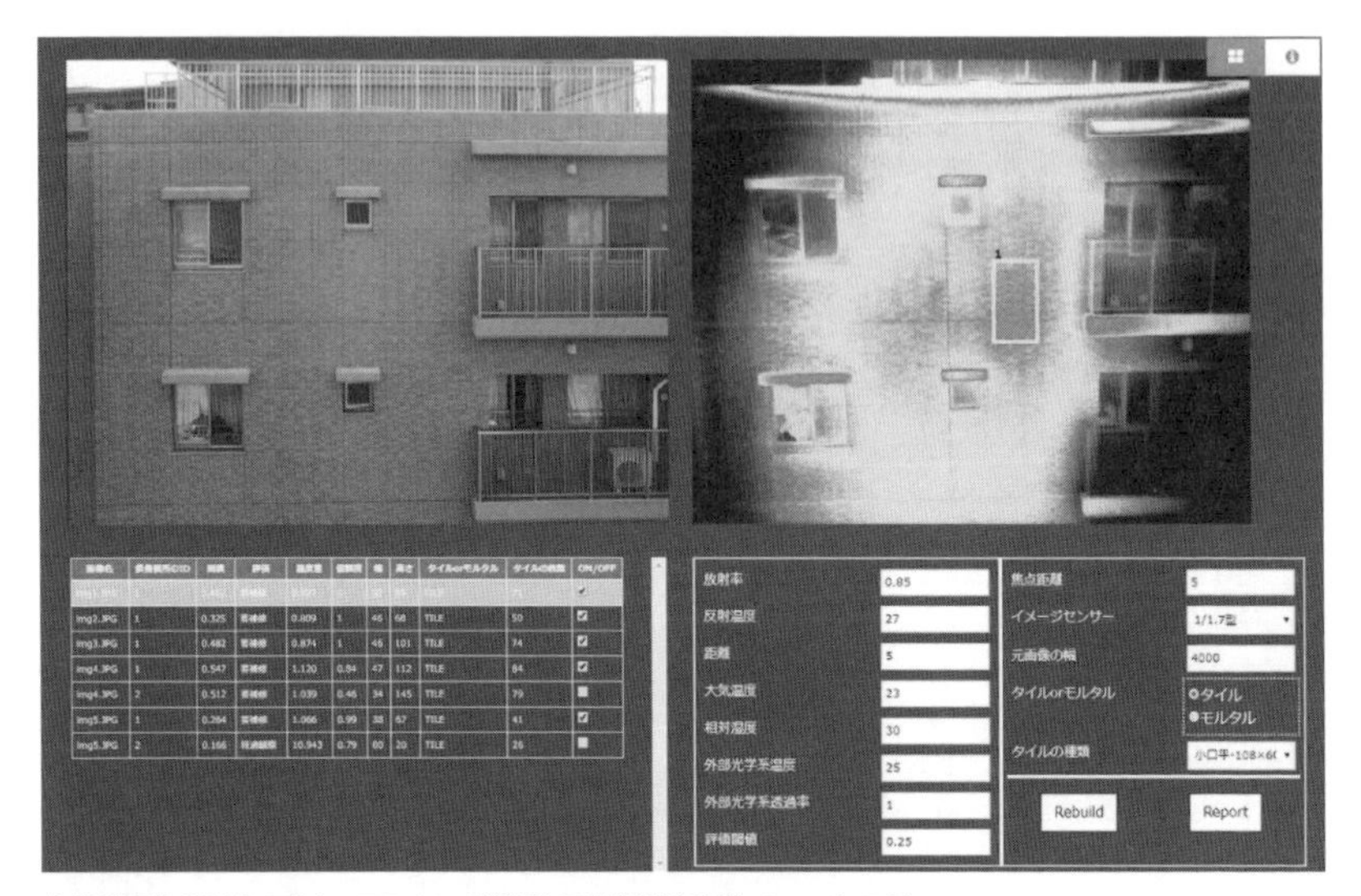

赤外線画像AI分析ソフトウエアのイメージ（資料：下も建築検査学コンソーシアム）

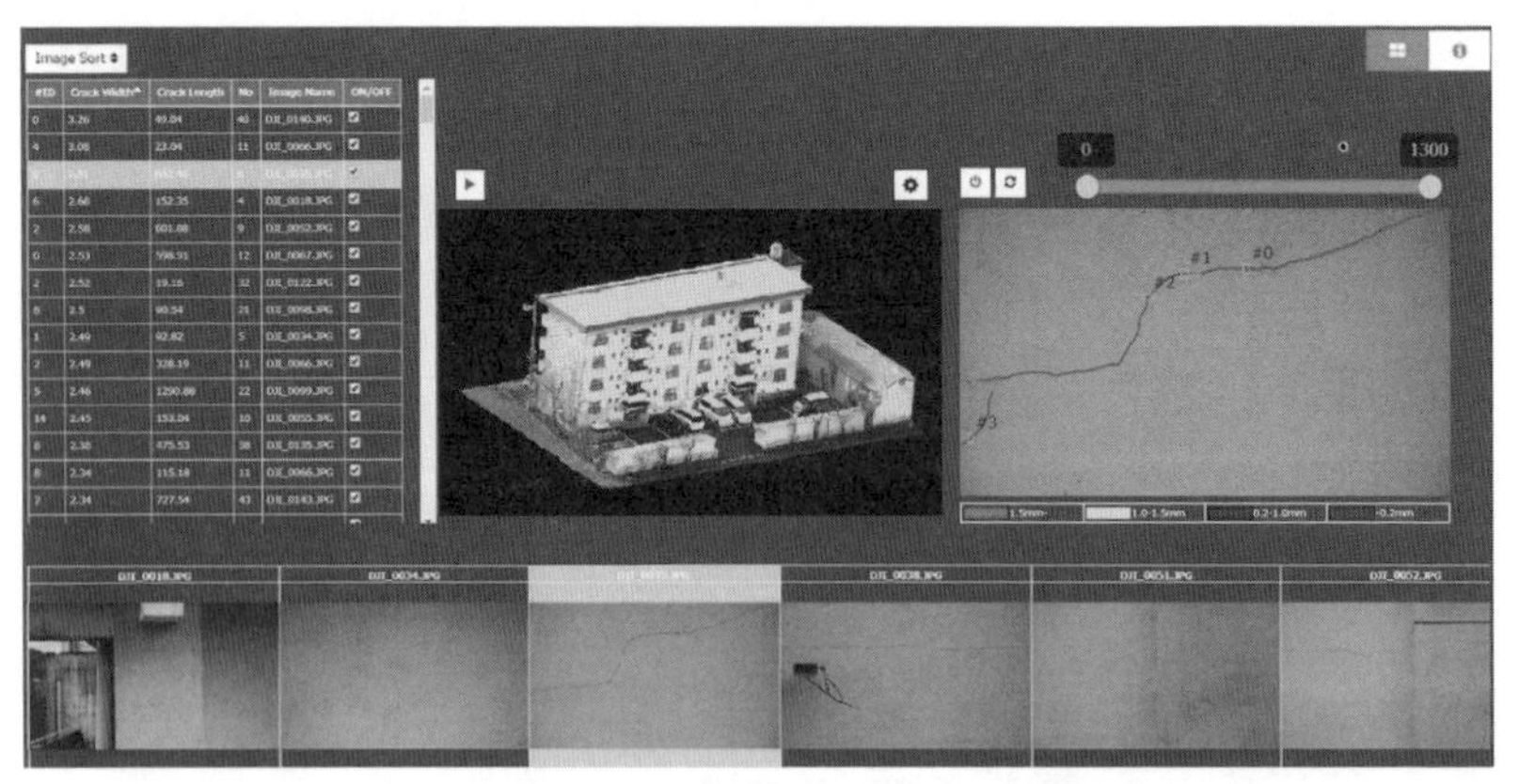

可視光カメラの画像からひび割れを自動検出した様子。誤検出やノイズによって自動判定できない箇所は人が対応する

を、doが事務局をそれぞれ担当。会員企業は「パートナー企業」と「一般会員」の2種類で構成する。パートナー企業は、主に建設会社を想定しており、コンソーシアムと一緒に事業を推進する役割だ。AIを活用したソフトウエアに直接アクセスできる権限が付与される。一般会員が実施した調査の解析業務を請け負うことで、一般会員からの業務委託料が得られる。また、一般会員を対象にコンソーシアム指定の調査方法の講習を実施することで、受講料も見込める。一般会員は、検査・調査業務を行う建築士事務所などを想定。指定の講習を受講することで調査方法を習得でき、解析ソフトウエアも利用できる。

「これまで、赤外線装置法を使って外壁調査ができる企業はさほど多くなく、自治体発注でも随意契約が目立っていた。きちんとした精度で調査ができる企業を全国に増やし、公正中立な競争原理が働く環境を整えれば、ドローンを活用した調査はもっと普及するはずだ」と、大場代表は意気込む。今後は、会員による撮影画像も教師データとしてAIに学習させ、さらに解析精度を高めていく考えだ。

コンクリート画像から剥離・漏水を自動検出▼富士フイルム

富士フイルムはコンクリート構造物の画像から、剥離・鉄筋露出や漏水・遊離石灰をAIで自動検出する技術を初めて開発した。18年からサービスを始めているひび割れ自動検出技術の「ひびみっけ」に、新たな機能として搭載。20年7月から、サービスの提供を開始した。

無料のソフトウエアをダウンロードして、現場で撮影した橋梁やトンネルといったコンクリート構造物の表面の画像をクラウドサーバーにアップロードする。複数の画像をＡＩが自動で合成して解析。剥離・鉄筋露出や漏水・遊離石灰、鉄筋からのさび汁の箇所を浮かび上がらせる。

補修工法の選定に必要となる対象面積は、自動で算出。そのデータはＣＳＶ形式でダウンロードできる。現場でのチョーキングやスケッチなどが不要になり、作業の効率化につながる。検出した損傷はＣＡＤソフトで扱えるＤＸＦ形式で出力可能だ。

漏水・鉄筋露出の自動検出などによる作業削減効果は、損傷の程度で変わる。損傷がかなり進行した現場では、作業時間を50％以上削減する効果があるという。

提供するサービスではひび割れのみの検出と、ひび割れに剥離・鉄筋露出、漏水・遊離石灰を加えた検出の2パターンを選択できる。前者はアップロードする画像1枚当たり400円で、後者は800円だ。「ひびみっけ」では医療画像データから血管を検出する富士フイルムの技術を、ひび割れの自動検出に適用していた。今回の機能拡張でも、画像から臓器などを抽出するといっ

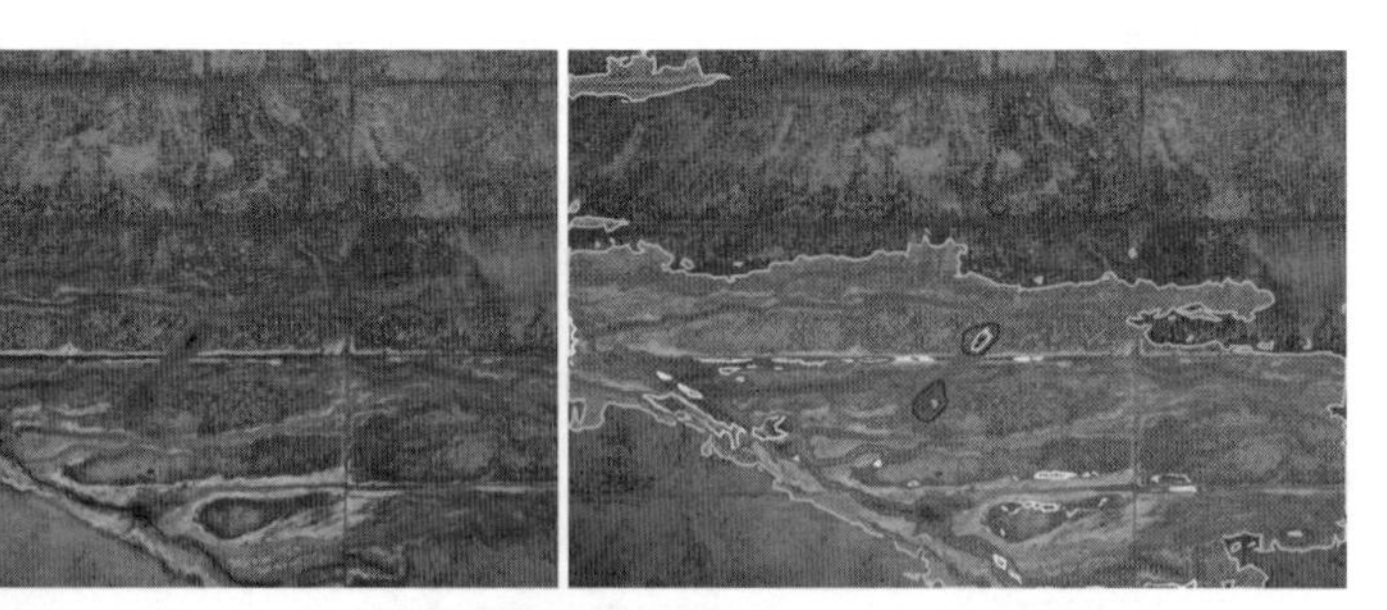

左は漏水・遊離石灰のあるコンクリート表面の画像。右は自動検出して対象をマーキングした画像（資料：富士フイルム）

た、医療分野で培った技術を生かしている。

ひびみっけのユーザー数は700者以上。自治体や国、高速道路会社、鉄道会社などで使われている。「膨大なデータを学習させている。他社では追いつけない量だ」。富士フイルム産業機材事業部社会インフラシステムグループの佐藤康平チームリーダーは明かす。

ひびみっけは20年6月に、国土交通省が作成する「点検支援技術性能カタログ(案)」に掲載。近接目視点検と同等の診断効果があると判断された。

防災×AI

報知機より早く火種を発見▼清水建設

清水建設が開発中の、AIによる「早期火災検知システム」が実装段階に入った。ガスセンサーやレーザーセンサー、炎センサーなどのIoT(モノのインターネット)センサーから得た情報を基に、AIが高い精度で火災発生を知らせる。従来型の自動火災報知設備と併せて導入し、火災リスクを減らす。19年8月22日、同社の物流施設「エスロジ新座ウエスト」で実験を公開した。

公開実験では、重ねた段ボールの間にハンダごてを挟んで燃やした。段ボールやビニールが燃えた際に生じる化学物質を検知する独自のガスセンサーは計32台。天井に設置したほか、人の顔の高さに三脚で固定した。電源は電池で無線通信を採用したため、設置箇所の自由度が高い。さらにレーザーセンサー1台で「煙の形」を計測した。これらのセンサーから得た情報を基に、ＡＩが火災の発生を判定し、監視モニターを通じて伝える。

段ボールの加熱開始から約4分後、三脚で固定したガスセンサーが最初に反応した。続いて、煙が流れた方向の天井に設置していたガスセンサーもガスを検知し始めた。監視画面では、異常を検知したセンサーが警報を発している。

周囲には煙と嫌な臭いが漂って、見学者のうち数人がせき込むほどだ。しかし、この時点で自動火災報知設備は発報しなかった。物流施設では段ボールなどの可燃物が高密度で積載されているうえに、大面積・高天井となっているため火災が大きくなりやすい。しかも、煙が天井の煙感知器までなかなか上がっていかないので、報知設備の発報が遅れることがあるのだ。誤作動を減らすために、ほこりに強い感知器を使っていることも発報が遅れる一因だ。

こうした背景もあって清水建設は、物流施設内で最も多い燃えぐさである段ボールとビニールに着目。これらが燃える際に最初に発生する化学物質を検知するガスセンサーを開発した経緯がある。化学物質の詳細については非公開だ。

システムに搭載するＡＩの学習は、誤作動を減らすことに重点を置いている。4カ月ほどで、約２００回の火災実験を基につくったデータ約５０００件を学習させた。施設の運用開始後は、平常時のデータを学習することでさらに精度が上がる見込みだ。

近年、物流施設で大規模火災の発生が続いた。17年2月16日に発生したアスクルロジパーク首

左は煙感知器の真下で発煙筒に着火したところ。右のように天井付近に煙がたまった頃にようやく煙感知器が作動し、ベルが鳴り響いた。清水建設が開発したシステムなら、もっと早い段階で火災の発生を感知できる
（写真:日経アーキテクチュア）

都圏（埼玉県三芳町）の火災では約4万5000平方メートルが焼損。12日後にようやく鎮火した。18年7月22日に発生した相模運輸倉庫の横須賀倉庫（神奈川県横須賀市）の火災では2棟が全焼。19年2月12日にマルハニチロ物流の城南島物流センター（東京都大田区）で発生した火災では3人が死亡した。清水建設はこうした大規模火災を踏まえて、物流施設の火災を早期発見するための技術開発に力を入れている。

2週間の地形判読を5分に▼応用地質、みずほ情報総研、インキュビット

応用地質は、みずほ情報総研（東京都千代田区）、インキュビット（東京都渋谷区）と共同で、地形図から土砂災害の潜在的な危険箇所を抽出するAIを開発した。熟練の地質技術者でも地形図などから判読するのに2週間ほどかかっていた範囲を、AIは約5分で処理できる。土砂災害の検知センサーを置く場所の検討などに活用し、自治体の防災対策に役立てる方針だ。

AIが見抜くのは、常時表流水がある谷の上部に位置する集水地形の「0次谷」だ。表層崩壊や土石流の発生源になりやすいため、特定が急務となっている。ただし、広い範囲で網羅的に見つけるには、熟練の地質技術者が多大な時間と費用をかけて地形図を判読する必要がある。

そこで応用地質などが開発したのが、AIによる画像認識を使って、国土地理院が発行する2万5000分の1の地形図から0次谷を短時間でくまなく抽出するモデルだ。危険度を2段階で色分けして地形図上に示す。

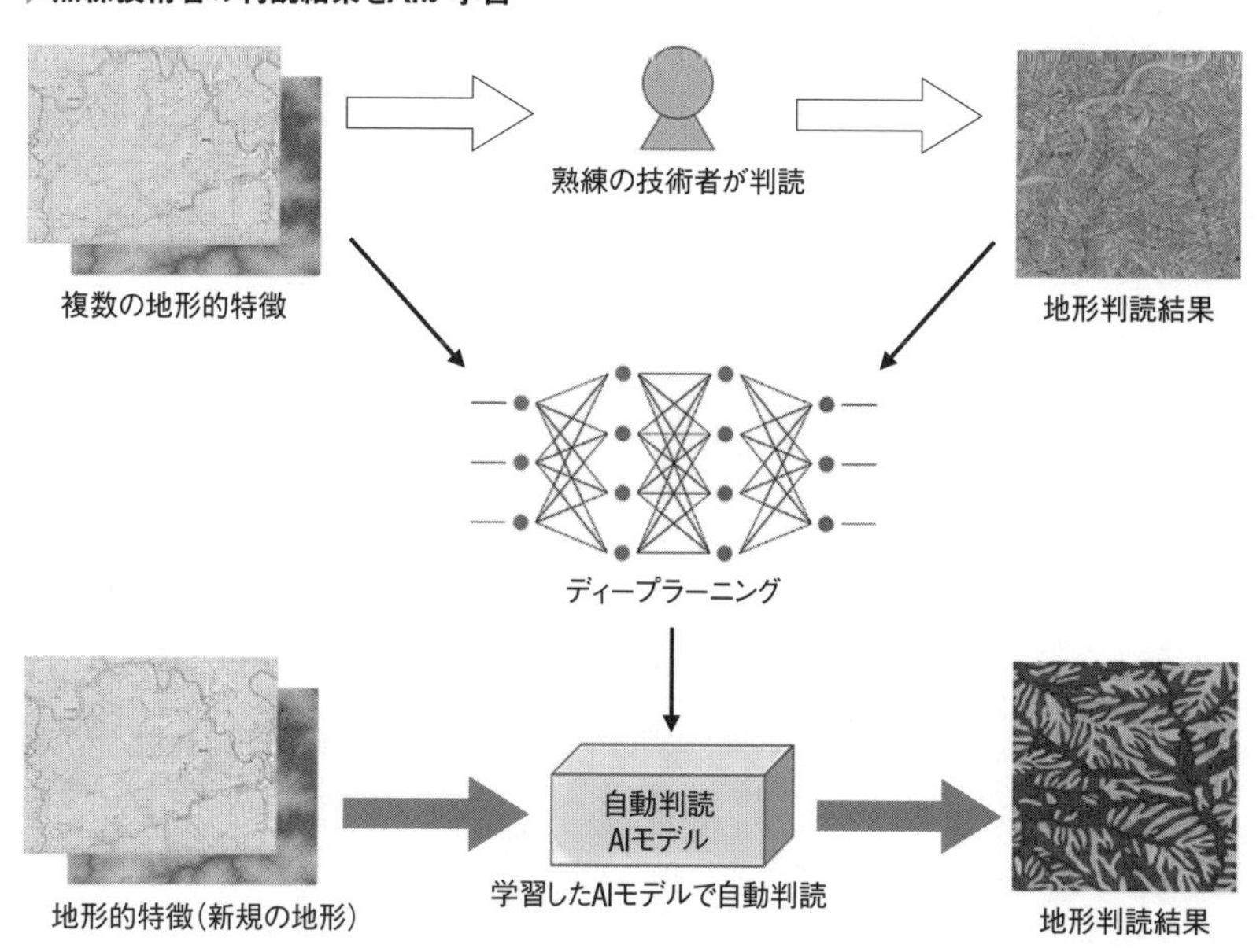

応用地質などが開発した、AIで地形を判読する技術の仕組み（資料:応用地質）

地形の判読では一般に、勾配が急激に変わる点を結んだ遷急線や遷緩線、空中写真などから分かる連続した線状模様などを図面上に引く。これらの線を基に標高や傾斜などの条件を踏まえて0次谷を見抜き、プロットする。担当する技術者が持つ経験やノウハウによって、どこを0次谷と判断するかは少しずつ異なる。

「0次谷を見つけるセンスをＡＩが技師長から学んだ」。応用地質計測システム事業部の谷川正志副事業部長はこう説明する。同社のベテランの地質技術者2人が判読した結果を教師データとした。

読み込ませたのは、技術者が線を引いて0次谷をプロットした地形図だ。特に、急傾斜と緩傾斜の地域を選んだ。2つの極端な地形で危険箇所の特徴をＡＩに学ばせて、中間の地形でも検出できるようにした。技術者が見落としていた0次谷を捕捉できる事例を確認した一方で、0次谷ではない地形が混ざる誤認もあった。それでも、「漏れなく抽出できていることが重要だ」と谷川副事業部長は話す。

「経験則」で洪水を予測▼日本工営

「水位や降雨量のデータさえあれば、精度の高いモデルが簡単につくれる」。ＡＩを使った洪水予測を研究している日本工営先端研究開発センターの一言正之研究員は、その利点をこのように説明する。

洪水予測では通常、地形などのデータを基に、雨水の浸透や流出を「物理的モデル」でシミュレーションし、河川の水位を求める。この手法では、地形を反映した詳細なモデルの構築が必要だ。予測に誤差が生じれば、要因を分析してパラメーターなどを調整しなくてはならない。一方、AIを使う手法では、過去のデータを基に「統計的モデル」を作成して予測する。物理的モデルよりも容易に構築できる。

AIの一種である機械学習は一般的に、入力層、中間層、出力層から成り、各層は複数のノード（節点）で構成される。入力層に入った情報は、各ノード間で重み付けをしながら伝搬し、出力層に至る。過去の情報をAIに学ばせて重み付けなどを調整し、入力データと出力データとの関係性を導き出す。ディープラーニングは、中間層が2層以上のものを指す。

一言研究員は、宮崎県の大淀川流域で、過去の洪水時のデータを用いてその実力を検証してみた。入力データは、雨量観測所14カ所と水位観測所5カ所の雨量・水位などだ。樋渡水位観測所の水位を出力データとした。

1982～2014年に起こった24回の洪水のデータをAIが学習。上位4洪水について物理的モデルを含む5つの手法を使い、洪水のピーク前後で1～6時間後の水位を予測した。

予測と実際の水位との間の誤差を求めると、ディープラーニングが最も小さい。例えば、6時間後の予測における誤差の平均（RMSE）は、物理的モデルを使う「分布型（粒子フィルター）」が約80センチメートルだったのに対し、ディープラーニングは約60センチメートルだった。

AIによる統計的モデルは、いわば「経験則」だ。なぜ、その予測結果になったのかは問わないため、「ブラックボックス」と呼ばれることが多い。水の流れを逐一たどっていく物理的モデルとの大きな違いだ。

水防法で定められた「洪水予報河川」などを対象に、国は物理的モデルを使ったシステムで水位を予測している。ＡＩによる手法は、国交省の九州技術事務所などで研究しているが、まだ実用化していない。「ブラックボックスである点が、導入を妨げている一因ではないか」と一言研究員は推測する。

そこで、物理的モデルを組み込んだ「ハイブリッドモデル」で予測精度を高める研究も進めている。このモデルは、降雨量よりも流域の水の貯留量の方が、河川の水位との関係が深いという考えに基づく。地盤が乾いた状態では、降雨があってもすぐには河川に流れ込まないといったことが起こるからだ。貯留量の変化は、雨量と流量の差で求められる。

それまでのＡＩによる予測手法では、水位・雨量の実績と予測雨量を入力して、将来の水位を予測していた。ハイブリッドモデルでは、物理的モデルで計算した予測流量を入力データに追加。予測雨量と予測流量の差を貯留量の変化と見なした。大淀川のデータで検証したところ、従来よりも予測精度が高まったという。

CHAPTER 6

2 建設ＡＩの導入に立ちはだかる課題

建設業界で空前の盛り上がりを見せるＡＩ開発だが、決して順風満帆なケースばかりとは言えない。大半は実用段階に至っておらず、着手したばかりか、実証実験にとどまっている。また、開発の途中でプロジェクトが頓挫したり、想定した結果が得られない「使えないＡＩ」が生まれたりする事例も後を絶たない。

「ＡＩで建設現場の作業を省力化したいという漠然とした相談をよく受ける。ＡＩありきではうまくいかない」「施工記録のＰＤＦや現場の写真がたくさんあり、使ってほしいと言われた。しかし正直なところ、ＡＩの教師データには適していない」。建設業向けのＡＩを開発した企業などへの取材では、このような苦言が数多く上がった。一部の先進的な企業を除き、建設業界側のＡＩに関する知識不足は相変わらず解消されていない。

建設関連会社Ｘ社の失敗事例を紹介しよう。Ｘ社はＡＩを使って生産性を向上させようと、ソフトウエア開発などをしている社員をＡＩの担当に任命した。担当社員は、上層部からの指示で講習会に参加したり、ウェブ検索で調べものをしたりしてＡＩを勉強した後に、システム開発会社へ発注した。しかし、目的や求める性能があやふやだったために、使えないＡＩが納品されてしまった。

失敗を招いた原因の根本には、担当者を外部の講習会に行かせておけば何とかなる、といった甘い認識がある。ＡＩ開発に必要な知識は、多少、講習会で話を聞く程度では身に付かない。「建設現場でＡＩの導入が可能な作業や、その費用対効果を判断できる『目利き』の育成には、お金と時間をかける必要がある」と、東京大学大学院工学系研究科 i-Construction システム学寄付講座の全邦釘特任准教授は指摘する。「ＡＩを理解するには簡単な数値解析モデルなどを自分でつくってみることが大切だ。技術者が勉強できるように、会社が部署を新設するなどして、手厚く支援することが欠かせない」と全特任准教授は話す。

建設コンサルタント業界では、各社がＡＩに関連した部署を新たに立ち上げている。例えば、八千代エンジニヤリングは18年7月に「技術創発研究所」を創設し、ＡＩやデジタル技術を専門に研究できる環境を整えた。「話題の技術を試してみたり、協業相手の企業と信頼関係を築いて開発の過程でノウハウを教えてもらったりしている。建設分野のニーズとＡＩ分野のシーズの両方を知ることで、どんなデータならＡＩで処理できそうかといった部分が感覚的に分かってくる」と、同研究所の天方匡純所長は言う。

ＡＩが学習するのに必要なデータを収集する段階で、開発が暗礁に乗り上げることもある。「ＡＩが勝手にデータを集めたり処理したりして結果を出してくれるわけではない。ＡＩを使う前のデータ収集の過程で、時間や手間がかかる」。そう説くのは、知能技術（大阪市）の大津良司代表取締役だ。同社は、ＡＩとロボットの開発でコンサルティングから製品の導入までを一括で手掛けている企業だ。

建設業界ではこれまで、熟練技術者の経験や知見を頼りに仕事を進めてきたために、ＡＩの開発にそのまま使えるようなデータの蓄積が少ない。建設現場で撮った写真が１０００枚あっても、背景や光の角度など撮影の条件が異なっていれば、ＡＩの学習に使えない場合がある。新たなデータを入手するのも、それほど容易ではない。例えば橋の維持管理に必要な画像データを取得するにしても、構造が複雑な箇所や狭い箇所の様子は、市販の機材などでは撮影しにくい。「現場の作業の効率化を達成するには、ＡＩと併せて専用のロボットなどを開発しなければならないことが多い」（大津代表取締役）

AI初心者はパートナー選びに重点を

目利きの育成やデータの収集など、開発に着手しようとする企業が乗り越えるべき壁は多い。何から取り組めばいいのか分からず、ＡＩの導入を断念する会社もある。

「初心者は『利用者』に徹し、寄り添ってくれる相手を探すのも手だ」と、大津代表取締役は話す。建設業界に土地勘があることや、ロボットなどのハードウエアを開発する能力を持つといった特徴は、ＡＩの開発を委託する相手を選ぶ際に無視できないポイントとなる。ＡＩに詳しくない建設会社などが何をすべきか的確に示してくれる企業や、開発の過程でノウハウを共有することをいとわないパートナーを選べば、自社のＡＩ人材の育成にもつながる。

「依頼主の準備がなくても、一緒に開発を進められるようにしている」。こう話すのは、ＡＩとロボットの開発を手掛け、建設業やインフラ運営の仕事の流れにも詳しいイクシス（川崎市）の山崎一也ディレクターだ。

同社は、もともとロボットの開発を専門とする企業だった。十数年前からインフラの維持管理分野に参入し、ＡＩ技術を組み合わせたサービスを提供してきた実績がある。

同社は橋の法定点検にもＡＩとロボットを導入して、調書作成まで自動化することを目指している。ただし、初めから全面的に自動化するわけではない。

まずは、ＡＩが解析するのに適した写真を撮影できるロボットを、段階的に導入する。ロボットが撮影した写真からＡＩで損傷箇所を絞り込んで、調書をつくるのはその次の段階だ。

「一気に難しいシステムを導入すると、現場の作業員の抵抗感が増すうえに、使いこなせないことも多い。初めのうちは、生産性を大幅に向上させるのを我慢してでも少しずつ定着させなければ、ＡＩの活用はうまくいかない」と、同社の山崎文敬代表取締役は話す。

ブラックボックス化の克服

建設産業向けＡＩの開発における課題は、建設業界の知識不足だけにあるわけではない。ディープラーニングでは、ＡＩが下した判断の過程や根拠が分かりにくい「ブラックボックス化」が生じてしまうことも悩ましい問題だ。

機械学習の一種で、現在のＡＩブームをけん引するディープラーニングは、重機や作業員の動きを解析して施工を効率化したり、構造物の写真から損傷を判定したりするのに使われ始めている。建設業やインフラ維持管理の現場では、AIの判断ミスが人の生死に関わるような大事故を引き起こす恐れもあるだけに、判断のブラックボックス化は無視できない問題だ。

そこで、土木研究所は18年9月から、先端的なテクノロジーであるディープラーニングではなく、1980~90年ごろに流行した「エキスパートシステム」と呼ばれるAIに着目して、道路橋の診断の効率化に取り組み始めた。エキスパートシステムは、コンピューターが自らデータの分類方法を学ぶディープラーニングと異なり、「ルールベース」と呼ばれる手法を用いている。人が判断基準やルールをコンピューターに入力し、AIはそれに従って、入力されたデータを「AならばB」などと分類するのだ。

土木研究所の取り組みには、民間企業など25団体が参画する。技術者が構造物を診断するときの判断基準を人が入力し、AIが答えを導く仕組みだ。

「診断の決め手となる変状などを細かく設定するため、共同研究に携わる各社の優秀な技術者にヒアリングを重ねている。膨大な情報が必要になるが、暗黙知だった熟練者の診断ロジックを可視化して、信頼性の高い診断と措置ができるようになる」。土木研究所構造物メンテナンス研究センターの金澤文彦橋梁構造研究グループ長はこう語る。

ブラックボックス化を克服するAI技術はほかにもある。ダムへの流入量予測や重機の自動化、路面下の空洞探査などに使えるAIの開発を手掛けてきたソイン（SOINN、東京都町田市）は、AIの計算量を減らし、学習の過程や答えを導いた際の判断理由が分かるようにした。「建設現

▶技術者のノウハウを体系化してAIがインフラの診断を手助けできるようにする

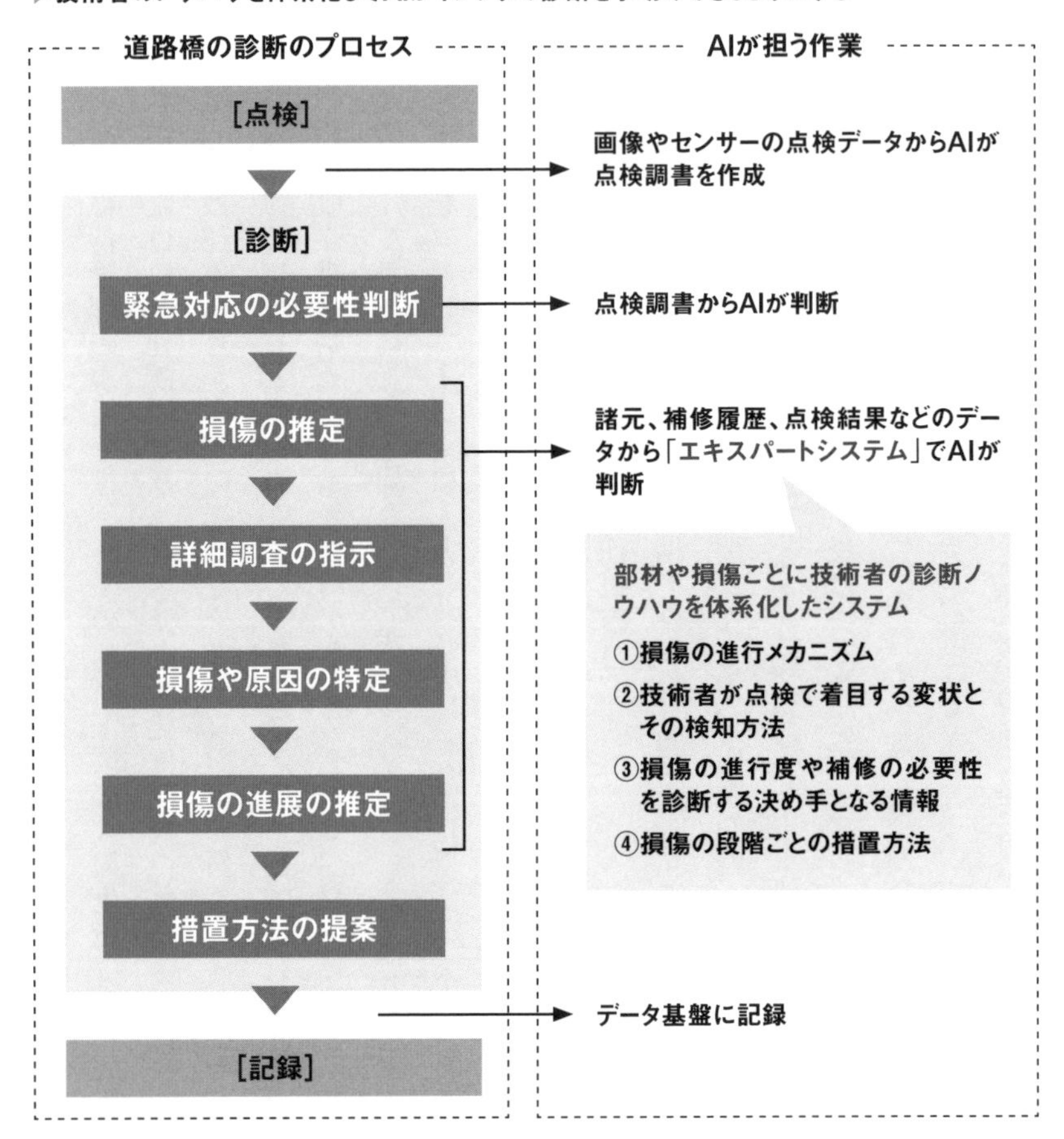

道路橋の診断プロセスと、土木研究所が開発を目指すAIの役割
（資料：土木研究所の資料を基に日経コンストラクションが作成）

場などで使ってもらうには、安心感や納得感のあるＡＩが必須だ」と、ソインの長谷川修代表取締役は説明する。

第7章

建設テック系スタートアップ戦記

第7章のポイント

▼建設産業にフォーカスしたスタートアップ企業が国内外で急増中だ

▼各社は業界のプラットフォーマーを目指して事業を急速に拡大している

▼注目の建設テック系スタートアップの戦略を探る

CHAPTER 7

1 プラットフォーマーを目指せ

建設の世界を限りなくスマートにする。こんなミッションを掲げ、建設現場の生産性向上に役立つクラウドサービスを、建設会社向けに展開するスタートアップ企業がある。2016年に創業したフォトラクション（東京都中央区）だ。

サービス名は社名と同じ「フォトラクション（Photoruction）」。工事写真や図面、工程表、TODOリストなど、施工管理に必要な情報をクラウドで一元管理できるSaaS（Software as a Service の略）である。建設現場で大量に撮影した写真をクラウドにアップロードすると、撮影日時や場所などの情報を基に自動的に整理してくれる。大容量の図面を、端末を問わず高速で閲覧できる機能も備える。工程表の作成や共有も簡単だ。

創業者の中島貴春代表取締役CEOは、スーパーゼネコンの竹中工務店で働いた経験がある。大規模建築物の現場のほか、IT系の部署で生産システムの企画や調達、開発などを担当した。在籍期間は13年からの約3年間だったが、そこでの経験が起業につながった。

「現場から事務所に戻った後、1～2時間もかかる写真や書類などの整理が本当に嫌だった。雑務に追われる時間を、建築の品質の向上に使いたい。私たちのサービスには、そんな思いが込められている」。中島CEOはこのように語る。

フォトラクションの原型は、中島CEOが竹中工務店にいた頃に趣味でつくった写真管理ソフトだ。現場で感じたニーズを踏まえて自作した。意識したのはデータやノウハウの継承。既存の管理ソフトは、写真や図面、書類などを保存できても、体系立ててデータベース化できない。個々の現場で培われたノウハウが企業の資産として残らないという問題を解決しようと、写真をクラウド上で一元管理できる仕組みを取り入れた。このサービスを使いながら業務を進めれば、自然と写真のデータベースが完成する。思い描いた機能を自ら実装したのだ。

情報セキュリティーにも注力

会社を設立したのは16年3月だった。この自作ソフトに興味を持った投資家から勧めら

▶現場の情報をクラウドで一元管理

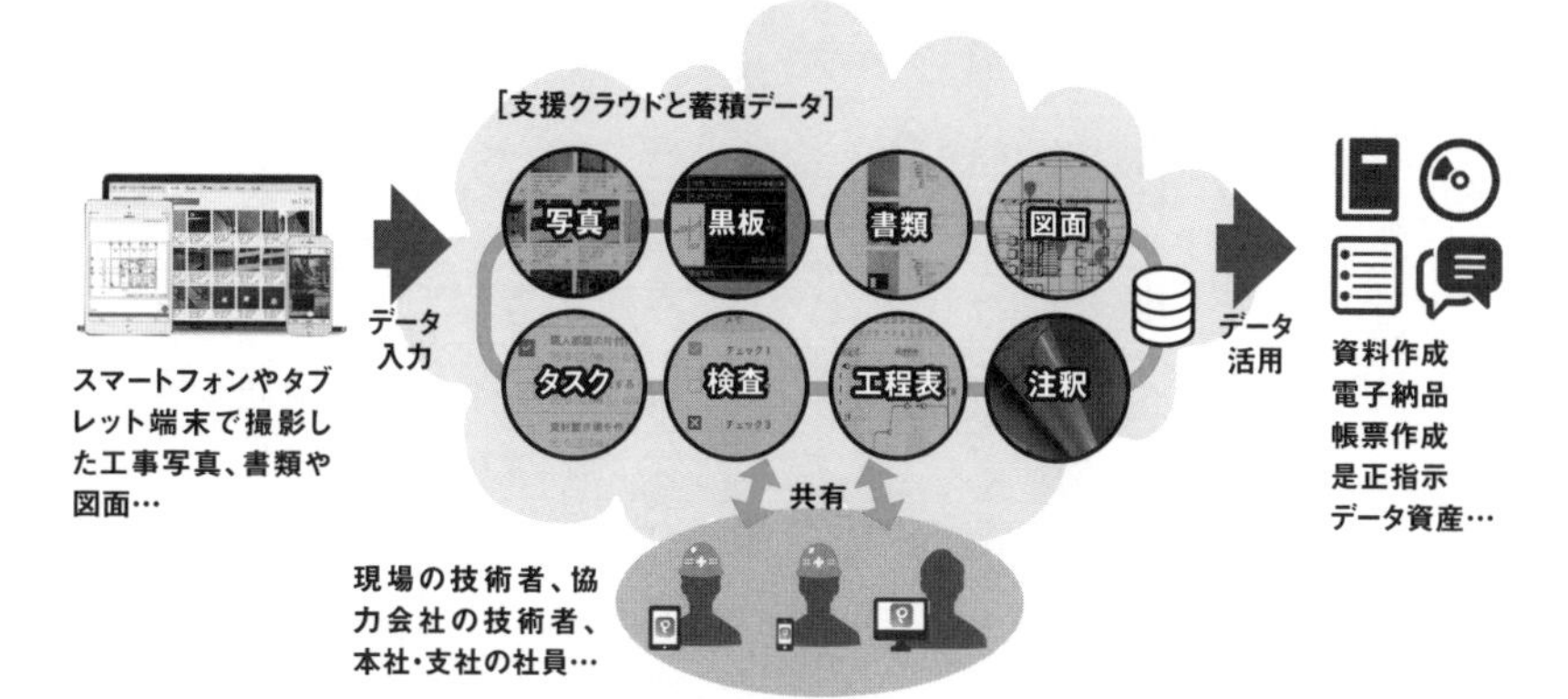

工事写真や図面、帳票類、工程表、書類など、現場の運営に関連するデータを、クラウド上で一元管理する。ユーザーはクラウドに直接アクセスしてデータを入力・編集できるので、常に最新のデータを共有できる。蓄積されたデータは、資料の作成や電子納品、帳票作成などに活用できる（資料：フォトラクション）

れて、竹中工務店を退職。知人のシステムエンジニアとともにコンコアーズ（19年2月にフォトラクションに社名変更）を立ち上げ、17年11月に「フォトラクション」をリリースした。

機能が写真管理に限定されていたためか、当初は苦戦した。しかし、図面管理や工程管理など現場の業務フローに即した機能を増やし、使い勝手を改善した結果、次第にユーザー数が伸びた。20年5月時点で、累計約5万現場で採用されるまでに成長した。「1つの機能改善であっても『それが本当に業界全体を良くするか』に立ち戻って取り組んでいる」（中島CEO）

図面や写真といった機密情報を扱うことを踏まえ、情報セキュリティーにも力を入れてきた。あいおいニッセイ同和損害保険とは、図面や写真、工程表が外部に漏えいした場合に、利用者や第三者が被る損害を補償する「サイバーセキュリティ保険」を共同で開発。同保険を含む「安心サポートプラン」を、19年3月から提供している。フォトラクションに保存する資料が対象だ。建設業向けクラウドと保険を組み合わせた商品は世界初だという。

保険で賄うのは主に、法律上の損害賠償責任に基づく「損害賠償金」、訴訟や調停などで生じる「争訟費用」、他人に対する権利保全といった手続きに要する「権利保全行使費用」、「訴訟対応費用」の4つだ。サイバー攻撃や、盗難・紛失した端末を第三者に悪用される被害のほか、メールを誤送信した際の情報漏えいに対しても保険金は支払われる。支払限度額は1億円だ。

図面から線や文字などの情報を自動で読み取る「アオズクラウド（aoz cloud）」と呼ぶＡＩ（人工知能）エンジンの開発にも取り組んでいる。検出対象の一例が、部屋面積。ＡＩに平面図を入力するだけで、図面から部屋を自動的に検出し、面積を割り出せるようにする。様々な建物の平面図を教師データとしてディープラーニング（深層学習）を実施した。

どのような使い方があるのか。例えば、建材メーカーや設備メーカーなどは着工前に、必要な建材の数量や設備の性能を見積もる。その際、技術者が紙の図面に色を塗りながら、手計算で部屋面積を割り出すこともある。こうした面倒な作業をＡＩに任せ、積算も自動化すれば、本来の仕事に多くの時間を割けるようになるのだ。

中島ＣＥＯは、「建築図面は写真と違って白黒の幾何学的な模様なので、ＡＩが特徴をつかみにくい」と語る。人間なら一目で「壁」と分かる線も、コンピューターからすれば「通り芯」や「寸法線」のような別の線との区別がつかないのだ。「それでも90％ほどの精度で、部屋を検出できるようになった」（中島ＣＥＯ）

ＡＩと人で建設会社を支える

フォトラクション上にデータを蓄積した顧客が増えてきたことを受け、同社のさらなる成長に向けた新たな取り組みも動き出している。20年5月末には、ベンチャーキャピタル（ＶＣ）などから総額5・7億円を調達し、アオズクラウドを組み込んだ新サービス「フォトラクションアイ（Photoruction Eye）」を始動させた。建設業に特化したＡＩと人の目とを連携させ、工事写真台帳の作成や、積算のための「数量拾い」といった面倒な業務を代行するサービスだ。

そのコンセプトは、ユーザーがフォトラクションに蓄積したデータをＡＩに学習させることでユーザー専用のＡＩに育てて、そのＡＩに業務を代行させるというもの。フォトラクションのスタッフがＡＩの予測結果や判断を検証し、誤作業を潰して正解をフィードバックしながらＡＩの判断能力を磨き上げる。

コロナ禍で、リモートワークに欠かせないクラウドサービスへの期待は高まっている。フォトラクションが提供するようなサービスへの関心は、さらに大きくなりそうだ。

フォトラクションに出資するＳＭＢＣベンチャーキャピタル投資営業第一部の中野哲治次長は、こうしたサービスを進化させ、普及につなげていくためには、「データを集められる環境をつくることが重要になる」と語る。作業を自動化するＡＩを「賢くする」には、学習用のデータが大量に要るからだ。「フォトラクションのように、まずはクラウドでデータを管理するアプリを提供し、集めたデータからＡＩを

▶AIと人の目を連携させた雑務支援

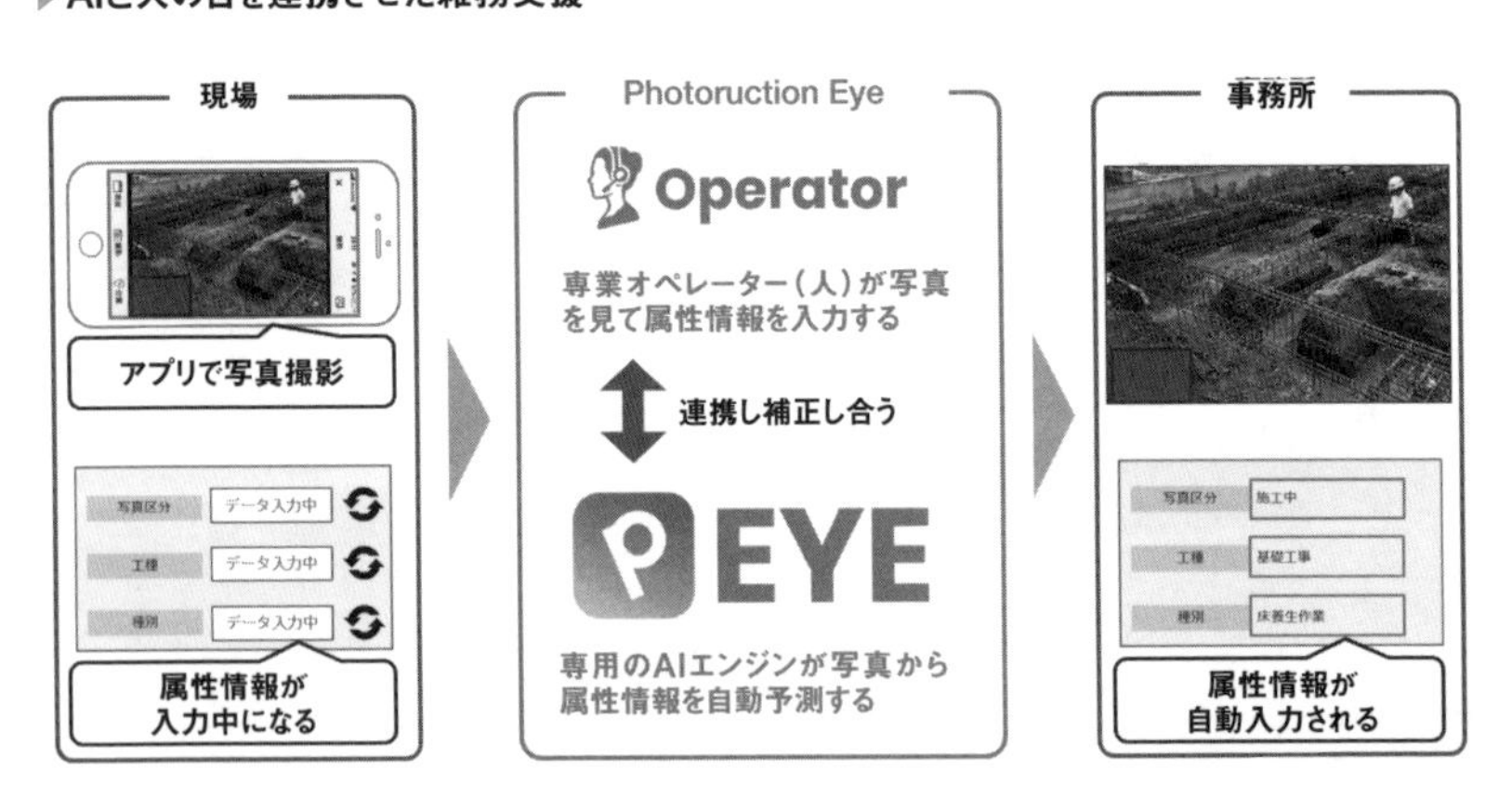

「Photoruction Eye（フォトラクションアイ）」の概要。例えば、現場で撮影した写真をクラウド上にアップするとAIが写真の属性を予測。その予測を専業オペレーターが検証したうえで入力する。さらに、検証結果をAIに学習させて予測精度を高める（資料：フォトラクション）

使った画像解析、ＲＰＡ（ロボティック・プロセス・オートメーション）に広げる戦略が好ましい」（中野次長）

増殖する「建設テック系スタートアップ」

フォトラクションに限らず、建設産業をターゲットにビジネスを展開するＩＴスタートアップ企業、いわゆる「建設テック系スタートアップ」が国内外で急増している。彼らが手掛けるサービスは、施工管理ツールから書類作成ツール、建設機械のマーケットプレイス、発注者と建設会社あるいは建設会社と職人のマッチングまで多種多様だ。

こうした建設テック系スタートアップが提供しているクラウドサービスは、業界に関係なく人事や会計のような特定の職種あるいは業務を対象とした「ホリゾンタルＳａａＳ」に対して、「バーティカルＳａａＳ（特定業界向けのＳａａＳ）」などと呼ばれる。

バーティカルＳａａＳを手掛ける建設テック系スタートアップは、その多くが、建設産業におけるプラットフォーマー（ビジネス基盤を提供する事業者）の地位を確立することを念頭に置いてビジネスを展開している。

数ある建設系スタートアップの中から頭角を現し、プラットフォーム（基盤）の争奪戦で一歩先んじているのが、施工管理ツールを展開するアンドパッド（東京都千代田区）と、職人と建設会社のマッチングを手掛ける助太刀（東京都渋谷区）の２社だ。

▶勢いを増す国内の建設テック系スタートアップ企業

社名	事業の概要
アンドパッド	施工管理ツール「ANDPAD」を展開。建設会社の経営を支えるプラットフォームを目指す。これまでの調達額は総額60億円
シェルフィー	発注者と施工者をマッチングする「内装建築.com」、安全書類の作成ツール「Greenfile.work」を展開している
スタジオアンビルト	建築設計業務のクラウドソーシングや、間取りの作成サービス「madree（マドリー）」を展開
助太刀	登録ユーザー約13万事業者の職人向けマッチングアプリ「助太刀」を運営。フィンテック事業やEC事業も展開している
ソラビト	中古建設機械のオンライン売買プラットフォーム「ALLSTOCKER（オールストッカー）」を運営
ダンドリワークス	施工管理ツール「ダンドリワーク」を展開。2020年8月にはマンション工事・点検予約管理システム「ITENE（イテネ）」をリリース
ツクリンク	建設会社のマッチングプラットフォーム「ツクリンク」を運営
トラス	メーカー横断で建材を検索・比較したり、プロジェクトで使用する建材を管理したりできるサービス「truss」を展開
フォトラクション	施工管理ツール「Photoruction」を展開。専用のAIの開発なども手掛ける
ユニオンテック	協力会社や職人の募集、工事の受発注ができるマッチングサービス「CraftBank（クラフトバンク）」を運営
ローカルワークス	信頼できる取引先を簡単に探せる検索サービス「ローカルワークスサーチ」などを運営

各社の発表資料などを基に作成した（資料：日経アーキテクチュア）

リクルート出身の稲田武夫社長が12年に創業したアンドパッド（創業時の社名はオクト）は、主に住宅などを手掛ける工務店や中小建設会社に向けて、施工管理アプリ「アンドパッド（ANDPAD）」を16年から提供してきた。もう少し規模の大きな工事を担当する建設会社がユーザーのフォトラクションとは、ややターゲットが異なるほか、工事関係者間のコミュニケーションにより重点を置いているのが特徴だ。

アンドパッドのアプリはスマホで動く。クラウド上で工事写真や図面などの資料を一元管理できるほか、日報の作成や工程表の作成、チャットツールといった機能を幅広く備えている。工務店や建設会社が、会社で進めている工事の進捗を一目で把握し、人の手当てや現場間のスケジュール調整などを簡単に行える横断工程表の機能などもある。利用料金は、初期費用などを除いて月額6万円（100IDのベーシックプランの場合）だ。

稲田社長は筆者が17年に取材した際、「工事関係者のコミュニケーションをITに置き換えれば、生産性を飛躍的に高められる」と熱く語っていた。ユーザー数は17年1月時点で350社だったが、電話やFAXが幅を利かせる住宅業界にあって、きめ細かな導入サポートでユーザーを増やし、20年7月時点で2000社が利用するまでになった。その結果、アンドパッド内には、既に270万件もの建設現場のデータが蓄積されている。写真のアップロード件数は3420万件を超えた。同社はこうしたデータを活用し、新たなサービスの開発に取り組む考えだ。

アンドパッドは20年7月、グロービス・キャピタル・パートナーズなどから約40億円を調達したと発表。同時に「建築業界のDX化」を掲げ、弁護士ドットコムが展開する電子契約サービスの「クラウドサイン」や米セールスフォース・ドットコムの顧客管理・営業支援ツール「セールスクラウド(Sales Cloud)」などとの連携を発表した。今後も、建設業界向けのERP(統合基幹業務システム)や原価管理パッケージ、瑕疵保険、教育サービスなどとの連携を進めるほか、IoTや産業用ドローンのような技術も取り込んでいく。従来の施工管理ツールから、契約や営業などを含め、建設会社の経営を一括して支援するプラットフォームへ進化を遂げるうえで、正念場を迎えている。

マッチングからフィンテック、修理サービスまで

アンドパットとは異なるアプローチで、建設業界のプラットフォーマーを目指すのが17年創業の助太刀だ(創業当時の社名は東京ロケット)。

同社が展開するのは、職人の仕事探しをサポートす

▶アンドパッドのアライアンス構想

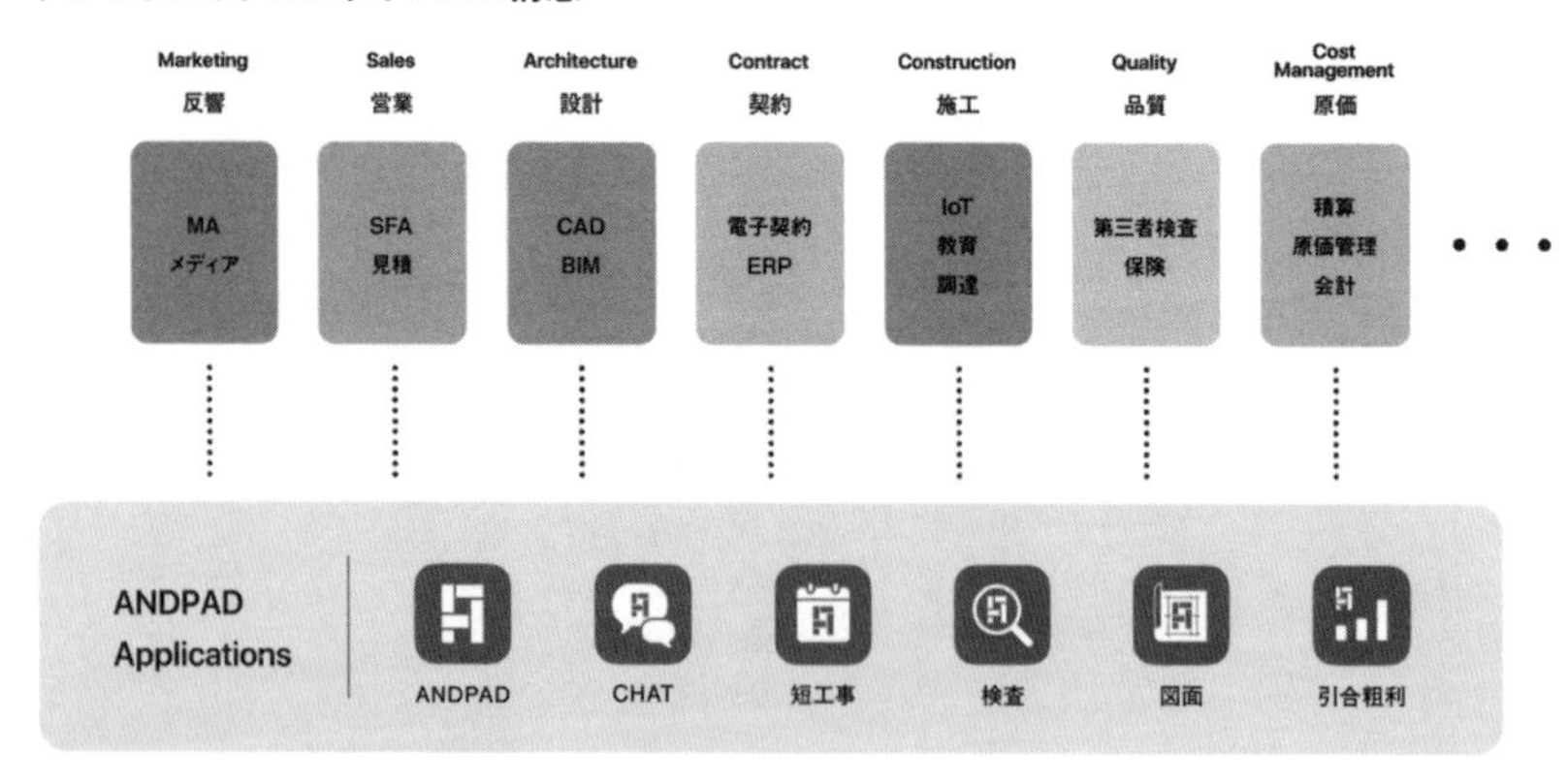

ANDPADと様々なサービスの連携を進める(資料:アンドパッド)

るマッチングアプリ「助太刀」。スマホにダウンロードしたアプリに「居住地」と「職種」（76職種から自分の専門分野を選択）のわずか2項目を入力するだけで、自分に合った案件をリコメンドしてくれるシンプルさが特徴だ。

職人が閑散期に普段の取引先以外の現場を探したり、建設会社が繁忙期に人手を確保したりするのに役立つ。仕事が終われば受発注者が互いに評価し合い、悪質な業者を排除する仕組みを取っている。無料でも利用できるが、月額1980円でメッセージ送信や検索機能などをフルに使える「プロプラン」や、法人向けのサービスも用意している。

イメージキャラクターとして、職人に人気のあるお笑いコンビ「サンドウィッチマン」を起用したり、テレビ番組「SASUKE」のスポンサーとなったり。使い勝手だけでなく、職人の「生態」を徹底的に研究して展開したマーケティングの甲斐あって、リリースから半年後の18年5月に1万人だった登録ユーザー数は、20年3月には13万人を突破した。

創業者の我妻陽一社長は、大手電気設備工事会社のきんでん勤務を経て、自ら立ち上げた電気工事会社を経営してきた経歴を持つ。そのなかで、職人を囲い込む慣習や情報の非対称性が、建設業界のヒューマンリソースの活用を妨げているという問題意識を持ち、起業に至った。

これまでに合計約13億円を調達。プラットフォーマーとしての地位を築くために、マッチングサービスの改善のみならず、次々に新たな機能を拡充している。例えば、フィンテック領域に踏み込んだ「助太刀あんしん払い」は、建設業に特化したファクタリングサービス（売掛金を現金化できるサービス）だ。セブン・ペイメントサービスの「現金受取サービス」と連携することで、その日の工事代金を、セブン銀行のATMですぐさま受け取れる。

20年2月に開始したEC（電子商取引）事業の「助太刀ストア」は、アプリを通じて電動ドリルや電動カッターなどの工具の修理依頼ができるサービスだ。使い方は簡単。アプリ内でチャットに回答しながら修理依頼をすると、1～2日ほどで修理可能か返事が来る。依頼が完了すると、運送会社が希望日時に引き取りに来てくれる。工具が工場に着くと、ユーザーに見積もりが届く。支払いが済めば修理が始まり、終わると指定された場所まで届けてくれる。従来のように、購入店に持ち込まなくてもアプリで手配が済むのが特徴だ。

20年6月には建機レンタル国内最大手のアクティオとの協業を発表。助太刀ストアを通じて建設機械のレンタルサービスを開始すると発表した。「レンタル品目はインパクトレンチやサンダーなど、段ボールに入るサイズから始める。将来的には、大型建機もレンタルできるようにしたい」。助太刀の我妻社長は会見で、こう意気込んだ。

工具の修理と同様、依頼から返却までアプリだけで完結す

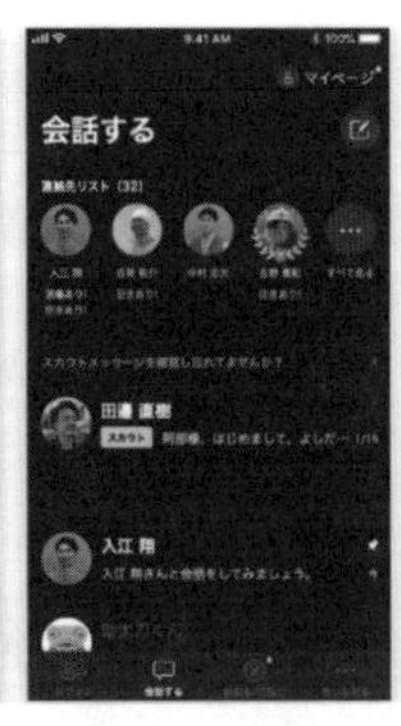

助太刀がスマホアプリで展開する様々なサービス（資料:助太刀）

る。使用したい建機を選択し、住所とレンタル期間を指定して依頼すると、最短で翌日には建機が届く仕組みだ。

レンタルの期限が近づいたときの「リマインド通知」の受け取りや期間延長の申請など、申し込み以降のやり取りは、チャットで行う。期限が来たら段ボール箱に詰めて宅配便で返却する。

従来の建機の手配は、複数の人の手を経ていた。具体的には、作業員が元請けの現場監督などへ手配を依頼した後に、本社や現場事務所の担当者が電話やFAX、対面で注文していた。建機の不足や故障により、急きょ新たな建機が必要になっても、現場に届くのは依頼から最短で翌々日。待ち時間が生じて、作業工程の変更や全体の工期の遅れが発生することもある。

アクティオの中湖秀典専務執行役員は、「助太刀の13万人を超える登録ユーザーデータを活用する。これからは、当社の主な顧客である大手建設会社に加え、中小建設事業者にもサービスを展開する」と語る。

助太刀の我妻社長は言う。「アプリを入れたスマホさえあれば、仕事を受注し、人が足りなければ応援を呼び、材料や工具、建機をその日のうちに調達し、仕事が終わればその日のうちに工事代金を受け取れる。万一、現場でけがをしても、一人親方のための労災保険がある。助太刀は建設業で働く全ての人を支えるプラットフォームを目指す」

COLUMN

米国では巨額のM&A事例も

建設系スタートアップ企業の本場は、やはり米国だ。例えば、本書の第2章で紹介した米ビルトロボティクス（Built Robotics）は、19年9月19日までに総額4800万ドル（約51億円）もの資金を調達し、重機の自動化という新ビジネスの展開に向けてアクセルを踏んでいる。本書の第1章で触れたブリック・アンド・モルタル・ベンチャーズ（Brick & Mortar Ventures）のように、建設テックを手掛けるスタートアップへの投資を専門とするベンチャーキャピタルも現れた。

成長を遂げた建設テック系スタートアップが、大企業に買収されるケースも出てきた。CADソフト大手の米オートデスク（Autodesk）が18年11月、建設テック系スタートアップの代表格であるプラングリッド（PlanGrid）を、8億7500万ドル（約920億円）で買収すると発表。関係者を驚かせた。11年創業のプラングリッドは、図面をクラウドで管理・共有して施工管理を効率化するSaaSで成長してきたスタートアップ。前述のフォトラクションがベンチマークとしてきた企業だ。

さらにオートデスクは18年12月、建設プロジェクトの入札管理サービスを提供する米ビルディングコネクテッド（BuildingConnected）を2億7500万ドル（約290億円）で買収すると発表。これまで建築や土木の上流に当たる「設計」のフェーズをビジネスの主戦場にしてきたオートデスクにとっては、発注業務や施工段階で役立つデジタルツールを取り込み、建設生産プロセス全体のデジタル化や自動化にビジネスの幅を広げる狙いがありそうだ。

スタートアップにとっても、準備に手間や時間がかかる新規株式公開（IPO）ではなく、大企業によるM&A（合併・買収）を出口戦略とすることのメリットは少なくない。

▶オートデスクが建設テック系スタートアップを買収して「設計以外」を強化

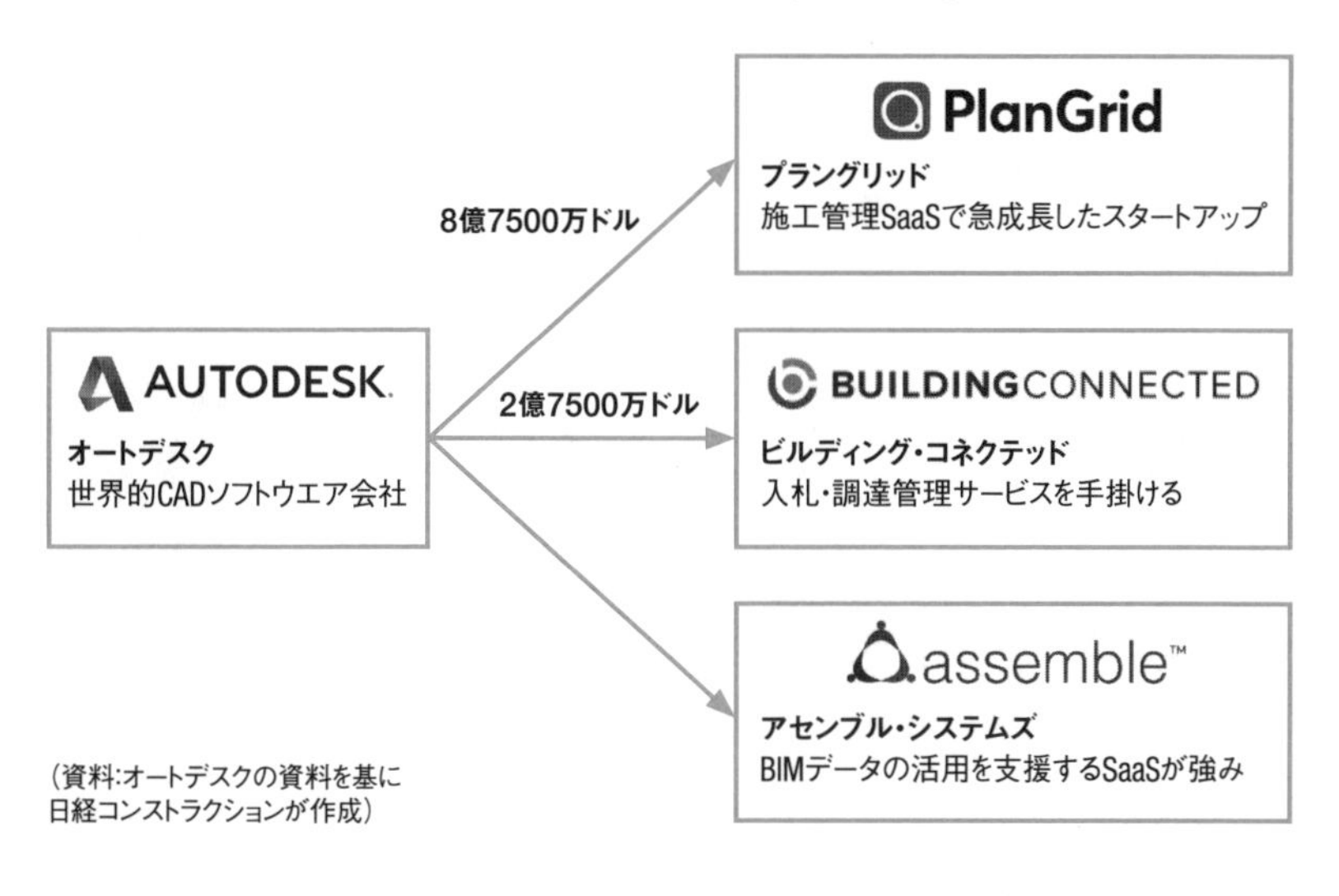

（資料:オートデスクの資料を基に日経コンストラクションが作成）

CHAPTER 7

2 建設産業を変えるユニコーンを探せ

建設産業の旧来のプレーヤーには持ち得ない「とがったテクノロジー」を武器にするスタートアップ企業が急速に存在感を増しているのは、これまで見てきた通りだ。

自社の技術やサービスが輝く場面を探し求めている彼らにとって、デジタルシフトが進んでおらず、製造業などに比べて競合が少ないわりに、年間約60兆円もの建設投資を誇る巨大な建設産業は、格好のターゲットとなっている。

官民ファンドのＩＮＣＪ（旧産業革新機構）でベンチャー・グロース投資グループディレクターを務める吉村修一氏は、「建設業は、日本で自動車産業に次いで規模の大きい産業だ。特に地方経済では大きな存在感を占める。他産業と比べると効率化を進める余地も大きく、スタートアップにとっては参入するだけの魅力がある業界といえる」と語る。

「課題となるのは営業だ。デスク上で業務が完結しないため、現場で『便利』と実感してもらう必要がある。訪問先の多くは地方の中小建設会社で、人数の少ないスタートアップにとっては営業の負担が大きい。それでも、プレーヤーが少ない分、一度参入できれば大きく成長できるだろう」（吉村ディレクター）

人手不足や職人の高齢化のような、産業が抱える構造的問題を解決するにとどまらず、自然災害やインフラの老朽化、気候変動といった社会問題に貢献できるのも、志の高い起業家にとっては魅力だ。

建設会社なども、本書の第1章で解説したように、オープンイノベーションのパートナーとしてスタートアップ企業を重視するようになってきた。研究開発のスピード感は、従来の建設会社からすれば比較にならないほど素早くなっている。

本稿を執筆している最中の20年9月9日にも、竹中工務店が米ニューヨークなどに拠点を構えるベンチャーキャピタルのアーバンユーエス（Urban Us）のファンドに出資したと発表した（出資額は非公表）。

アーバンユーエスは、建築や社会インフラはもとより、交通からエネルギー、公衆衛生、安全・環境といった都市の課題に取り組むスタートアップに投資するベンチャーキャピタルだ。竹中工務店は今後、アーバンユーエスが支援するスタートアップと組んで、建築事業の高度化にむけた技術実証を進めるとしている。

このように、ゼネコンなどは建設産業に関心を持ってくれる技術系スタートアップを発掘してタッグを組み、従来は不可能であったような画期的な技術・ソリューションの開発に血道を上げている。

以降では、建設産業の課題解決に手を貸す独創的なスタートアップの取り組みを、まとめて紹介する。あまたのスタートアップの中から、建設産業を変えるユニコーン（時価総額が1000億円を超える未上場企業）が生まれることを期待したい。

SE4　VRで時空超えて重機を遠隔操作

重機の遠隔操作は、建設業界の人手不足の解消や、コロナ禍で浮上した「感染リスクの回避」といった課題を解決するうえで、有力な手段だ。建設業界では1990年代から、カメラの映像を頼りに重機を遠隔操作する「無人化施工」の開発と災害復旧現場への適用が進んできたが、一般の建設現場ではほとんど使われていない。映像の遅延などが原因で、普通に施工する場合と比べて作業効率が大きく落ちてしまうからだ。

このような課題を、VR（仮想現実）やAIを取り入れた独自技術で解決しようと考えるスタートアップ企業がある。ロボットの遠隔操作技術を開発するエスイーフォー（SE4、東京都台東区）だ。

距離や通信環境を問わず、遅延の影響を受けずにロボットを操作できる遠隔制御のプラットフォームをつくる――。エスイーフォーは2018年9月の起業の際、こんなコンセプトを掲げた。それを具現化したのが、VRをベースとした遠隔操作システムだ。

このシステムは、遠隔地のロボットをVRで操るというアイデアに基づく。ユーザーは、ロボットの周辺環境を再現した仮想空間で、直感的な操作で作業内容や作業条件を伝える。ロボットはその指示を踏まえ、AIを用いて自律的に作業を行う。

従来の遠隔操作システムでは、例えば重機の場合、ユーザーが重機のコックピットを模した装置を操作し、その操作に同期して機械が動くといった仕組みが一般的だ。それに対してエスイーフォーのシステムでは、オペレーターは作業指示を出すだけ。重機はその指示を自分で解釈し、自律的に作業する。

システムの核となるのは、「ＪＡＫ（ジャック）」と呼ぶＶＲオペレーティングシステムだ。オペレーターとロボットとの情報伝達を仲介する。作業内容に合わせたソフトをＪＡＫに組み込めば、多様な動きに対応できる。

ＪＡＫを用いた重機の遠隔操作の流れは、おおむね以下の通りだ。まず、機体に設置したステレオカメラなどで周囲をスキャニングして、そのデータを基にＪＡＫが周辺環境を再現した仮想空間を生成。オペレーターに送信する。

続いてオペレーターがＶＲを使用し、仮想空間に対して空間情報の「意味付け」を行う。例えば掘削作業なら、掘削する土砂の位置、掘削禁止領域などを指定したりする。

開発に取り組むエスイーフォーのスタッフ。左の人物はCTOのサフキン・パーベル氏（写真：SE4）

そしてオペレーターは、意味付けした仮想空間をシミュレーターとして使い、作業後に現実空間がどう変化するのか（作業の目的や成果）を指定する。掘削作業なら、掘削する土砂の量や土砂の置き場所などを指定することになる。

こうして指示を受けた重機は、オペレーターが示した「作業後の現実空間」を目指して自律的に作業する。「岩が現れて掘削できない」など、対応が難しい場合はオペレーターに指示を仰ぎ、解決後に作業を再開する。

エスイーフォーの遠隔操作システムの導入メリットについて、同社のサフキン・パーベル最高技術責任者（CTO）は以下の3つを挙げる。

1つ目は、操縦の電子制御が可能でJAKを組み込めるものであれば、機種やメーカーを問わないことだ。しかも、専門のオペレーターでなくても操作できる。

2つ目は、1人のオペレーターが複数のロボットや重機に同時に指示を出せる点。作業効率の向上につながる。

3つ目は、指示と作業のタイミングがずれても問題がないので、通信の遅延と無縁になることだ。ユーザーは短時間で作業内容を伝えて施工を重機に任せ、他の仕事を進められる。

「当初は宇宙開発に向けた技術だったが、高齢化や人手不足、生産性向上など地球上の課題の解決にも寄与できると分かってきた。重機の遠隔操作では、鉱山や建設現場などでの単純掘削といった、単調な作業への導入を狙う」（サフキンCTO）

同社は20年2月、岩手県滝沢市で実機を使った除雪作業の実証実験を三菱電機と共同で実施した。約30平方メートルのスペースに積もった雪の除去を指示すると、重機は自律的に稼働し、約10分でタスクを完了した。

▶VRで重機に除雪作業を指示

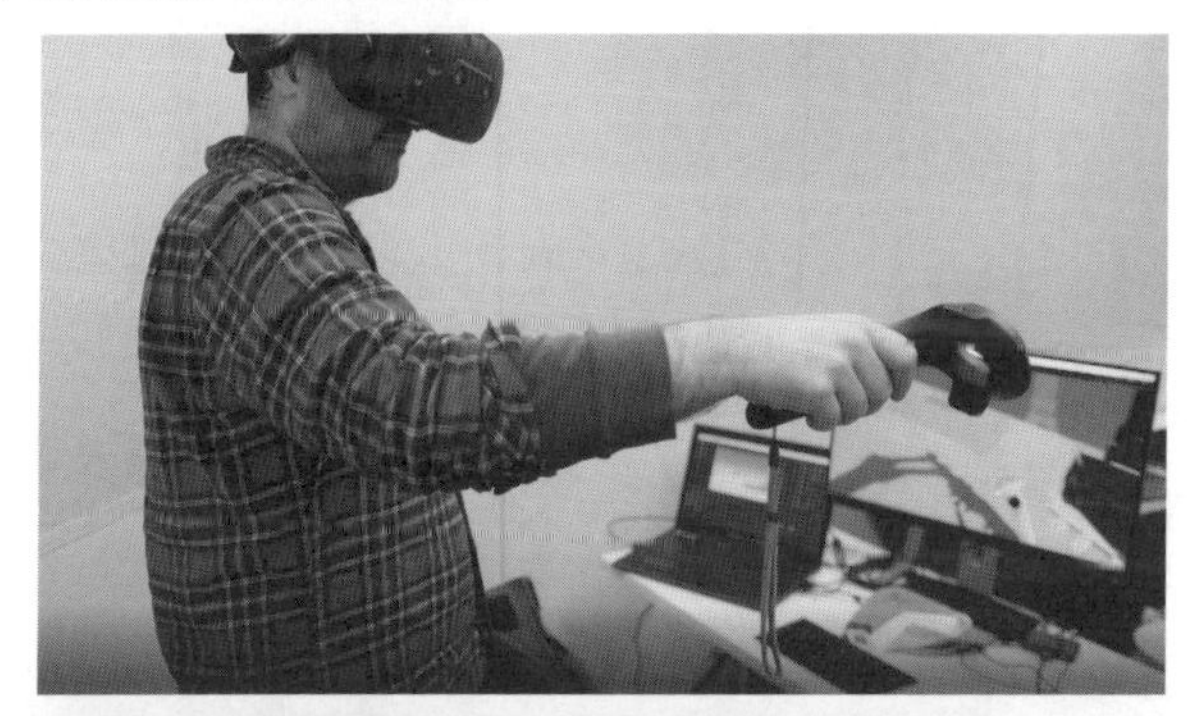

2020年2月に三菱電機と共同で実施した除雪作業の実証実験の様子。上はVRで油圧ショベルに指示を出しているところ。中央はオペレーターのヘッドマウントディスプレーに映し出された画面。左手の4つのボールは除雪したい箇所、中央下のボールはすくった雪を仮置きしたい箇所を示す。下はオペレーターの指示通りに稼働する油圧ショベルと、指示時点でディスプレーに映っていた画面（写真・資料：SE4）

ライトブルーテクノロジー

AIで安全管理、清水建設と製品化へ

創業してわずか1年ほどでスーパーゼネコンの清水建設と研究開発を始めたのが、ＡＩサービスの開発を手掛けるライトブルーテクノロジー（Lightblue Technology、東京都千代田区）だ。同社が得意とするのは、ＡＩを使った画像解析や言語処理。画像データや音声データから、必要な情報を抽出・解析する。

例えば、画像解析については、人の動きや姿勢、感情などを認識・推定できるＡＩエンジンを開発した。このＡＩを基に「ヒューマンセンシングＡＩ」と名付けたサービスを展開している。建設現場や工場などで働く作業員の動きを細かく把握し、安全性の向上や業務効率の改善につなげる。

創業者の1人で代表取締役を務める園田亜斗夢氏は、20年7月時点で東京大学大学院の博士課程に在籍し、ＡＩの社会実装などを研究する傍ら、同社の運営に携わっている。起業前からフリーランスのエンジニアとして活躍し、収入を同社の立ち上げ資金に充てた。

起業に当たって掲げたミッションは「働く人をエンパワーする」。危険な職場環境で働く人が抱えるリスクや、雑務に追われる人のストレスを、同社のＡＩ技術で軽減し、モチベーション高く、安全に働ける環境づくりに貢献したいという気持ちを込めた。

ヒューマンセンシングＡＩの特徴は、人を「線」で表して動作や姿勢を推定する解析技術と、人の位置や顔の向き、感情などを推定したり周囲の物体を認識したりするＡＩ技術とを組み合わ

▶変化に富む建設現場でも適用可能

	競合他社の画像認識技術	ライトブルーテクノロジーの画像認識技術
A社	・行動分析技術を使った技術ではあるものの、万引き防止など、小売業での適用に焦点を合わせている ・建設業に応用する場合、障害物や光の加減など変化が多い環境では適切に作動しない恐れがある	・建設会社と共同で開発を進めてきたので、ノウハウが蓄積されている ・小売業に特化した技術では対応できない建設現場にアプローチできる
B社	・建設機械やフォークリフトに装着するカメラを開発する必要がある ・量産が難しい ・導入には高額な機材コストが発生	・単眼カメラによる分析を可能にする技術を開発済み（特許出願中） ・コスト面で圧倒的な優位性

ライトブルーテクノロジーの技術の特徴を、競合他社の技術と比較した（資料：下もLightblue Technology）

▶人との距離だけでなく姿勢や向きもつかむ

ヒューマンセンシングAIで人を検知した例。同心円状のスケールは、人までの距離。「立っている」「かがんでいる」といった人の姿勢や向きはボーン検知と呼ぶ手法で判定する

せた点にある。

これによって、建設現場のような変化に富む環境でも作業員の活動状況を細かく把握できるようにした。例えば、重機周辺の状況を把握する際に、重機と作業員の位置関係だけでなく、姿勢や視線の向きなども推定できる。「同じ距離にいる作業員でも、重機を見ている人とそうでない人とでは事故リスクに対する意識の高さが違う。そこを考慮すれば、安全対策の質を高められる」（園田代表）

接触防止機能の「誤検知」を減らせる

同社は19年春から、清水建設と共同でヒューマンセンシングAIをベースにした安全管理について開発や実証実験を進めている。具体的には、油圧ショベルに市販の単眼カメラを装着。映像を基にして、周囲にいる人をどの程度、正確に検知できるかを見極めている。

清水建設土木技術本部先端技術グループの藤井暁也グループ長によれば、センサーやカメラを使った現状の接触事故防止対策では、背後の壁などを誤検知して警告を出すケースが少なくないという。「誤検知のたびに作業が止まり、作業員からは装置を切ってほしいとの要望も出るほど。高い精度で人を検知できる仕組みが必要だと考えた」（藤井グループ長）

実証実験中のこの検知システムは、20年6月時点で高い精度を示している。清水建設では今後、耐久性などを確かめ、問題なければ20年度末に製品化する予定だ。

スカイマティクス
野菜から石礫まで空から解析

畑に並ぶ膨大な野菜の生育状況を全数チェックする。渓流に転がる石礫（れき）の数や位置を抽出する――。こんな難題でも、ドローンと画像解析技術を使えば造作なくできる。画像解析サービスを手掛けるスタートアップ企業のスカイマティクス（Skymatix、東京都中央区）は、農業と建設業をメインターゲットに事業を展開している。

16年10月に同社を立ち上げたのは、元・商社マンの渡邉善太郎社長。前職で衛星関連事業に携わっていた頃、写真が欲しい時に衛星が上空にいなかったり、画像の解像度が足りなかったりする状況を何度も経験していた。

そこで、渡邉社長はドローンの活用を思いついた。ドローンで撮った画像を、デジタル画像処理解析や地理情報システム（ＧＩＳ）で解析・処理するサービスを起業して始めたのだ。

スカイマティクスのサービスでは基本的に、ユーザー自身が所有する市販のドローンなどで撮影してもらう。同社は、ユーザーがクラウドに保存した画像から、解析技術やＧＩＳ、ＡＩ技術などを用いて様々な情報を引き出すのを得意としている。

渡邉社長はサービス活用のメリットとして、地上では見えない情報を可視化できること、解析や画像処理などを自動化して時間を大幅に短縮できることの2点を挙げる。

サービスを始めるに当たり、渡邉社長はどういった分野にフォーカスすべきか考えた。その際、「デジタル化が遅れていて大きな課題を抱えている」「その課題を解決すれば、大きなインパクトがある」の2点を条件にして検討。農業と建設業が浮上した。

農業分野では、農家にドローンを無料で貸し出し、撮影とクラウドへのアップロードを実施してもらった。結果、生育状況や病気発生の有無の確認といったニーズを把握できた。

同社はこれを踏まえて葉色解析サービス「いろは」などをリリース。人が農地を歩く代わりにドローンで画像を収集し、その画像から雑草や害虫の発生状況、生育ムラなどを把握できるようにした。作物の葉色の解析や、個々のキャベツの生育状況把握など、「ニッチで画期的」（渡邉社長）なサービスを展開している。

一方、建設分野では、ドローン測量用の支援ツール「くみき」を17年にリリースした。建設現場をドローンで撮影し、画像をクラウドにアップすれば、オルソ画像（航空写真のひずみを補正し、正しい位置情報を付与した画像）や、3次元点群データ（3次元座標の集まり）などを自動で生成できる。

プロジェクトの関係者は、時間や場所を問わず、現場の地形情報を確認できる。画像処理や解析は全てクラウド上で行うので、ユーザーのパソコンの性能は問わない。「人手不足でエンジニアが減れば、専用ソフトで画像解析をすることもままならなくなる。事務職や営業職でも簡単に使えるようなサービスを心がけた」（渡邉社長）

ユーザーからのリクエストを踏まえて、新たに立ち上げたサービスもある。

例えば、渓流などに転がっている石礫の径や数などをAIが判読する「グラッチェ」は、大手建設コンサルタント会社のオリエンタルコンサルタンツとの共同開発から生まれた。ドローンで

▶AIがドローンの画像から石礫を自動判読

砂防施設などを設計する前に行う渓流調査は従来、人が直接、礫(れき)を計測するので人手と時間がかかっていた。AI礫判読システム「グラッチェ」は、ドローンで上空から渓流を撮影し、礫だけを自動判別できるので、負担軽減や作業時間短縮につながる(写真・資料:スカイマティクス)

現場を撮影し、その画像からAIが自動で石礫をピックアップ。リポート作成も自動で行うというサービスだ。従来、渓流調査は技術者が現場を歩き、石礫を1つずつ確認するという負担の大きい作業だった。「黒子としてインフラを支える人たちを、私たちが黒子となって技術で支える」。渡邉社長は自社のサービスの在り方をこう表現する。

ネジロウ
カシオと挑む「スマートネジ」

発明家の卓越した開発力・創造力を、社会や企業が抱える様々な課題の解決に生かす――。発明家の道脇裕氏が09年に立ち上げたネジロウ（NejiLaw、東京都文京区）は、「発明受託」と呼ぶ独自スタイルの事業を展開している。

道脇氏は、緩まないねじ「L／Rネジ」の発明者として知られる人物だ。道脇氏が社長を務めるネジロウは、L／Rネジを事業化すること、さらには道脇氏の発明力をエンジンとした発明受託をビジネス化することを目的として設立された。

L／Rネジとは、右回転と左回転の双方に対応した「ねじ山」を持つ特殊なボルトに、右ねじナットと左ねじナットを螺合（らごう）して締結する仕組みだ。これら2つのナット同士がぶつかり合ったり、引っ張り合ったりしてロックされ、緩みを許さない状態を生み出す。

事業化によってL／Rネジの知名度が上がり、道脇氏の実績が知られるようになると、企業などが道脇氏の発明力を頼って、おのおのが抱える課題の解決を依頼するケースが増加。発明受託も軌道に乗った。様々な依頼が舞い込むが、道脇氏は「世の中に必要だと思えるテーマ」を中心に依頼を引き受け、自分の発明を社会に役立てたいと考えている。

そもそも、L／Rネジの発明に取り組んだのも、自身が運転する自動車で脱輪事故を経験し、ねじの緩みがもたらすリスクの高さを体感したからだった。あらゆる製品に部品として使われるねじに潜む事故リスク。これを自らの発明で解決できれば、大きな社会貢献を果たせる。

「必要なテーマ」だと判断すれば、分野を問わず発明に挑む。例えば11年の福島第1原発事故に対しては、水の壁で放射線を約90％減衰させるユニットを発明。新型コロナウイルスの感染対策では、一般には大型になる紫外線空間殺菌装置の小型化を実現。卓上で使えるようにした。

構造物自体のスマート化を提唱

「激甚化・頻発化する自然災害、既存インフラの老朽化、人口減少と、三重苦の状態だ」。日本の現状について道脇氏はこのように指摘する。

道脇氏はこれらの課題と深く関わる土木分野でも多くの発明実績を持つ。特に意識するのは社会基盤の維持管理だ。インフラの点検や補修が、人手不足や熟練技能者の減少によって難しくなっている点を危惧し、素材や構造物自身が点検を行う「スマート化」を提唱する。

なかでもユニークなのが、同社がカシオ計算機と共同で開発を進めている「スマートネジ（smartNeji）」[C]。橋やビルなど、あらゆる構造物に使われるねじ自体をセンサー化し、構造体の損傷や老朽化の状況を無線で報告させる。20年度中に実用化に向けた実証実験を行う予定だ。

スマートネジには、応力や加速度、温度などを測定するセンサーを組み込む。測定した情報は無線通信でクラウドに集約し、解析したデータなどをユーザーに提供する。カシオ計算機の腕時計「G－SHOCK」の技術を生かし、省電力で衝撃や水、熱に強い回路を開発中だ。建物の基礎や梁などに使うねじの一部をスマートネジに置き換えれば、各部位の応力を基に構造物全体の応力分布を可視化できるようになる。

ねじの締結作業にも使えそうだ。スマートネジで軸力をじかに測り、可視化すれば、締め具合を正確に把握できる。従来は、ねじを締め付けるトルクを基に軸力を算出していたが、換算時に誤差が生じていた。

スマートネジには、「緩まないこと」が求められる。緩みやすいねじにセンサーを組み込んで応力などを測定しても、値の変化の原因がねじの緩みなのか、構造物が損傷したからか、判断がつかないからだ。そこで登場するのが、L／Rネジ。摩擦力に依存せず、右ねじナットと左ねじナットが機械的に結合するため、振動などを与えても緩まない。

20年6月15日には、電気設備工事大手の関電工と共同で、風力発電設備と送電用鉄塔を対象に、スマートネジの実証事業を始めたと発表している。

▶センサー化したねじで健全性を監視

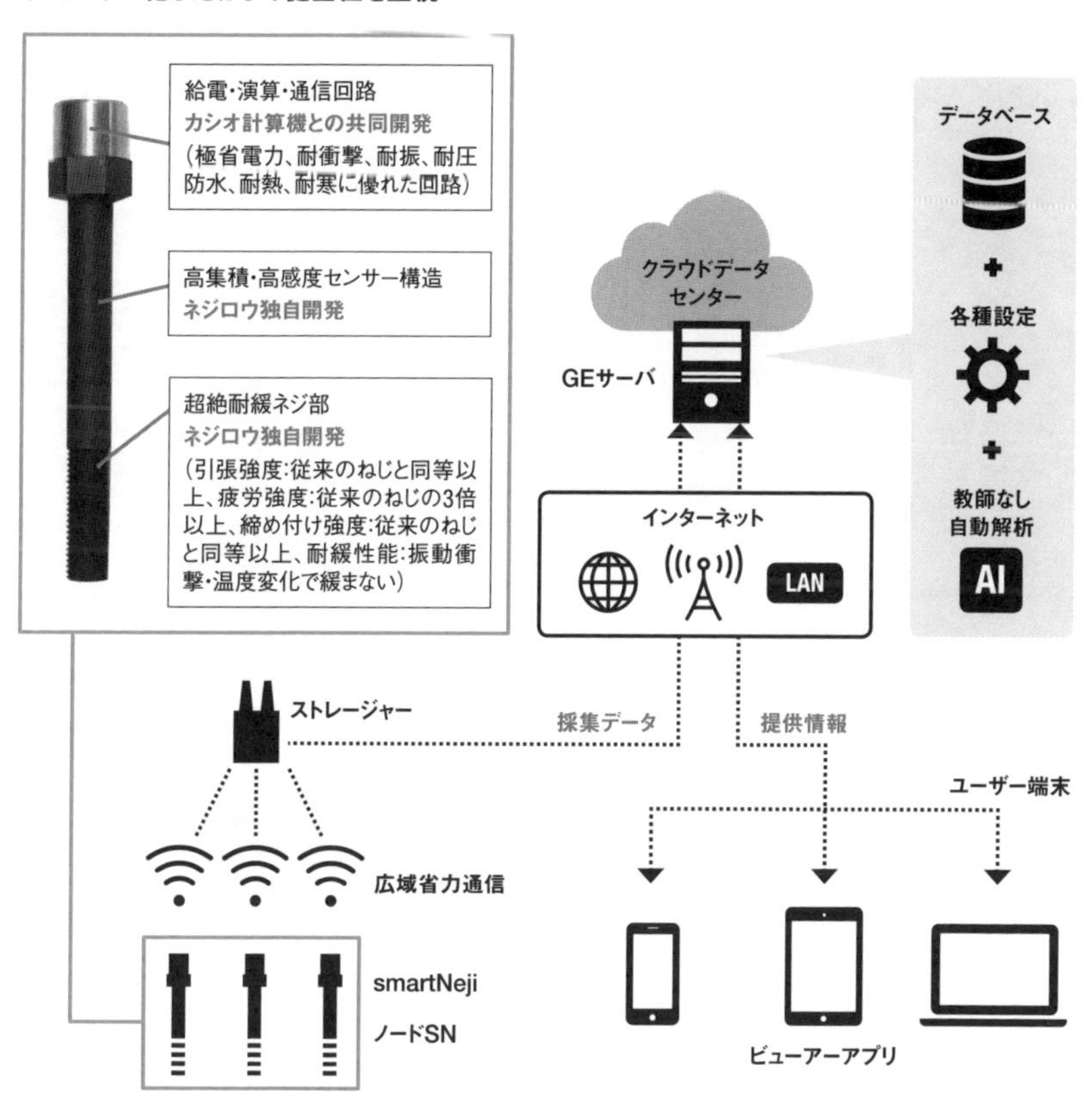

スマートネジの情報伝達の流れ。ねじ自体をセンサー化し、構造体の状態をねじ頭部の通信回路から無線通信で伝え、クラウド上のデータセンサーに集約する（資料:NejiLaw）

INTERVIEW

建設を「プロセス」として捉える

Brick & Mortar Ventures Principle

カーティス・ロジャース

CURTIS RODGERS

Brick & Mortar Venturesでプリンシパルを務める。2014年に建設技術の進化をサポートするコミュニティー「The Society for Construction Solutions」を創設した。北米の大手建設会社Kiewitでの勤務経験も持つ(写真:日経コンストラクション)

――建設テックの現状をどのように見ていますか。

投資家の間で、建設テックへの関心は急激に高まっています。

建設業は他産業と比べて、生産性の面で伸び悩んできました。建設業が新技術の採用に消極的であることを理由に挙げる人は多いが、私はそうは思いません。むしろ、建設業が抱える複雑な課題に寄り添うような、洗練された技術が少なかったのが原因だと見ています。個別のプロジェクトごとに問題を抱えがちで、新技術の汎用化が進みにくいといった特徴もあります。

一方、この数年で安価で精度の高いＩＴリソースが登場し、使いやすくなりました。さらに、他産業が新技術を取り入れて業務を効率化していることを受けて、顧客が建設プロセスの効率化を求めるケースが増えてきた。建設業向けの汎用的なＩＴサービスの開発や、それに投資する動きが活発になってきたのは必然と言えるでしょう。

――注目しているトレンドや技術は。

建設現場でのロボット活用などが目立つが、それだけではない。建設プロジェクトに関わる情報のやり取りにおいて、ユーザーインターフェース（ＵＩ）やユーザーエクスペリエンス（ＵＸ）の改善に着目し、技術開発に取り組む会社が増えています。我々が投資する対象としても注目している分野です。

ほんの数年前まで、図面データを常時確認しているのは、現場の作業員に指示を出すごく一部の技術者や作業員でした。しかし、タブレット端末やスマートフォンの普及によって、よりスムーズな情報のやり取りが可能になった。全ての作業員が図面上の情報を好きな時に確認したり、現場の写真をアップロードして他者と共有したりできるのです。これに関連する技術として、360度カメラなど、現場の情報を取得するための新たなデバイスにも期待しています。このほか、大容量データの処理方法や、複数のセンサーから得られた情報の効率的な管理方法などにも技術発展の余地があるとみています。

我々は建設を1つの産業として見るのではなく、いくつもの産業が成り立つ過程で生じる「プロセス」と見ています。例えば、病院の建設は、ヘルスケア業界がサービスを提供する途中段階で生じるプロセスと言える。

建設する対象（セグメント）に応じて、技術が発揮できる価値は異なります。個人向けの住宅ではモジュール化による工期の短縮や品質の向上などが求められる一方で、石油プラントでは燃料の漏出を最低限にすることに価値がある。さらに、宇宙基地の建設を想定したら、地上とは別の評価軸を持つ必要があるでしょう。

我々は各セグメントで建設プロセスを改善したり、新たな価値を付加できたりする技術を「建設テック」と捉え、投資を進めています。なかには、複数のセグメントに共通する課題を解決できる技術もある。そうした技術を持った企業はスケール（事業拡大）しやすいため、投資先として魅力的ですね。

第8章

全てはスマートシティーにつながる

第8章のポイント

▼様々な業種の企業がスマートシティーへの参入を目指している

▼ゼネコンなども都市のDXにその身を投じ始めた

▼マネタイズや事業を主導する主体の不在が課題だ

CHAPTER 8

1 都市への越境者・トヨタの挑戦

「私たちは、東富士にある175エーカー（約71万平方メートル）の土地に、未来の実証都市をつくる。ゼロから『コミュニティー』、つまり『街』をつくる非常にユニークな取り組みだ」。トヨタ自動車の豊田章男社長がスマートシティーの建設に乗り出すことを発表したのは、米ラスベガスで開催される展示会「CES2020」の開幕を翌日に控えた2020年1月7日（米国時間1月6日）の記者会見でのことだった。同年末に閉鎖予定のトヨタ自動車東日本東富士工場（静岡県裾野市）の跡地に、人や建物、クルマなどのモノ、あらゆるサービスがネットでつながる未来都市を、自ら整備すると宣言したのだ。

トヨタはこの未来都市をウーブンシティー（Woven City）と命名し、21年初頭から段階的に着工する予定だ（woven は、「織る」を意味する weave の過去分詞。トヨタのルーツは繊維機械）。

ウーブンシティーでは、トヨタの従業員と家族、あるいは退職した夫婦、プロジェクトに参画する科学者やパートナー企業の社員などが実際に生活を送りながら、自動運転やMaaS（モビリティー・アズ・ア・サービス、ICTを活用して様々な交通手段をシームレスにつなぐ次世代移動サービス）、ロボット、スマートホーム、AI（人工知能）などのテクノロジーを素早く実証する。新たなビジネスモデルや価値を生み出して、他都市へ水平展開するのが狙いだ。

ウーブンシティーの完成予想図。敷地は2020年末に閉鎖予定の工場跡地だ（資料:トヨタ自動車）

ウーブンシティーでは様々なモビリティーを実証する予定だ（資料:BIG）

当初は2000人程度が暮らし、段階的に増やす。建設に先立って、ウーブンシティーのデジタルツイン（仮想空間上に現実の物体などを再現したもの）を構築し、アイデアを検証する。クルマをつくる従来の自動車メーカーから、移動に関するサービスを幅広く手掛けるモビリティーカンパニーへの脱皮を志向し、さらにはＡＩやＩｏＴ（モノのインターネット）を活用して都市機能を効率化・高度化するスマートシティー事業を重点領域と位置付けているトヨタ。豊田社長はウーブンシティーのコンセプトをひらめいた時のことを、次のように語っている。

「トヨタはＣＡＳＥ（コネクテッド、自動運転、シェアリング、電動化）や人工知能、ヒューマン・モビリティー、ロボット、材料技術、持続可能なエネルギーの未来を追求している。ある時、ふと思いついた。これら全ての研究開発を、1つの場所で、かつシミュレーションの世界ではなく、リアルな場所で行うことができたらどうなるだろう、と」

3種類の道路で街区を構成

ウーブンシティーのデザイナーには、デンマークなどに拠点を置く建築設計事務所のビャルケ・インゲルス・グループ（ＢＩＧ）を起用した。ＢＩＧは米グーグルの新本社や廃棄物発電施設の屋上にスキーコースを設けたコペンヒル（CopenHill、デンマーク）、ＬＥＧＯのテーマパークであるレゴ・ハウス（同）などの設計を手掛けた超売れっ子だ。トヨタはＢＩＧと共に、8カ月をかけてウーブンシティーに関する検討を重ねたと説明している。

富士山麓に建設する実証都市、ウーブンシティーのインフラの特徴は、網の目状に「織り込まれた」かのような道路にある。ＢＩＧ創業者のビャルケ・インゲルス氏は、「従来の道路は雑然としていた。私たちはまず、街を通る道路を３つの異なるモビリティーに応じて分類することにした」と説明する。

１つ目は、自動車などスピードが速いモビリティー専用の道路。トヨタのイーパレット（e-Palette）など、完全自動運転車のみが走行する。イーパレットは移動や物流、物販など、様々な目的に活用できる次世代電気自動車（ＥＶ）だ。道に植えた樹木によって、人と車両のエリアを区分けする。２つ目は、自転車や低速のパーソナルモビリティーと歩行者が共存する道。そして３つ目は、縦に長い公園のような歩道だ。「街のあるところから別のところまで、公園の中だけを通って歩いて行ける」（インゲルス氏）

自動車が主役で、歩道は脇役だった道路の姿をいったん白紙に戻し、様々な移動手段に対応した道を再構成したというわけだ。

ウーブンシティーではこれら3種類の道路を編み込んで（組み合わせて）、３×３ブロックから成る街区をつくり、基本単位とするようだ。外周の8ブロックには建物を、中央の1ブロックには公園や中庭を配置する。ＢＩＧによると、この街区の1辺は１５０メートル。外周側には物流などを担う自動車向けの道路を配置し、街区の中央の公園には徒歩かパーソナルモビリティーでアクセスするようにして、快適な住環境を保つ。

この基本単位を並べることで、都市を形づくる。さらに、中央に位置する中庭のブロックをゆ

▶ウーブンシティーを構成する道路と街区の概念図

①道路を3種類に区分

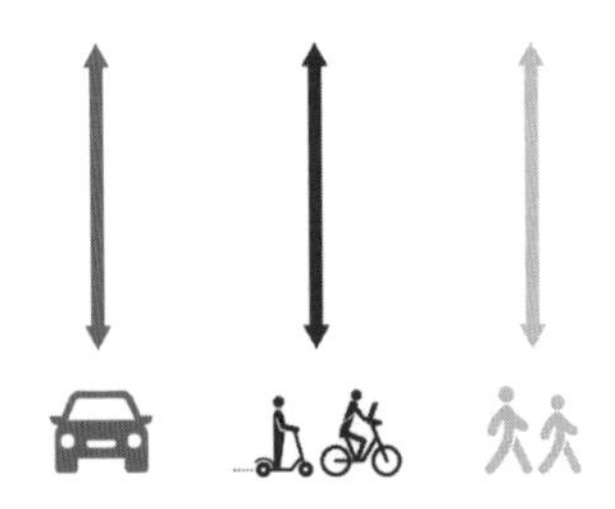

②3×3のブロックを基本単位に

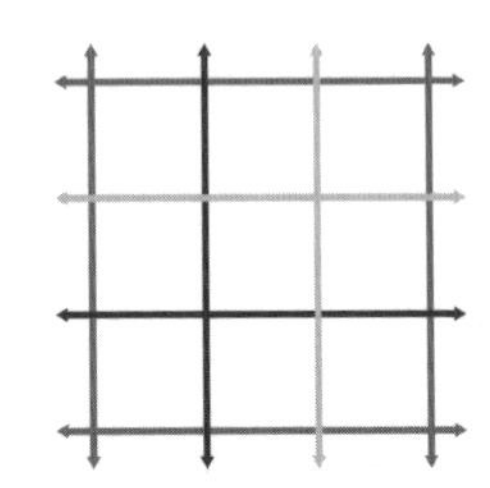

③中央のブロックに庭を配置

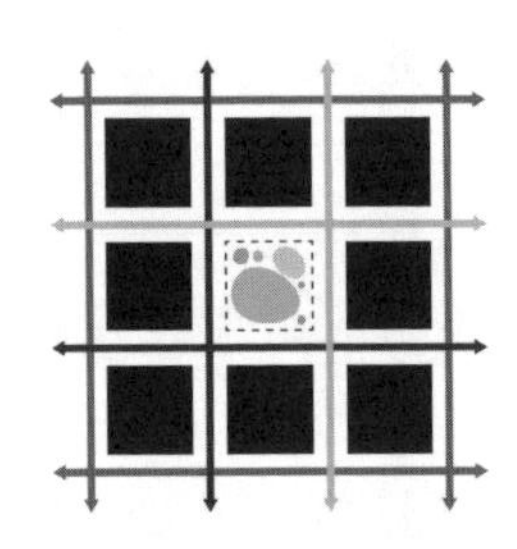

④3×3のブロックで都市を構成

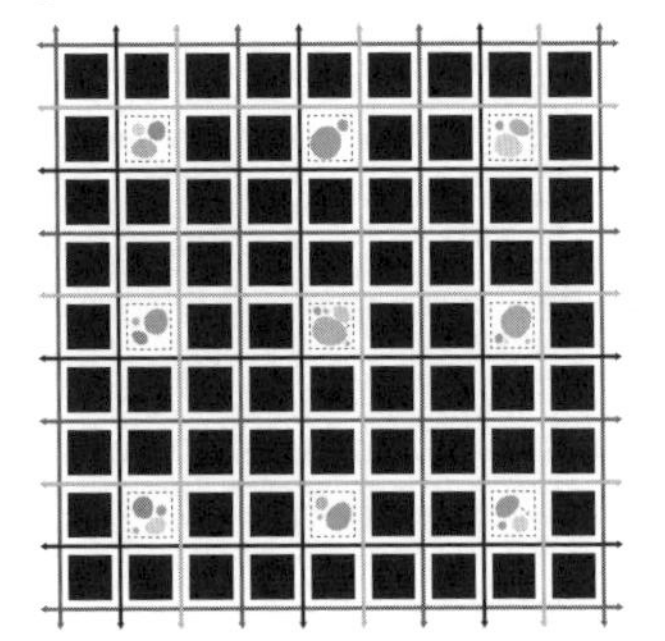

⑤グリッドをゆがませる

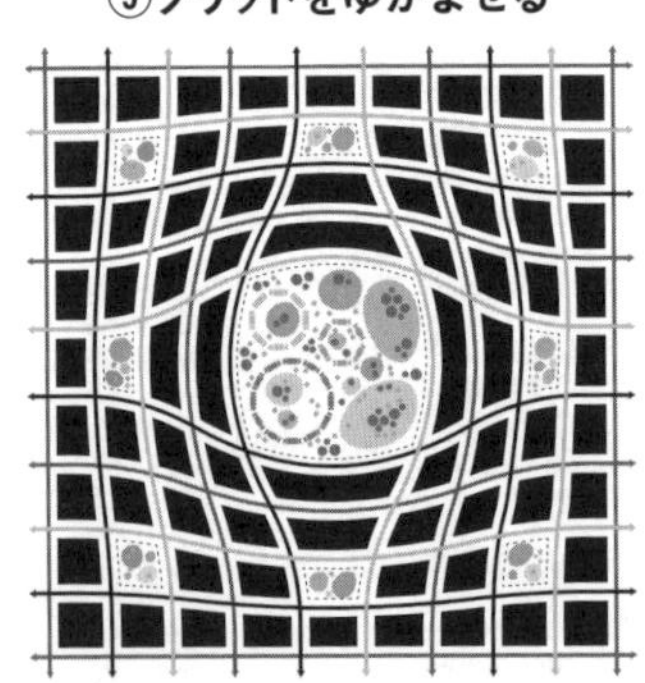

⑥都市の中央に公園をつくる

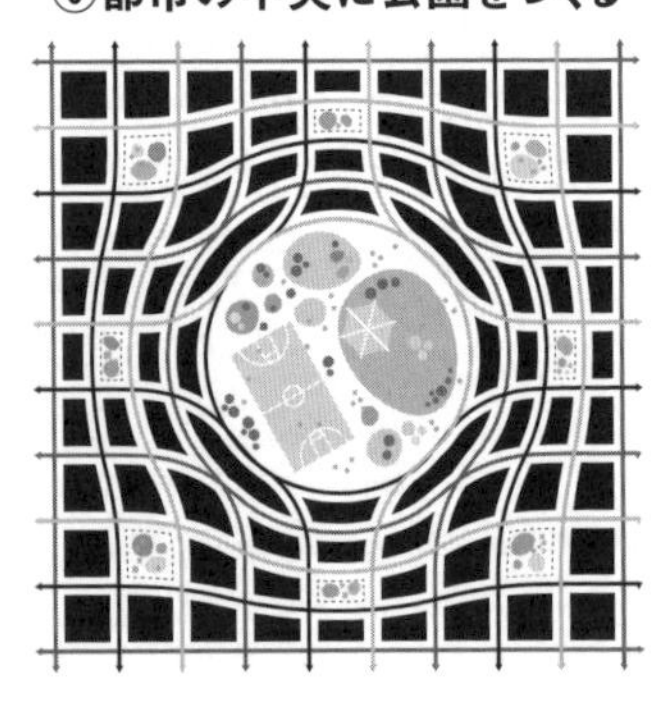

3種類の道路から成る3×3のブロックを基本単位とし、都市を構成する（資料：BIG）

がませ、引き伸ばすことで、都市全体の広場や公園とし、コミュニティーの形成を促す。意図的にゆがみを与えることで、機能を保ちつつ多様な空間を生み出す狙いがあるようだ。広場ではイーパレットがお祭りの出店よろしく、にぎわいを生み出すのに一役買う。

各ブロックの建物は主に木造とし、ロボット技術を活用して建てるという。屋根には太陽光発電パネルを敷き詰める。人々が暮らすスマートホームでは、生活支援ロボットなどの実証を進めたり、健康状態を自動でチェックしたりと、最新テクノロジーをフルに取り入れる予定だ。

地上で人やモビリティーが行き交う一方で、地下ではウーブンシティーを支えるインフラが稼働することになる。水素燃料電池発電や雨水ろ過システムのほか、物流ネットワークも地下に配置。荷物を建物内へとじかに運び込む仕掛けだ。

今、トヨタのような自動車メーカーや大手電機メーカーから巨大ＩＴ企業、通信会社、鉄道事業者、そして建設関連企業に至るまで、多種多様なプレーヤーがスマートシティー事業への参入を目指している。そもそもスマートシティーとは、どのような都市を指すのか。明確な定義はないが、おおむね次のような共通認識ができつつある。

都市に設置した無数のセンサーなどを通じて人やモビリティーの移動、設備の稼働状況といった様々なデータを「都市ＯＳ」などと呼ばれるＩｏＴプラットフォーム（データ基盤）に吸い上げ、ＡＩなどで分析する。分析結果を基に、都市を構成するインフラやビルなどの運営を効率化し、住民サービスを向上したり、行政コストを削減したりする――。いわば、都市のＤＸ（デジタルトランスフォーメーション）と言い換えることができそうだ。

スマートシティーは、ウーブンシティーのように更地にゼロから都市を整備する「グリーンフィールド型」と、既存の街をスマート化する「ブラウンフィールド型」の2つに分けられる。アジアの新興国などでは前者の事例が多く、日本や欧米などでは後者が多くなりそうだ。

スマートシティーというキーワードが話題をさらうのは、今回が初めてのことではない。10年代初頭、日本ではスマートコミュニティーやエコシティーなどとも呼ばれ、主にICTを活用して都市レベルでエネルギー利用の効率化を目指す取り組みを指していた。

一方、現在のスマートシティーは、対象をエネルギー分野に限らないのが特徴だ。交通や教育から医療・健康、防災、エネルギー、環境まで幅広い分野を包含している。10年ほど前までは難しかったこのような構想が、リアルなプロジェクトにまで落とし込まれるようになったのは、これまでデジタル化が困難だった現実世界の情報を、きめ細かくリアルタイムに収集する技術が出てきたからだ。

まずはセンサーの小型化や低価格化、高性能化。そして、低消費電力で長距離通信ができるLPWAや、大容量・超低遅延・多数同時接続という特徴を持つ5G（第5世代移動通信システム）の商用化といった無線通信技術の進化。こうしたテクノロジーを組み合わせたIoT技術が花開いたことで、人の行動履歴などのデジタルデータを現実空間から大量に吸い上げられるようになった。IoTと並び、もう1つのカギとなるテクノロジーが、ディープラーニング（深層学習）がもたらしたAIの進化だ。プラットフォームに吸い上げた現実空間のビッグデータを、他の様々なデータと掛け合わせて分析し、活用することが可能になってきた。

スマートシティーの実装を後押しする政策も、年々充実している。国土交通省は、自治体と民間事業者の連携によるスマートシティー構想を、調査費用やノウハウの提供で支援するモデル事業を展開している。

19年5月には、事業の成熟度が高く先駆的な取り組みである「先行モデルプロジェクト」に15事業を、その予備軍として事業化を支援する「重点事業化促進プロジェクト」に23事業を選んだ。さらに20年7月には先行モデルプロジェクトに7事業を、重点事業化促進プロジェクトに5事業を追加で選定した。

一方、内閣府が進めているのは、AIやIoTなどを牛かして自動運転や決済の完全キャッシュレス化、遠隔教育・医療などを取り入れた未来都市の構築を目指す「スーパーシティ」構想だ。区域を指定し

▶スマートシティーのアーキテクチャ（構成）

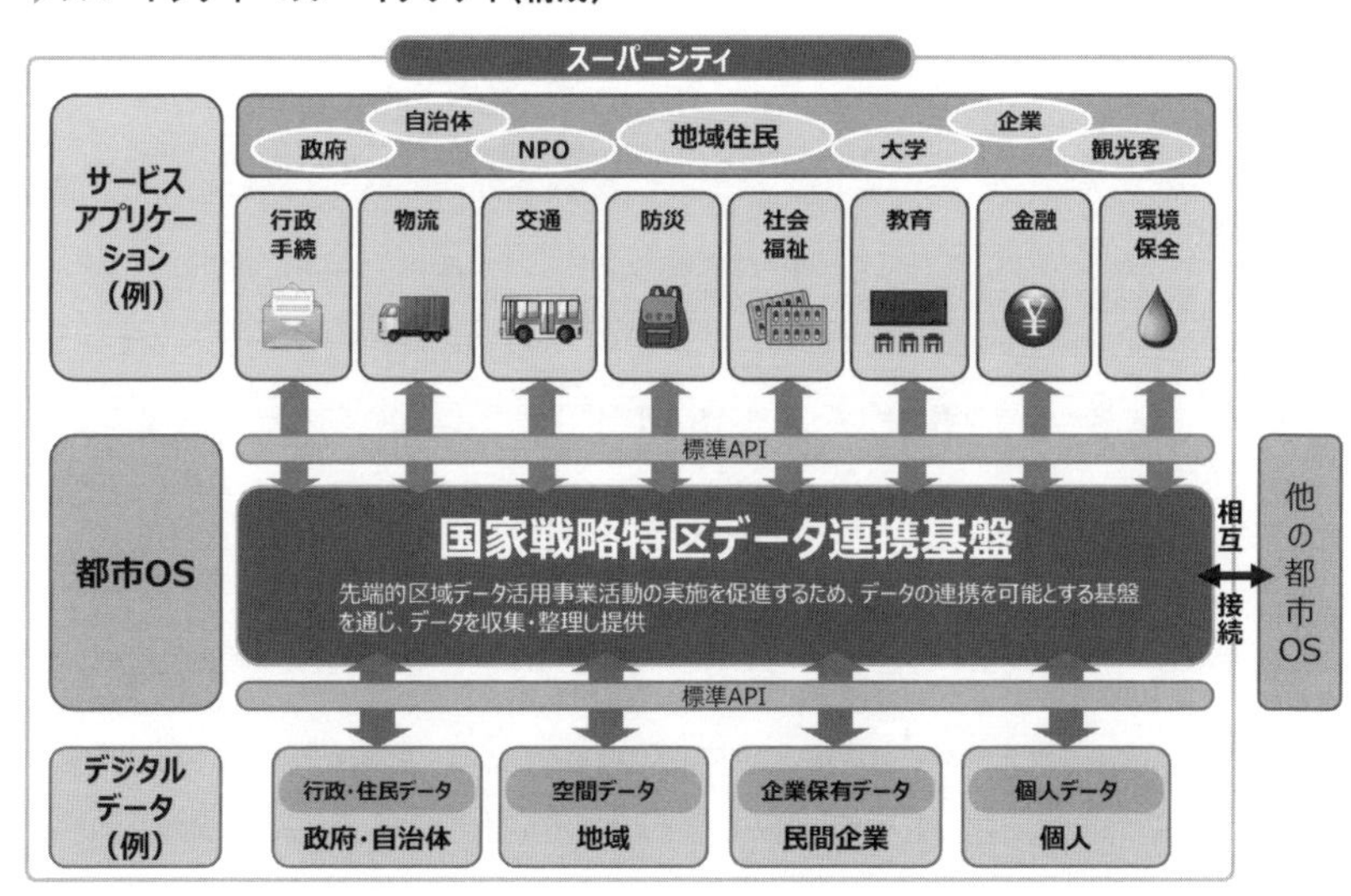

内閣府の「スーパーシティ」構想。多くのスマートシティーが同じような構成をしている（資料：内閣府）

	取り組みの概要
	スマホを活用して市民の歩数を計測し、歩数に応じて公共交通などで使える「健幸ポイント」を付与。健康寿命が全国平均を下回る札幌市で、市民の行動変容を促す
	生産年齢人口の激減や高齢化を背景に、無人自動運転車両によるモビリティーサービス、センシングやAIなどを活用したスマート農業、ドローン物流などを展開
	AIによる渋滞予測、公共交通の運行の最適化などで、交通移動弱者の社会参画を促す
	LRT（次世代型路面電車）を軸にモビリティーや生体認証、再生可能エネルギーなどを組み合わせ、自由に移動できる便利でクリーンな街づくりを展開
	自動運転バスの社会実装やドローンなどによる農業の生産性向上、RPAによる公共サービスの効率化などを民間主体の街づくり会社を通じて推進
	データ基盤と公・民・学連携の街づくり体制を生かし、エネルギー、モビリティー、パブリックスペース、ウエルネスをキーワードに街づくりを進める。自動運転バスの導入や個人向け健康サービス、センシングとAI解析による予防保全型の道路維持管理などに取り組む
	災害ダッシュボード3.0の構築・運用、大丸有版「都市OS」の整備、パーソナルモビリティーの導入などで日本最大のビジネス街の国際競争力を高める
	スマートモビリティーやAI防災などで、未来の働き方、住まい方、遊び方を実現する「ミクストユース型未来都市」を目指す
	3次元点群データでつくる「VIRTUAL SHIZUOKA」をインフラ維持管理や自動運転、観光などのあらゆる分野で活用し、安全・安心で利便性が高く快適な街を目指す
	AIを活用したオンデマンド交通や都市OSを生かしたオープンイノベーションの推進、河川の水位監視とAIによる危険予測などに取り組む
	自動運転バスや相乗りタクシー、パーソナルモビリティーなどを組み合わせた「高蔵寺ニューモビリティタウン」の実現を目指す
	データプラットフォーム（学研都市型MaaS・α）をベースに多様なモビリティーサービス、健康管理支援などを展開する
	光ファイバー網を活用したIoT基幹インフラシステムを構築し、監視センサーの活用などでインフラ維持管理の効率化を図り、効果的な防災計画や維持管理計画を構築。新ビジネスの創出や人的交流の拡大を図る
	自家用旅客運送サービス（支えあい交通）を軸とした、「シームレスな乗り継ぎサービス」、「貨客混載輸送サービス」、「地域内移動や住民交流の活性化に資する取り組み」などを展開し、持続可能な中山間地型のスマートコミュニティーモデルの構築を目指す
	データに基づいて都市マネジメントを行う「データ駆動型都市プランニング」を実装。様々な都市データの組み合わせにより、歩いて暮らせる街づくり、健康増進、地域活性化などに取り組む
	大宮駅・さいたま新都心周辺地区で、ICT×次世代モビリティー×複合サービスの提供、得られるビッグデータの活用により、交通結節点と街が一体となった「スマート・ターミナル・シティ」を目指す
	羽田空港跡地に開発した街で、BIMを活用したデータの統合・可視化・分析が可能な「空間情報データ連携基盤」を整備し、先端的技術の協調領域とすることで、早期のサービス実装を目指す
	中心市街地のストック活性化のため、アプリで商業、観光、イベントに関して情報発信し、収集したデータによる効果分析・シミュレーションを通じてコンテンツの充実、情報の発信方法の改善を図る
	センシングデータを活用した「楽しい・快適・安全なウォーカブルシティ」を構築。スマート技術やデータ利活用の便利さを感じられる「人間中心のまち」を実現し、民間投資や居住を促す
	うめきた2期地区や夢洲地区において、豊富なデータの利活用を実現するプラットフォームを整備し、事業創出や市民のQOL向上、マネジメントの高度化に貢献する施策に官民の枠を超えて取り組む
	市の情報を手軽に入手できる「かこがわアプリ」や行政情報ダッシュボードなどを通じて、安心・快適な暮らしに役立つスマートサービスを展開する
	センシング技術を活用し、日常生活で健康状態が分かる「日常人間ドック」などを実現する。住民が最先端のウェルビーイング（心身ともに健康で幸せな状態）を享受できる快適未来都市を創造する

（資料：国土交通省の資料を基に日経アーキテクチュアが作成）

▶国交省が選定したスマートシティー「先行モデルプロジェクト」の概要

地域	事業者（自治体は除く）
北海道札幌市	日建設計総合研究所、フェリカポケットマーケティング、タニタヘルスリンク、トーマツ、イオン北海道、つくばウエルネスリサーチ、戸田建設など
秋田県仙北市	フィデア総合研究所、モネ・テクノロジーズ、東光鉄工、東北大学、池田、ヤンマーアグリジャパン、北都銀行、秋田銀行
茨城県つくば市	筑波大学、鹿島、KDDI、NEC、日立製作所、三菱電機、関東鉄道、CYBERDYNE
栃木県宇都宮市	宇都宮大学、早稲田大学、宇都宮ライトレール、KDDI、関東自動車、NEC、東京ガスなど
埼玉県毛呂山町	清水建設、デロイトトーマツ、ビコーなど
千葉県柏市	三井不動産、柏の葉アーバンデザインセンター、UDCKタウンマネージメント、日立製作所、日本ユニシス、凸版印刷、NEC、柏ITS推進協議会、パシフィックコンサルタンツ、首都圏新都市鉄道、産業技術総合研究所、富士通交通・道路データサービス、川崎地質、奥村組、国立がん研究センター東病院、長大、東京大学モビリティ・イノベーション連携研究機構、アイ・トランスポート・ラボ
東京都千代田区	大手町・丸の内・有楽町地区まちづくり協議会
東京都江東区	清水建設、三井不動産、IHI、NTTデータ、TIS、東京ガス不動産、東京地下鉄、NEC、日本総合研究所、日立製作所、三井住友銀行、三井住友カード、三菱地所、東京大学
静岡県熱海市、下田市	ソフトバンク、東急、三菱電機、三菱総合研究所、ナイトレイ、パスコ、タジマモーターコーポレーション、ダイナミックマップ基盤
静岡県藤枝市	藤枝ICTコンソーシアム
愛知県春日井市	名古屋大学、KDDI総合研究所、名鉄バス、春日井市内タクシー組合、高蔵寺まちづくり、都市再生機構、日本総合研究所
京都府精華町、木津川市	NTT西日本、国際電気通信基礎技術研究所、けいはんな、関西学研都市交通、関西電力、京阪バス、木津川市商工会、精華町商工会、双日、奈良交通、日本テレネット、オーシャンブルースマート、島津製作所
島根県益田市	益田サイバースマートシティ創造協議会
広島県三次市	マツダ、NTTデータ経営研究所、NTTドコモ、川西自治連合
愛媛県松山市	松山アーバンデザインセンター、伊予鉄道、JR四国、日立製作所、愛媛大学、日立東大ラボ
埼玉県さいたま市	アーバンデザインセンター大宮、日建設計総合研究所、埼玉大学、埼玉県乗用自動車協会、OpenStreet、ENEOSホールディングス、ヤフー、JTB、Sinagy Revoなど
東京都大田区	鹿島、羽田みらい開発、日本総合研究所、アバンアソシエイツ、鹿島建物総合管理、BOLDLY、TIS など
新潟県新潟市	新潟大学、事業創造大学院大学、新潟古町まちづくり、NTTドコモ新潟支店、福山コンサルタント東京支社など
愛知県岡崎市	日本総合研究所、デンソー、NTT西日本、NEC、東京大学先端科学技術センター
大阪府大阪市	三菱地所、都市再生機構、JR西日本、大阪メトロ、大阪ガス都市開発、オリックス不動産、関電不動産開発、積水ハウス、竹中工務店、阪急電鉄、三菱地所レジデンス、うめきた開発特定目的会社
兵庫県加古川市	日建設計総合研究所、日建設計シビル、NEC、綜合警備保障、フューチャーリンクネットワーク、関西電力
熊本県荒尾市	JTB総合研究所、三井物産、有明エナジー、グローバルエンジニアリング 、都市再生機構

上から15件が2019年、残り7件が20年に選定した事業

て規制緩和や税制優遇を行う国家戦略特区制度を活用する。20年内にも指定を目指す自治体の公募を始める。

現実空間に進出する巨大IT企業

ビッグデータから得られた分析結果は、交通渋滞や気候変動、少子高齢化といった都市問題の改善や、住民サービスの向上などに役立てられる。

よく知られている事例に、中国のＥＣ（電子商取引）最大手であるアリババ集団の取り組みがある。同社は「ＥＴシティブレイン（ET City Brain）」と呼ぶプラットフォームを武器に、本社を構える浙江省杭州市を主な舞台としてスマートシティー事業に力を入れている。「リアルタイムの都市データを活用して都市運営の欠陥を修正し、公共リソースの全体最適化を図る」がうたい文句だ。

具体的な取り組みの1つが、交通の制御。使用するセンサーは、道路ライブカメラだ。４００0台超のカメラの映像をＡＩで解析し、交通の状況に応じて信号機を制御する。救急車の到着時間が半減したほか、一部地域では自動車の走行速度が15パーセントも上昇したという。プラットフォームに蓄積したデータを基に渋滞の原因を割り出し、信号機の新設や道路の改良によって改善する取り組みもなされている。交通事故を即座に把握し、警察や消防、救急などの緊急車両を配車。緊急車両が現場に素早く到着できるように、信号の調整なども行う。

スマートシティーに詳しい日建設計総合研究所の山村真司理事は、「これまで建築や都市の開発は、いわば『仮説検証型』だった。念入りに計画して街をつくっても、思惑が外れて大渋滞を引き起こすといったことは、致し方ない面があった。それがスマートシティーでは、アリババが実践しているように、軌道修正の幅が大きく広がった」と指摘する。

こうして見ると、スマートシティーは、仮想空間でデータを駆使して急成長した巨大ＩＴ企業にとって、現実空間にビジネス領域を広げるうえで格好の舞台と言える。このため、アリババやＧＡＦＡ（Google、Amazon、Facebook、Apple）のようなＩＴプラットフォーマーが、こぞって関心を示しているのだ。

脅威であり、ビジネスチャンスでもある

ＭａａＳを切り口にスマートシティー事業への参入を目指すトヨタも、ウーブンシティーの建設を通じて街づくりのノウハウを吸収すると同時に、都市で暮らす人々の行動履歴やモビリティーの移動データ、家電の利用状況まで、あらゆる情報を収集・蓄積し、分析して活用するためのプラットフォームを握ろうとしている。

巨大ＩＴ企業に対抗するため、トヨタは20年3月24日、ＮＴＴと約２０００億円を相互出資し、資本・業務提携すると発表した。都市ＯＳを共同で構築・運営し、国内外の都市に展開する構想を持つ。まずはトヨタのウーブンシティーや、ＮＴＴグループのお膝元である品川駅前に実装す

るという。

トヨタとＮＴＴは近年、街づくりに並々ならぬ野心を抱いて、次々に手を打ってきた。

トヨタは20年1月、パナソニックと住宅事業を統合し、未来の街づくりを目指す新会社、プライムライフテクノロジーズ（東京都港区）を設立している。パナソニックホームズとトヨタホーム、ミサワホームなど建設関連企業5社を傘下に収めることで、新築戸建て住宅の供給戸数は年間約1万7000戸にもなる。念頭にあるのは、国内住宅市場の縮小に伴う競争の激化。トヨタが取り組むＭａａＳと、パナソニックの家電や電池、ＩｏＴなどの事業を掛け合わせて、先進的な街づくりに取り組むのが狙いだ。

ＮＴＴも19年7月、グループの街づくり事業の窓口となる新会社、ＮＴＴアーバンソリューションズ（東京都千代田区）を設立。エネルギー分野に強みを持つエンジニアリング会社のＮＴＴファシリティーズとデベロッパーのＮＴＴ都市開発を傘下に再編し、グループが国内

▶街づくりに力を入れるトヨタとNTTがタッグ

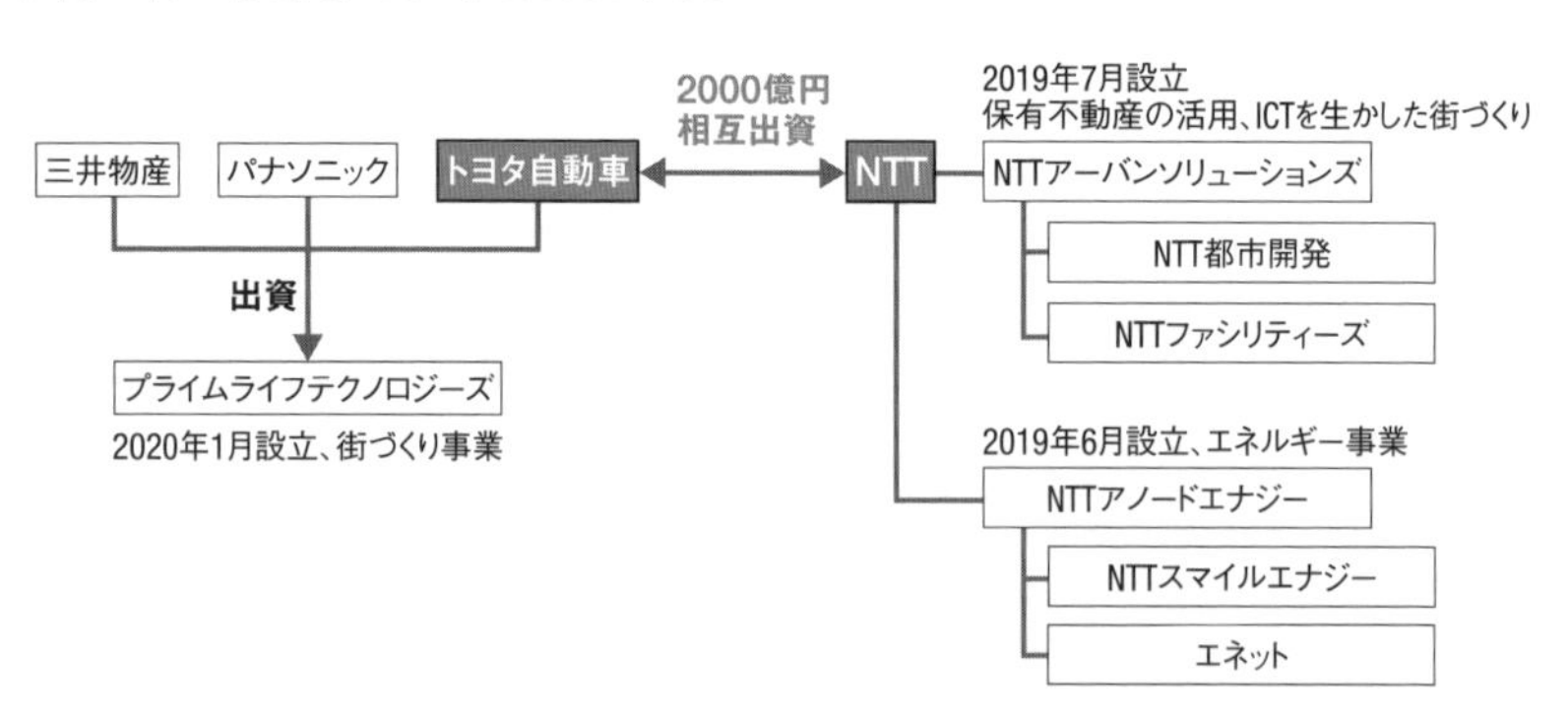

トヨタ自動車とNTTはそれぞれ、街づくり事業に力を入れている（資料:取材を基に日経アーキテクチュアが作成）

に保有する7000の電話局と1500のオフィスを活用して街づくりに活路を見いだす。

また、NTTグループは18年から、米国ネバダ州のラスベガス市と共同で、同市のイノベーション地区でスマートシティー化を推進してきた実績も持つ。市内に設置したカメラの映像、音声といった様々なデータを分析して街の状況をリアルタイムに把握し、逆走などによる交通事故の回避や防犯などに役立ててきた。20年5月には、対象エリアの拡大などを発表している。

これまで街づくりをビジネスにしてきた建設会社にとって、都市開発の舞台に越境してきた巨大IT企業や、それに触発されたトヨタ、NTTのような異業種の大企業の動きは、脅威と映るに違いない。一方で、スマートシティーを新たなビジネスチャンスと捉え、DXを実践する場として積極的に参画を目指す建設関連企業も出てきている。

建物やインフラの設計、工事の請負といったフロー型（売り切り型）の伝統的ビジネスモデルに加えて、デジタル技術を活用しながら都市の運営や維持管理などで継続的に収益を上げるストック型のビジネスに進出する足掛かりになり得ると期待されているのだ。

スーパーゼネコンの鹿島は、後述のように東京の羽田や竹芝などでスマートシティーの実装を進めると同時に、スマートシティーの「在り方」や「つくり方」についても知見を深めている。内閣府のSIP（戦略的イノベーション創造プログラム）の下、NECやアクセンチュア、日立製作所、産業技術総合研究所、データ流通推進協議会と共同で、各地で進められているスマートシティー事業の「アーキテクチャ（構成）」を分析。共通設計図や運用マニュアルの整備に取り組んだ。成果は20年3月に内閣府が公表している。

COLUMN

民間スマートシティーの成功例「藤沢」と「柏の葉」

民間企業が主導し、成功を収めたと評価される2つのスマートシティー事業がある。

その1つが、パナソニックが同社の神奈川県藤沢市内の工場跡地で手掛けた「Fujisawa SST（サスティナブル・スマートタウン）」と呼ぶ住宅開発だ。運営会社にはパナソニックを筆頭に9社が出資している。14年4月に街開きをし、20年2月時点で戸建て住宅やシステムなどの整備は8割方完了。19ヘクタールの敷地に約1900人が暮らす。

全ての戸建て住宅に太陽光発電設備や蓄電池、スマート分電盤を標準装備し、エネルギーを自給自足する。住民専用のポータルサイトを通じて、街で展開するサービスの情報を提供しているのも特徴だ。入居者は運営に要する費用として月額1万2760円（1戸当たり）を支払う。パナソニックは藤沢での成功をきっかけに、工場跡地をスマートシティーに生まれ変わらせる手法を各地で展開している。18年には同じく横浜市内の工場跡地を再開発した「Tsunashima SST」をオープンさせた。第3弾として、大阪府吹田市の工場跡地で健康をテーマにした「Suita SST」の整備を進めている。

もう1つの成功例として国内外からの視察が多いのが、千葉県柏市の協力を得て三井不動産が開発した「柏の葉スマートシティ」だ。住宅や商業施設、オフィスビルを擁し、東京大学や千葉大学、国立がん研究センターなどとも連携する。14年には街の玄関口となる複合施設「ゲートスクエア」がオープン。施設内の「柏の葉スマートセンター」では、日立製作所と三井不動産、日建設計が開発した「柏の葉AEMS」と呼ぶシステムで、エリア内のオフィスや商業施設、住宅などと、太陽光発電設備や蓄電池などの電源設備をネットワークでつなぎ、施設ごとではなくエリア全体のエネルギーを一元管理している。

柏の葉スマートシティは、1世代前のスマートシティー事業でありながら、エネルギーだけでなく「環境共生」「健康長寿」「新産業創造」という3つの普遍的なコンセプトを掲げ、試行錯誤を繰り返しながら街をアップデートし続けてきた。東京大学や柏市、三井不動産など産官学のメンバーから成る柏の葉アーバンデザインセンターが街づくりのリーダーシップをとる方式も、他のスマートシティーのお手本となっている。19年5月には国交省の先行モデルプロジェクトにも選定され、自動運転バスの導入やICTを活用したインフラ維持管理などに取り組み、さらなる飛躍を目指す。

パナソニックが工場跡地に整備した「Fujisawa SST」の街並み（写真:Fujisawa SST協議会）

中央が柏の葉スマートシティの「ゲートスクエア」。手前はつくばエクスプレス「柏の葉キャンパス駅」（写真:三井不動産）

2 都市のDXに挑むゼネコン

様々な産業を巻き込みながら過熱するスマートシティーの争奪戦。街づくりの主役を自認してきた建設会社も、これまで培ってきたノウハウとデジタル技術を融合させ、スマートシティーに身を投じ始めた。まずは、清水建設の取り組みを見ていこう。

600億円を投じて、東京・豊洲のスマートシティー化に向けた推進拠点をつくる――。豊洲市場がある新交通ゆりかもめ「市場前」駅の目前に、賃貸オフィス棟とホテル棟などを整備する延べ面積約12万平方メートルの大規模複合開発「豊洲6丁目4-2・3街区プロジェクト」は、清水建設が単独で実施する開発案件として、過去最大の投資額となる。設計・施工も同社が担い、2021年秋の開業を目指して整備を進めている。

オフィス棟とホテル棟の間に設ける交通広場には、東京都心部と臨海部を接続する東京BRT（バス高速輸送システム）と、羽田・成田の両空港と接続する高速バスが乗り入れる予定だ。清水建設は交通結節点としての特徴を前面に押し出し、都市型の道の駅「豊洲MiCHiの駅」を標榜している。清水建設が描く都市型道の駅の核となるのが、交通広場の上部を約1700平方メートルのデッキで覆ってつくり出すオープンスペース。ここを起点に、利用者や来客の利便性を高める様々なスマート技術・サービスを実装する予定だ。

清水建設が豊洲で進める複合開発のイメージ。左がホテル棟、右がオフィス棟。両者の間にバスターミナルを配置し、上部を屋外デッキで覆う（資料：下も清水建設）

交通広場の上部をデッキで覆い、オープンペースでにぎわいを生み出す

その1つが、バリアフリー・ナビゲーション・システム「インクルーシブ・ナビ」。スマホのアプリで目的地を設定すると、一般の歩行者や車椅子利用者、ベビーカー利用者、視覚障害者といった利用者の属性に合わせて、音声や地図で最適な経路をナビゲーションしてくれる。このアプリには、ビーコンの発信電波強度を基に屋内空間でも位置情報を正確に把握できる技術を用いている。清水建設が開発し、東京・日本橋エリアに一部導入されている。

このほかオープンスペースでは、移動型店舗と空きスペースのマッチングプラットフォームを展開するスタートアップ企業のメロウ（Mellow、東京都千代田区）が、移動型店舗による飲食・物販サービスを提供する予定だ。

この道の駅は、災害時には帰宅困難者の待機スペースにもなる。防災備蓄倉庫や災害情報を提供する機能のほか、コージェネレーション（熱電併給）システムの導入による非常時のエネルギー供給などにも取り組む。

豊洲のスマートシティー化を主導

このプロジェクトを含む東京都江東区豊洲1～6丁目を対象とした「豊洲スマートシティ」は、国土交通省が19年5月に発表した「スマートシティ先行モデルプロジェクト」にも選ばれている注目の取り組みだ。約２４６ヘクタールのエリアで、都市ＯＳをベースに交通、生活・健康、防災・安全、環境、観光の５分野で様々な実証を進め、社会実装を目指す。

清水建設は三井不動産とともに、民間企業13社が属する「豊洲スマートシティ推進協議会」の事務局として、東京都や江東区、地元の組織などと連携しながら事業を主導する立場にある。清水建設が豊洲全体のスマートシティー化を念頭に進めているのが、開発中のプロジェクトとその周辺エリアを対象とする「デジタルツイン」の構築だ。

デジタルツインは、現実空間を仮想空間にモデル化してシミュレーションなどに活用する技術。都市インフラや地盤、建物などの3次元データに、カメラやセンサーで収集した交通量や人流、物流、エネルギー、環境などのデータをリアルタイムに反映。このモデルを使って様々なシミュレーションを実施し、結果を施設運営や次世代モビリティーの効果検証などに生かす。人流データなどを基に施設の配置や空間の構成などを計画する「ス

▶民間企業と自治体や地元組織が連携して進める「豊洲スマートシティ」

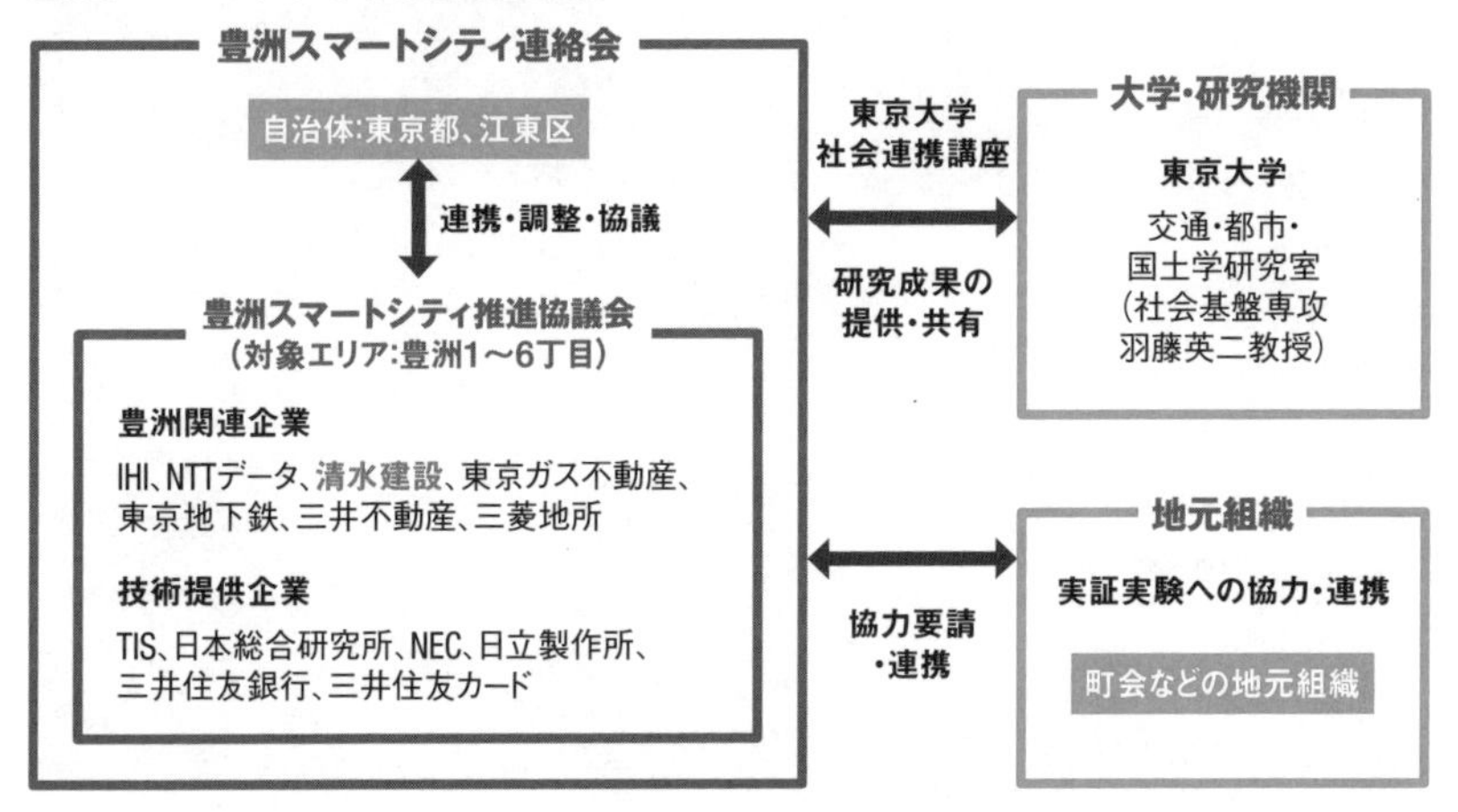

清水建設は対象エリアで多くの建物の設計・施工に関わってきた（資料:清水建設）

マート・プランニング」にも使える。

同社はこのほか、ビル内や街区内での移動・物流に自動運転技術を活用することを念頭に、車両やロボットと施設を連携させるプラットフォームの研究開発を進めている。車両が到着すると自動でシャッターを開けたり、ロボットとエレベーターを連動させたりするイメージだ。こうしたテクノロジーも、スマートシティーに実装するとみられる。

同社がカバーしていない領域についても、協議会のメンバーのノウハウを生かした興味深い取り組みが展開される予定だ。その1つが三井住友銀行と日本総合研究所が取り組んでいる「情報銀行」。様々な場所に分散して保管されている自分や家族の医療情報を一元管理し、受診の際などに活用できる。

清水建設豊洲スマートシティ推進室の宮田幹士室長は、「今後の街づくりは、おのずと

清水建設が構築を目指す豊洲のデジタルツインのイメージ（資料:清水建設）

スマートシティーの要素を取り入れたものになっていく。ゼネコンとして新たな街づくりや建物の在り方などをキャッチアップし、リードしていく存在でありたい。豊洲の開発はそのためのパイロットプロジェクトとして位置付けている」と語る。

羽田で国内初の自律走行バス運行

清水建設と同様、自ら投資してスマートシティーの開発を進めるのが鹿島だ。同社の肝煎りプロジェクトの1つが、20年7月3日に部分開業した東京都大田区の「羽田イノベーションシティ」。羽田空港の沖合移転で生じた跡地を、最先端の街に生まれ変わらせるという。

京浜急行電鉄・東京モノレールの天空橋駅に直結する約5万9000平方メートルの敷地に、モビリティーや健康医療など先端産業のための研究開発拠点を建設する。ライブホールや体験型商業施設なども設け、文化産業の支援も掲げる。

事業者は鹿島や大和ハウス工業、京浜急行電鉄など9社が出資する羽田みらい開発（東京都大田区）。設計・施工は、鹿島と大和ハウス工業が担当した。部分開業後も引き続き開発を進め、地上11階建ての先端医療研究センターやアート&テクノロジーセンターなどを建設。22年の全面開業時には、延べ面積が約13万1000平方メートルになる予定だ。

羽田イノベーションシティも20年7月、国交省のモデル事業の「先行モデルプロジェクト」に選ばれている。同年9月から、国内で初めてハンドルのない自律走行バスの定常運行を始めたことで話題を呼んだ。車両の運行管理・監視には、ソフトバンクなどが設立したボードリー（BOLDLY、東京都千代田区）の自動運転車両運行プラットフォーム「ディスパッチャー（Dispatcher）」を用いる。

鹿島も清水建設と同様、羽田イノベーションシティの空間情報データ連携基盤、つまりデジタルツインを構築して、施設管理・運営を効率化する構想を描く。使用するのは、建設現場で人や資機材の動きをモニタリングするために開発した「3Dケイフィールド（K-Field）」（88ページ参照）。施設内に約400個のビーコンやセンサーを設置し、人やモビリティー、ロボットの位置情報などを取得。BIM（ビルディング・インフォメーション・モデリング）などのデータを基に構築した3次元モデル上に表示する。自律走行バスのプラットフォームとも連携している。

鹿島建築管理本部BIM推進室の足達嘉信次長は次のように語る。「スマートシティーでは人やモノの動きが重要になる。例えばロボットやドローンによる物流などをやろうとすると、屋内の地図情報が必要だ。そこで役立つのがBIM。BIMのデータがたまっていけば、街区や都市のデジタル化に貢献できる。ただし、これは当社だけでは難しい。他社のデータともつながっていくようになれば、新しいマーケットが広がるだろう」

施設利用者のサービス向上にもデジタルツインを役立てる。羽田イノベーションシティでは、店舗などの混雑情報の配信を手掛けるスタートアップ企業のバカン（VACAN、東京都千代田区）が20年9月から、トイレの個室や会議室の空き情報を配信している。トイレに設置したセンサーで空室かどうかを把握し、3Dケイフィールドと組み合わせて、デジタルサイネージに空き情報

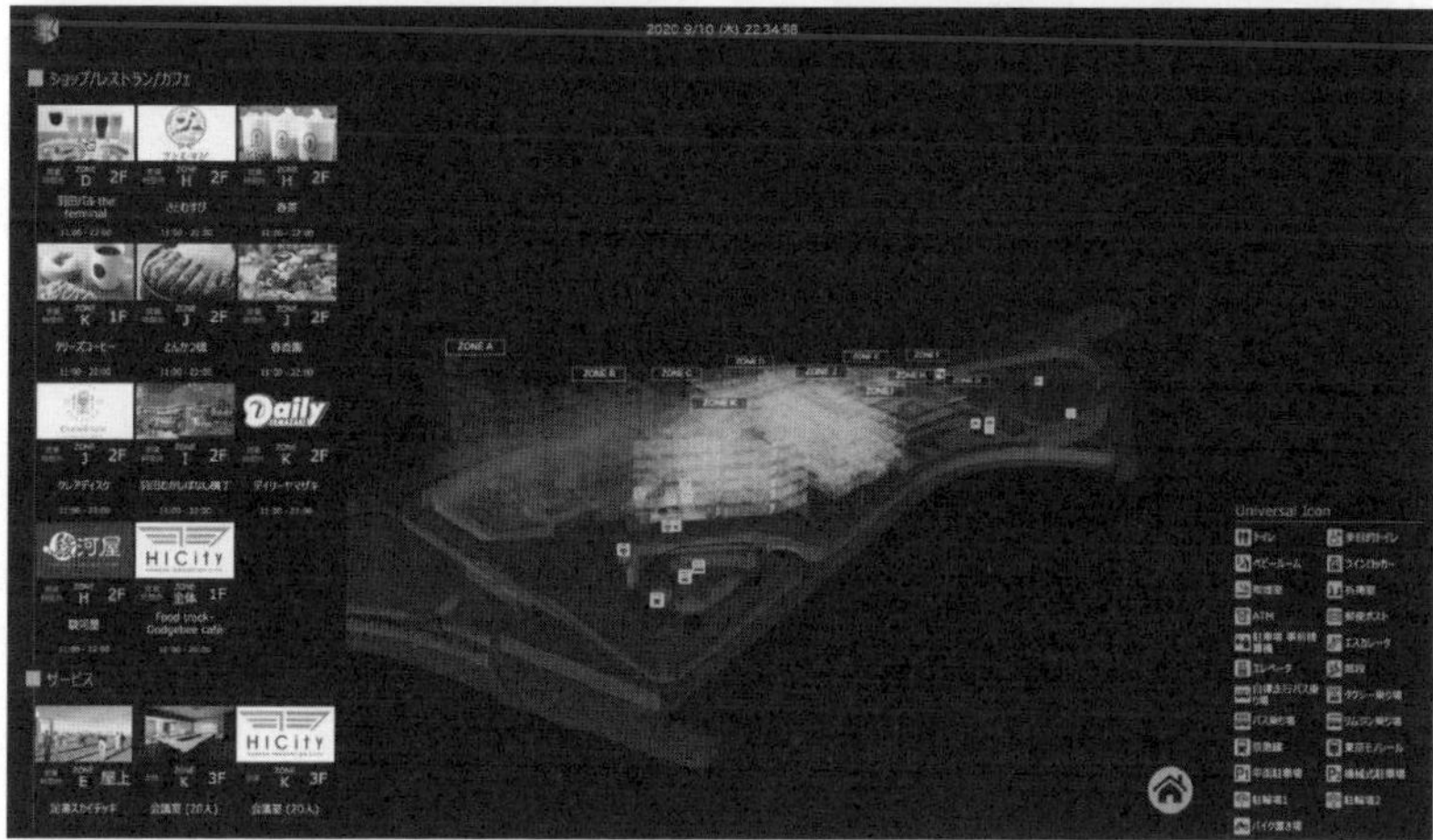

左上は羽田イノベーションシティの外観。右上は2020年9月に運行を開始した自律走行バス。下は「3D K-Field」を生かしたデジタルサイネージ(写真:日経アーキテクチュア、資料:アジアクエスト)

を表示する仕組みだ。

ソフトバンクが入居する竹芝

羽田のほかに鹿島が携わっているのが、東京都港区の竹芝エリアで構想が進む「スマートシティ竹芝」。その第1歩となる複合開発「東京ポートシティ竹芝」が、20年9月14日に開業した。東急不動産と鹿島が都有地を活用して共同開発した、延べ面積約20万平方メートルの巨大プロジェクトだ。「空の玄関口」である浜松町と結んでエリア全体を活性化させるため、全長約500メートルの通路「ポートデッキ」も新設した。

中核施設となるオフィスタワーは地下2階・地上40階建て。ソフトバンクの本社が入居した。ソフトバンクは、このビルの単なるテナントではない。ビルのスマート化に大きく関わったほか、都市OSの構築も担う模様だ。

国内最先端の「スマートビル」を標榜しているオフィスタワーには、合計約1300個のセンサーが埋め込んだ。空き状況を把握するためにトイレの個室に取り付けたドアの開閉センサー、混雑状況を把握するためにエレベーターホールの天井に設置したレーザーセンサー、ごみ収集を効率化するためにごみ箱の蓋に取り付けたセンサー。これらのセンサーから吸い上げた情報は、ビル管理者や警備員が業務に活用したり、ビルの利用者や来客の利便性向上に役立てたりする。

過去にトラブルを起こした要注意人物の画像を登録しておけば、館内のカメラ映像から即座に

東京ポートシティ竹芝のオフィスタワー低層部にあるスキップテラス。イベントなどを開催できる広々とした空間だ（写真：下も東急不動産）

東京ポートシティ竹芝で2020年9月に開催されたイベントの様子。「ステイスポット」と呼ぶ箇所に立ち、ソーシャルディスタンスを確保しつつ観覧する

検知してアラートを鳴らしてくれる。人流データを細かく取れるので、混雑具合に応じて警備員の配置を見直したり、イベントの来場者予測に活用したりもできる。

コロナ後の「過密問題」にも解答を

スマートシティーはもともと、都市への過度な人口集中がもたらした混雑や交通渋滞、大気汚染といった問題の解決を主要テーマに据えてきた。同じく人口集中による「過密」がもたらした新型コロナウイルス感染症に対しても、解決策を提示することが期待されている。

「東京ポートシティ竹芝」でも、様々な試みが始まった。例えば6階オフィスロビーには、コロナ禍を意識した新たなセキュリティーゲートがお目見えした。ゲートに設置した顔認証用のカメラで入場者の顔を認識し、あらかじめ登録された従業員の顔と一致すればゲートが開く仕組みだ。さらには入場者が働いているフロアの情報を基に、乗るべきエレベーターまで指定してくれる。入場から座席に着くまでを「顔パス」にすることで、接触感染を減らせる。温度検知によって入場を制限する機能も備えている。

日本を含む多くの国では、都市部に人やモノを集めて機能を集積し、効率を高めることで成長を目指してきた。生産性の向上やイノベーションの創出など、集積がもたらす捨てがたいメリットを享受しつつ、感染症にも強い建築や都市とはどのようなものか。リアルな空間づくりとデジタルの融合で、建築・都市のニューノーマル（新常態）を模索する動きが加速しそうだ。

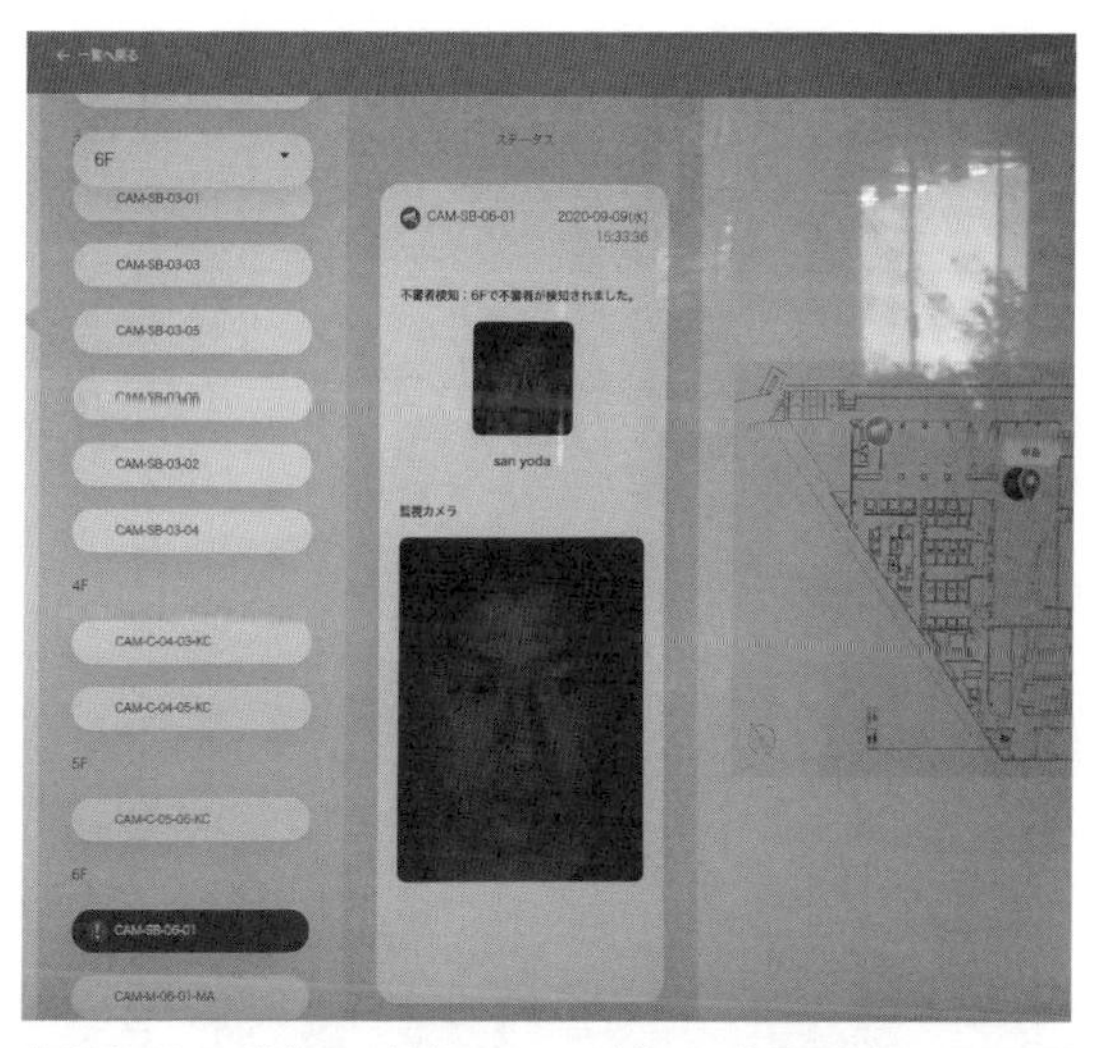

東京ポートシティ竹芝では、館内のカメラの映像から、事前に登録しておいた要注意人物を抽出できる（写真:下も日経アーキテクチュア）

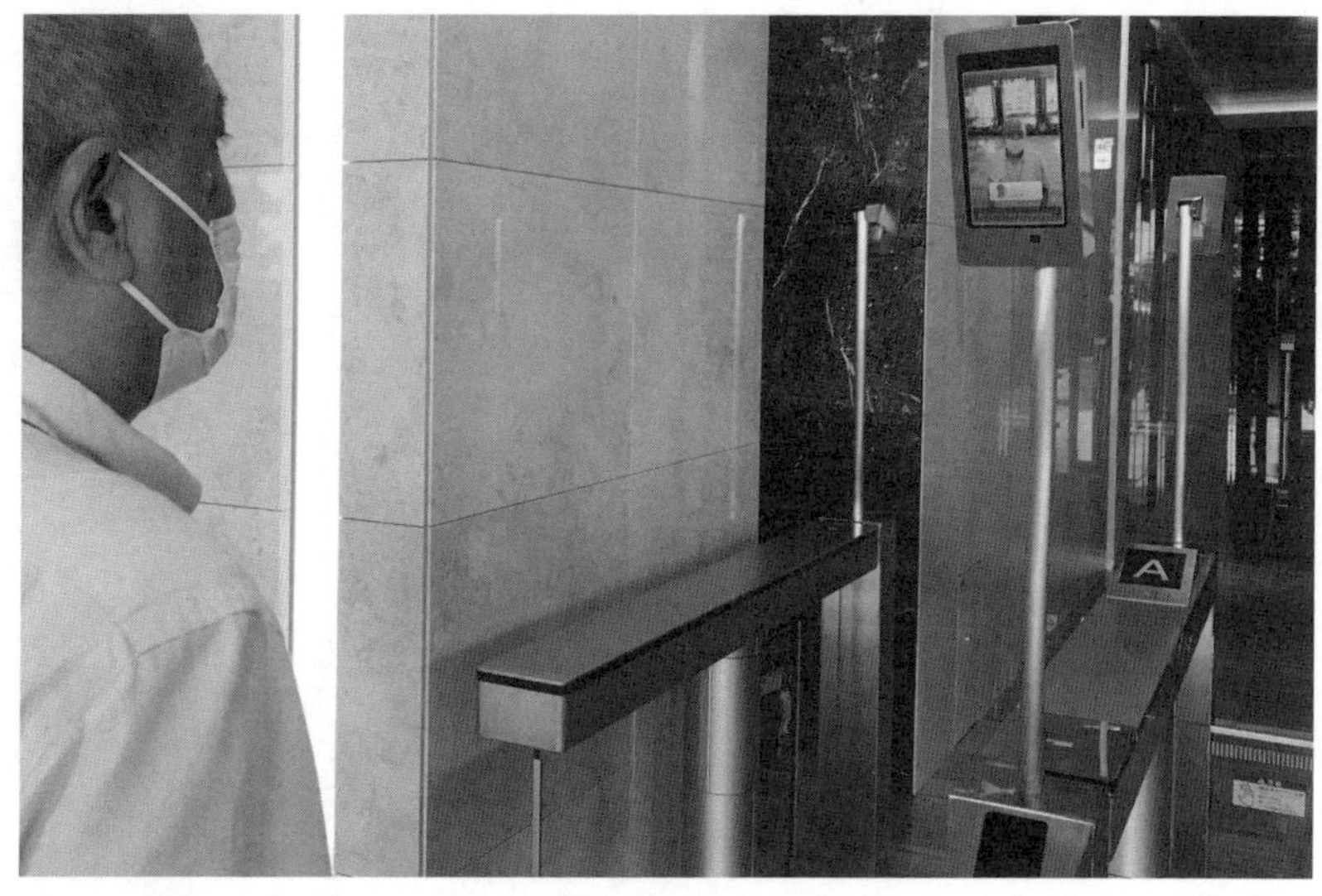

東京ポートシティ竹芝のオフィスロビーに設置した、顔認証付きのセキュリティーゲート

CHAPTER 8

3 スマートシティー、乗り越えるべき課題

スマートシティーを巡る産業界の過熱ぶりを紹介してきたが、その実現には乗り越えるべき壁も少なくない。ここでは、いくつかの課題を整理しておきたい。

スマートシティーの課題として最も象徴的なのが、都市を民間企業が牛耳ることへの反発やプライバシーの問題だ。様々な情報を収集して組み合わせれば、個人の詳細な行動パターンや病歴などを特定することも可能になる。街のあらゆる場所で民間企業に個人情報を収集されることへの市民の不信感は、サイバー空間の覇者である米グーグルをも挫折に追い込んだ。

グーグルの兄弟会社、米サイドウォークラボ（Sidewalk Labs）が2020年5月7日（カナダ時間）、カナダの主要都市トロントで計画していたスマートシティー事業から撤退すると発表したのだ。2年超の月日と5000万ドル（約53億円）以上を投じ、マスタープランまで作成した末のあっけない幕引きだった。

サイドウォークラボのダニエル・L・ドクトロフ最高経営責任者（CEO）は計画を断念した理由として、「前例のない経済的な不確実性によって、計画のコアな部分を犠牲にすることなくプロジェクトを実行するのが財政的に難しくなった」と説明し、新型コロナウイルス感染症のパンデミック（世界的大流行）が不動産開発にもたらす負の影響を理由に挙げた。

ただ、この説明を額面通りに受け取る人はさほど多くないだろう。トロント市のスマートシティー事業については、個人データが収集されることに対する懸念の声が高まり、19年4月にはカナダ自由人権協会（CCLA）がプロジェクトの中止を求めて当局を提訴するなど、順調に進んでいるとは言い難い状況だったからだ。

「民主主義は売り物ではない」「私企業のニーズや利益ではなく、都市のニーズを優先すべきだ」などと主張し、反対運動を展開してきた市民団体のブロックサイドウォーク（Block Sidewalk）は、サイドウォークラボの撤退を受けて高らかに勝利宣言をした。

グーグル兄弟会社が描いた未来の都市像

15年に設立されたサイドウォークラボは、グーグルの親会社である米アルファベット（Alphabet）の傘下企業の1つ。「生活費、効率的な移動手段、エネルギー消費など、都市が抱えるあらゆる問題を解決する技術を開発し、育て、住民の生活を向上させる」。同年6月にサイドウォークラボの設立を発表した際に、グーグルのラリー・ペイジCEO（当時）はその目的をこう語っていた。

サイドウォークラボは17年、カナダ政府とオンタリオ州政府、トロント市による共同事業体「ウオーターフロント・トロント」からパートナー企業に選定され、臨海部の都市開発事業に参画した。トロント市のスマートシティー事業は、グーグル陣営のサイドウォークラボが挑む、初めて

サイドウォークラボが開発する予定だったキーサイド地区の航空写真（写真:Sidewalk Labs）

キーサイド地区には木造建築物が立ち並ぶ計画だった（資料:Sidewalk Labs）

世界がその成否に注目していたトロント市のスマートシティー事業とは、どのような内容だったのだろうか。

対象エリアは、IDEA地区と呼ぶ77万平方メートルの再開発エリアのうち、「キーサイド（Quayside）」と名付けられた約5万平方メートルの地区。サイドウォークラボが19年6月に公開したマスタープランには、トヨタ自動車のウーブンシティーもかすんでしまうような「未来の都市像」がふんだんに盛り込まれている。

キーサイドにはスマートな電力網と、冷暖房用のクリーンな熱供給網、リサイクル率を高める廃棄物処理網を整備する。全ての建物は木材を大量に使うモジュール建築とし、地元産業の活性化にも役立てる。集成材やCLT（直交集成板）を用いたモジュール建築のコンセプトを担当したのは、英ロンドンを拠点に革新的な建築やデザインを生み出しているヘザウィック・スタジオ（Heatherwick Studio）、ランドスケープを得意とするノルウェーの建築設計事務所スノヘッタ（Snøhetta）、263ページで紹介した米カテラ（Katerra）のパートナーであるカナダのマイケル・グリーン・アーキテクチャー（Michael Green Architecture）の3社だ。

サイドウォークラボの提案の中核とも言えるのが、モビリティーに関する項目だ。マスタープランではマイカーの所有を減らすビジョンを示し、次の6つの目標を設定していた。

(1)手ごろな価格で多くの人を運べるLRT（次世代型路面電車）の延伸を、独自の資金調達手法で加速させる

の大規模な都市開発となるはずだった。

(2)徒歩や自転車にやさしいエリアとする
(3)配車サービス、シェアサイクル、電気自動車のカーシェアなどの新たなサービスを提供する
(4)地下トンネルを活用して物流を効率化する
(5)交通制御を高度化するため、価格決定やテクノロジー活用を司る公的組織を設立する
(6)人間優先の道路を設計する

また、居住者や労働者向けの高速で手頃なＩＴインフラを整備。都市で収集したデータはプライバシーを確保しつつ活用を促し、第三者が新たなサービスなどを生み出せるようにすると述べた。マスタープランでは、こう説明している。

「現状、都市に関するデータは多くの所有者に分散している、あるいは古くなっている、または統一性のないファイル形式で保存されている傾向があるため、これを用いて新たなアイデアを生み出すのが困難だ。明確な基準があれば、（適切に保護された）都市データにリアルタイムで研究者やコミュニティーがアクセス可能になり、既存のサービスに代わる新しいサービスを簡単に構築できるようになる」

プロジェクトのウェブサイトに設けたＱ＆Ａコーナーでは、「サイドウォークラボは個人情報を販売するつもりか?」という設問に対して、以下のような考え方を示している。「個人情報を第三者に販売したり、広告目的で使用したりはしない。同意がなければ、グループ会社を含めた第三者に個人情報を開示することもない。我々は、政府の認可を受けた独立組織が、都市におけるデータの収集と利用を承認する仕組みを提案している」

それでも、サイドウォークラボは懸念や不信感を払拭することができず、同社が提案した「未来の都市像」が受け入れられることはなかった。

日本政府が推し進める「スーパーシティ」構想でも、プライバシーの問題が論点になってきた。改正国家戦略特別区域法を巡る国会の議論では、住民のプライバシーを侵害する恐れがあると野党が主張。参院は改正法の成立に当たって、個人情報保護を中心に15項目の付帯決議をした。改正法の施行令や施行規則では、議会の議決や住民投票など、住民の意向を確認する方法や、データを都市間で融通し合うための基準、データの安全管理基準などを定めている。

スマートシティー事業では個人情報の扱いがアキレスけんであり、「技術のための技術」と捉えられることが反発を招くことを意識してか、トヨタの豊田章男社長は「人が中心」と繰り返し口にする。トヨタと組むＮＴＴの澤田純社長は「我々はデータを囲い込まない」と話し、情報の独占や不当な収集で劣勢に立たされる巨大ＩＴ企業への対抗心をあらわにしている。

ＮＴＴが18年に獲得したラスベガス市のスマートシティー事業には複数のＩＴ企業が食指を伸ばしていたが、「収集したデータの所有権はあえて主張しない」（ＮＴＴの澤田純社長）点が評価されて受注を勝ち取った経緯がある。ＮＴＴ以外の大手ＩＴ企業はデータの所有権を譲らなかったとされる。市は収集したデータをオープンデータとして市民や企業に公開する考えを示しており、ＮＴＴのアプローチが功を奏した格好だ。

プライバシーの侵害やデータの囲い込みに対する不信感を払拭し、いかに住民本位の街づくりを進めるかが、スマートシティー事業を成功に導く鍵となるのは間違いない。

COLUMN

サイドウォークラボが打ち出した「人間中心の道路」

カナダ・トロント市のスマートシティー事業からは撤退した米サイドウォークラボだが、その先進性は注目に値する。同社は、「人間中心」を主軸としたストリートデザインの新たな基本原則をまとめ、自動運転車などの次世代モビリティーを活用しながら、道路を安全かつ快適にしていく方法を示している。ここでその一部を紹介しよう。

サイドウォークラボが基本原則に持ちこんだのは、道路ごとに特定の移動モードを優先させ、制限速度を変えるアイデアだ。例えば、歩行者が優先される道では、自動運転車を除く車は原則、通行禁止にする。ベンチの設置や緑化を推奨し、公共空間の色合いを強める。

一方、自動運転車は歩行者や自転車の安全が確保できる水準まで速度を制限して、どこでも通行できるようにする。システムで道ごとに走行速度を制御しながら、幹線道路から最終目的地付近までの「ラストワンマイル」をカバーする算段だ。

さらにユニークなのが、道路空間の境界を柔軟に変化させる発想だ。縁石やガードレールといった構造物で歩道と車道に明確な境界を設けるようなことはしない。

その代わりに、舗装パネルが発光して、その時点の空間の用途を示す。混雑時に自動運転車などの乗降場としていた場所を、それ以外の時間は公共空間にするなど、交通需要に応じてダイナミックに用途を変える。

▶「人間中心」で道路を再設計

道路ごとに優先する移動モードを設定

車が走行できる空間を含む道路。他の移動モードが優先される空間と安全な距離を保つように設計する

車・公共交通

自転車優先道路では中央に自転車レーンを設ける。信号待ちが極力生じないようにセンサーで制御する

自転車

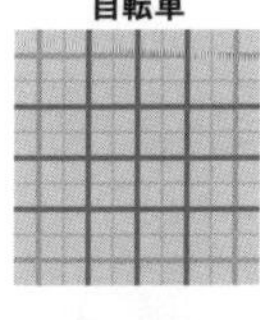

歩行者

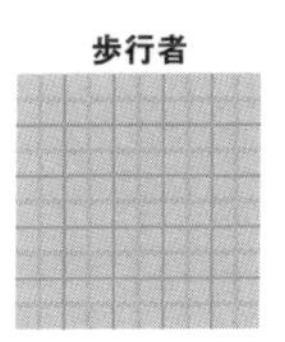

比較的細い道路を歩行者優先とする。公共空間としても魅力的であるように、植栽やベンチなどを設置

コネクテッドカー・自動運転車

コネクテッドカーや自動運転の技術がより高度になれば、あらゆる道路の通行が可能に。建物の中まで入るような運用もあり得る

優先する移動モードに最適な制限速度を設定する

移動の起終点が同じでも、移動モードごとに最適なルートが変わる

START

END

車が通る道 時速40km

自転車優先の道 時速22km

歩行者優先の道 時速6km

道路空間の用途を柔軟に変化

車道を減らし、公共交通、自転車、歩行者のための空間を増やす

従来の幹線道路

様々な移動モードに空間を開放した道路

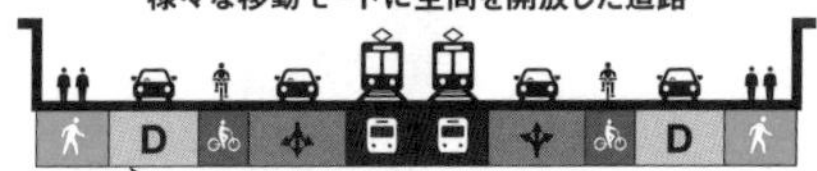

ダイナミック・カーブ（柔軟に変わる道路境界）

（資料:Sidewalk Labsの「Street Design Principles v.1」を基に日経コンストラクションが作成）

マネタイズをどうする？

新領域であるスマートシティーの開発・運営に参画しようとする企業にとって悩ましいのが、マネタイズ（収益化）だ。企業が適切に収益を上げる仕組みを構築することは、街づくりを継続的に進めるうえでも欠かせない。ビジネスとして持続可能性がなければ、国などの補助金が尽きた時点でせっかくの取り組みが途絶えかねない。

例えば、メーカーやシステム会社などは、ある都市で実用化した技術やソリューションを、別の都市に水平展開することを思い描いている。スペイン・バルセロナ市やデンマーク・コペンハーゲン市など、多くの都市でスマートシティー事業を手掛けるＩＴ機器大手の米シスコシステムズ（Cisco Systems）は、そうした戦術を実践している代表的な企業の1つだ。

同社はバルセロナ市で交通量のデータを基に街路灯を管理して電気代を削減したり、ごみ収集箱の満空をセンサーで把握して収集作業を効率化したりと、Ｗｉ－Ｆｉをベースにしたサービスを展開することで、市内に30億ドルの価値を創造したとアピールしている。こうした実績を基に、スマートシティーのデジタルプラットフォームやソリューションを、世界中の都市に売り込んでいるのだ。

スマートシティーに詳しい日建設計総合研究所の山村真司理事は、「欧州では、ＥＵの補助金を使ってスマートシティー化を図り、行政は削減したコストを投資に回して税収を上げ、さらにその仕組みやプラットフォームをつくった企業が別の都市にそれを展開するというサイクルをうまく回している面がある。日本ではなかなかそこまで到達していない」と指摘する。

日本の建設会社はスマートシティー事業を通じて、どのように収益を上げていけばいいのか。不動産開発を手掛ける企業の場合、建物やインフラの建設以外でまず思いつくのが、データを活用した都市マネジメントによる不動産収入の拡大だろう。

ビルや商業施設を建てた後も、スマートシティーの対象エリアで様々なデジタルサービスを提供して利便性を高めたり、イベントの開催でにぎわいを生み出したりしてエリアの不動産価値を向上させることができれば、物件の収益性が高まる。不動産価値の向上でエリアに新たな開発を呼び込むことができれば、工事の受注にもつながる。

スマートシティーやオープンイノベーションを担当する鹿島営業本部企画部市場企画グループの北垣太郎担当部長は、「今後は都市マネジメントのノウハウなどがないと、発注者から選定されなくなる時代が来るかもしれない」と語る。

都市のマネジメントによる街の魅力向上と、それに伴う不動産価値の向上を実現するには、息の長い地道な活動が欠かせない。建設会社や不動産会社などはこれまでも、自治体などと協力してエリアマネジメント（特定エリアを対象に、民間が主体となって地域を運営する取り組み）に携わってきたが、費用の持ち出しを伴うボランティア活動の色合いが濃かった。

18年の地域再生法改正で、対象エリア内の事業者（受益者）から活動費を徴収できる「地域再生エリアマネジメント負担金制度（日本版ＢＩＤ制度）」が創設されるなど、都市のマネジメントや地域活性化を支える制度は徐々に充実してきており、スマートシティーを支える仕組みとしても期待される。

建築・土木の「サブスク」

より直接的なマネタイズの方法としては、スマートビルやインフラの設計や建設だけでなく、その維持管理や運営など、建設事業のバリューチェーンの「下流」に位置する業務までをトータルで手掛けていくことが挙げられるだろう。

この数年、大手ゼネコンは傘下のビル管理会社などとの連携を強化し、メンテナンス事業の拡大を図ってきた。建築設計事務所もＢＩＭ（ビルディング・インフォメーション・モデリング）を生かして建物の維持管理業務の効率化に取り組んでいる（１６８ページ参照）。

また、土木の調査・設計を手掛ける建設コンサルタント会社などはこの数年、ＡＩやＩｏＴを活用した道路や橋などのメンテナンスに力を入れてきた。新設が中心の建設市場で、従来は傍流と位置付けられていたメンテナンスは、施設の老朽化問題などの解決を期待されているスマートシティー事業にあって、有力な収益基盤になり得る。

施設の運営に関しては、建築・土木のサブスクリプションサービスとでも呼ぶべきＰＦＩ（民間資金を活用した社会資本整備）や、空港や道路、上下水道などの運営権を民間に売却するコンセッションといった事業方式が以前からある。ＰＰＰ（官民連携）と総称されるこうした事業方式は、同じく官民の連携で成り立つスマートシティーとの相性が良さそうだ。

実際、清水建設は386ページで紹介した「豊洲MiCHiの駅」の設計・施工・運営を通じ、今後出てくるであろう交通ターミナル運営事業の獲得に備えようとしている。同社が交通ターミナルの運営に強い関心を抱く背景には、20年5月に成立した改正道路法がある。

改正法では、新宿駅南口に高速バス乗り場を集約し、道路区域内に商業施設を併設するかたちで16年に開業した「バスタ新宿（新宿高速バスターミナル）」のような施設の整備を全国で推進するために、施設の運営にコンセッションを活用できることなどを規定した。現在、東京・品川駅前や兵庫・三宮駅前などで「バスタ」プロジェクトが持ち上がっている。

清水建設街づくり推進室プロジェクト営業部三部の溝口龍太部長は、「コンセッションで運営事業者として参画することも見据え、ノウハウを蓄える。豊洲をその『実験場』としたい」と話す。「建設事業や不動産事業に加えて、維持管理、PFIやPPPなどに幅広く取り組み、トータルで利益を最大化する。スマートシティー事業では、そうした観点が必要になる」（溝口部長）

現実空間と仮想空間に精通した「デジタルゼネコン」

マネタイズと同様、スマートシティーを構築し、運営していくうえで問題となるのが、デジタルデータの活用と現実の街づくりの双方に精通した存在が不足していることだ。

例えば、新たにスマートシティーを建設する場合、どのような街をつくるか住民や行政のニーズを基に構想を打ち立て、その実現に向けて建築や土木インフラ、ITシステムを設計したり、デジタルサービスを開発したりする能力が欠かせない。設備や機器を調達したり、構造物を施工したりする機能も必要だ。街から収集したデータを分析して都市の運営に生かすノウハウも求められることになる。

野村総合研究所コンサルティング事業本部グローバルインフラコンサルティング部の又木毅正グループマネージャーはこうした様々な機能を併せ持つ業態を「デジタルゼネコン」と定義する。「現実空間でものづくりをするゼネコンと、仮想空間でシステムをつくるシステムインテグレーターの能力を併せ持ち、都市で様々なサービスを展開するうえで最適なチームづくりができる企業が、スマートシティーで重要な役割を果たすのではないか」（又木グループマネージャー）

デジタルゼネコンに近い3社とは

デジタルゼネコンのイメージに近いのは、どのような企業だろうか。野村総研の又木グループマネージャーは、実在する3つの企業を挙げる。

1社目は、前述の米サイドウォークラボ。カナダ・トロントの都市開発からは撤退を余儀なくされたが、そのチーム構成は参考になる。

100人を超える同社のメンバーは、兄弟会社である米グーグルから出向・転籍したＩＴ系の人材のほか、都市開発の専門家や行政対応の経験者、交通事業に詳しい人材など外部から雇用した多様な人材から成る。ダニエル・Ｌ・ドクトロフＣＥＯは、金融情報サービス大手、米ブルームバーグのCEOや、ニューヨーク市副市長などを務めた人物だ。建設分野では、カナダや米国で事業展開する建設会社出身でモジュール建築を専門とする技術者のほか、米国で最も高いCLT（直交集成板）建築である「カーボン12」の設計を指揮した設計者もいる。

2社目は、シンガポールのエンジニアリング大手、STエンジニアリング。日本でいうと、三菱重工業とNECを足したような会社だ。航空宇宙事業や防衛事業から造船事業、エレクトロニクス事業、そしてスマートシティー事業まで幅広く手掛ける。ロボットの開発からIoTプラットフォームの構築、アプリの開発まで、自社やグループ会社で対応できる総合力を持つ。アジアのスマートシティー開発で存在感を増しているという。

そして3社目は、総合建設エンジニアリング大手の英アラップ（Arup）。建築物や土木構造物などの構造設計、都市開発などに強みを持つ企業として建設業界にその名をとどろかせてきたが、近年はBIMやICTインフラの設計、データ分析など、デジタル領域でのサービスに注力している（181ページ参照）。

アジアのスマートシティー開発に詳しい野村総研の石上圭太郎プリンシパルは、「システム会社がやってきて話をするけれど、街づくりとどんな関係があるのか分からない――。都市開発の発注者側にヒアリングをすると、そんな不満が聞こえてくる。そうした声に応えるには、街づくりを知るゼネコンや設計事務所などが、システムを理解しなければならない」と指摘する。デジタル技術と街づくりのベストミックスを実現するデジタルゼネコンは、大手建設会社や建築設計事務所といった建設産業のリーダーが目指すべき「在り方」の1つと言えるだろう。

INTERVIEW

移動の変化は既に始まっている

東京大学大学院工学系研究科 教授

羽藤 英二

HATO EIJI

専門は土木計画学と交通工学。2012年から現職。国土交通省が19年7月に立ち上げた「自動運転に対応した道路空間に関する検討会」で委員長を務める（写真：日経コンストラクション）

日本では道路の幅員に余裕がないといった制約により、中国や米国などと比べて自動運転が可能な道路延長が短い。つまり、市民にとっては自動運転車を購入するメリットを感じにくい都市構造だと言える。そうした状況で普及を加速させるには、道路の環境整備が先行する必要がある。現状の自動運転技術のレベルに対応できる道路空間への改変や交通ルールの整備、インフラ側からの情報提供、仕様の整理などを一刻も早く進めなければならない。

例えば、高速道路に自動走行の専用レーンが必須になるだろう。このほか、他の交通手段との結節点となるターミナルを設けるなど、高速道路をはじめとする既存のインフラに、自動運転車の走行に適した道路ネットワークを埋め込んでいくことになると予想される。

「移動の未来」も考慮する必要がある。情報化の進展と共に、この20年で人の外出率は低下してきた。買い物は食材の配達サービスで代替し、人と会う用事はＳＮＳ上のやり取りで置き換える。さらに、テレワークや在宅勤務が浸透すれば、通勤による交通需要も激減する。戦後の都市開発は、人が自宅と都心にある職場を行き来することを前提にしてきた。だからこそ、旧来の都市とその周辺を環状道路やバイパス、鉄道でつなぐ形で郊外が発展してきた歴史がある。しかし、通勤の前提が覆る以上、都市の在り方は大きな転換を迫られる。

新たな時代の都市像をどのように描き、つくるか。都市の機能を保ちながら、新たな道路空間を埋め込むのであれば、その経験を豊富に持っているのは建設業界だ。逆に言えば、建設業界のプレーヤーが新時代の都市像を描いたり、その価値を打ち出したりしない限り、都市構造は変わらない。都市の未来像に関する議論に積極的に参加してもらいたい。（談）

本書は、建築専門誌「日経アーキテクチュア」および土木専門誌「日経コンストラクション」、日経クロステック（https://xtech.nikkei.com/）に掲載した左記の記事などに加筆し、書き下ろしを加えて再構成した

▼日経アーキテクチュア

2019年6月27日号　「AIで『爆速建築』」（木村駿、坂本曜平）

「国内初、『MR』で完了検査」（菅原由依子）

2019年9月12日号　「経営動向調査2019建設会社編　沸騰！ゼネコン研究開発」（木村駿、森山敦子、長谷川瑶子）

2019年9月26日号　「3Dプリンター、中層住宅の製造にめど」（谷口りえ）

2019年10月10日号　「報知機より早く火種を発見するAI」（森山敦子）

2020年2月13日号　「BIMを鉄骨専用CADに自動変換」（森山敦子）

2020年2月27日号　「ロボットが現場にやって来る」（谷口りえ）

2020年3月12日号　「設計者がザワつく驚異の建築材料」（木村駿、森山敦子、石戸拓朗）

2020年4月9日号　「トヨタ・NTT連合、照準はスマートシティー」（木村駿）

2020年4月23日号　「建築確認にBIM使い審査期間を半減へ」（川又英紀）

2020年5月14日号　「BIM再入門」（森山敦子、谷口りえ）

2020年5月28日号　「アフターコロナの建築・都市」（木村駿、菅原由依子、坂本曜平、石戸拓朗、島津翔）

2020年7月23日号　「建築物は『製品』に近づく」（木村駿）

「建築の創造性を解き放つ金属3Dプリンター」（木村駿）

2020年8月13日号　「名古屋のタワークレーンを大阪から操作」（川又英紀）

「羽田空港跡地に先端技術と文化の拠点」（山本恵久）

▼日経コンストラクション

2019年6月10日号　「プレキャスト『導入の壁』を破れ」（瀬川滋、安藤剛、夏目貴之）

2019年6月24日号「どうする?原則CIM化」(青野昌行、谷川博、河合祐美)
2019年7月8日号「設計・施工を刷新する建設3Dプリンター」(長谷川瑤子、奥野慶四郎)
2019年9月23日号「2週間の地形判読をAIで5分に」(三ケ尻智晴)
「未来の道路」(長谷川瑤子)
「重機の自動化は目前に」(浅野祐一、奥野慶四郎)
2019年10月14日号「闇雲なAI導入が招く失敗」(三ケ尻智晴)
2020年3月23日号「さよなら3K」(真鍋政彦、三ケ尻智晴)
2020年5月25日号「防災技術2020 治水新時代」(青野昌行、三ケ尻智晴)
2020年7月27日号「未来を握る建設スタートアップ」(河合祐美、奥山晃平、奥野慶四郎)
2020年8月24日号「コンクリート画像から剥離・漏水を自動検出」(真鍋政彦)

▼日経クロステック

2019年5月14日「1時間で応急仮設住宅の配置計画を自動作成」(坂本曜平)
2019年7月17日「建設現場で大活躍、自走する『吹き付けロボ』驚きの実力」(坂本曜平)
2019年9月11日「ゼネコン研究開発2・0」(木村駿)
2019年9月27日「携帯電波が入りにくい高層ビルの工事現場、西松建設が繰り出した『奥の手』」(森山敦子)
2019年11月29日「工事検査にもAI進出、まずは鉄筋のガス圧接継ぎ手を20秒で判定」(三ケ尻智晴)
2019年12月6日「『ロボット目線』で建設現場を変える、機械が作業しやすい鉄骨の溶接工法」(木村駿)
2019年12月17日「AIで世界初の宅地自動区割り オープンハウス」(桑原豊)
2020年2月7日「『竹林建設』や『大清水組』が誕生する日、学生時代の妄想が現実味を帯びてきた?」(木村駿)
2020年5月12日「コンテナ型『レスキューホテル』50室が初出動、長崎クルーズ船の新型コロナ対応で」(川又英紀)
2020年6月2日「ドローン撮影の画像からAIが外装材の浮きやひび割れを自動判定」(谷口りえ)

木村 駿 SHUN KIMURA

日経クロステック・日経アーキテクチュア副編集長。1981年生まれ。2007年京都大学大学院工学研究科建築学専攻修了。同年に日経BPに入社。「日経アーキテクチュア」や「日経コンストラクション」の記者として、建設産業のDXやインフラ老朽化問題、自然災害、原発事故などの取材に携わる。著書に「2025年の巨大市場」(共著、2014年)、「すごい廃炉 福島第1原発・工事秘録〈2011～17年〉」(2018年)、「建設テック革命」(2018年)

建設DX

デジタルがもたらす建設産業のニューノーマル

2020年11月10日 初版第1刷発行
2021年8月30日 初版第4刷発行

著者 木村 駿
編者 日経アーキテクチュア
発行者 吉田 琢也
発行 日経BP
発売 日経BPマーケティング
〒105-8308 東京都港区虎ノ門4-3-12
アートディレクション 奥村 靫正(TSTJ Inc.)
デザイン 出羽 伸之/真崎 琴実(TSTJ Inc.)
印刷・製本 株式会社廣済堂

ISBN:978-4-296-10756-8

本書籍に関するお問い合わせ、ご連絡は下記にて承ります。
https://nkbp.jp/booksQA